城市规划的理论和方法研究

王金龙　徐莉莉　尚晓博　著

吉林科学技术出版社

图书在版编目（CIP）数据

城市规划的理论和方法研究 / 王金龙，徐莉莉，尚晓博著. -- 长春 : 吉林科学技术出版社，2023.5

ISBN 978-7-5744-0390-1

Ⅰ. ①城… Ⅱ. ①王… ②徐… ③尚… Ⅲ. ①城市规划一研究 Ⅳ. ①TU984

中国国家版本馆 CIP 数据核字(2023)第 092063 号

城市规划的理论和方法研究

著　　王金龙　徐莉莉　尚晓博
出 版 人　宛　霞
责任编辑　吕东伦
封面设计　南昌德昭文化传媒有限公司
制　　版　南昌德昭文化传媒有限公司
幅面尺寸　185mm×260mm
开　　本　16
字　　数　310 千字
印　　张　14.375
印　　数　1-1500 册
版　　次　2023 年 5 月第 1 版
印　　次　2024 年 1 月第 1 次印刷

出　　版　吉林科学技术出版社
发　　行　吉林科学技术出版社
地　　址　长春市南关区福祉大路 5788 号出版大厦 A 座
邮　　编　130118
发行部电话/传真　0431—81629529　81629530　81629531
81629532　81629533　81629534
储运部电话　0431-86059116
编辑部电话　0431-81629510
印　　刷　廊坊市印艺阁数字科技有限公司

书　　号　ISBN 978-7-5744-0390-1
定　　价　90.00 元

《城市规划的理论和方法研究》编审会

王金龙　徐莉莉　尚晓博

董春会　王凤杰　曹　军

温　巍　毕伟伦　李晓楠

前言 PREFACE

城市的出现是人类文明进步的重要标志，并且城市始终体现着人类社会的演化而不断发展前进。对于城市的含义及其对人类文明发展所起的作用，不同的人从不同的角度、不同的侧面有着不尽相同的认识和理解。人们创造了环境，反之，环境又影响了人。以城市生活的视角看，任何人都离不开实存的城市物质环境，也一定会从城市环境和物质形态的感知中获得体验，而与此相对应的主要城市建设专业领域之一就是城市规划设计。

当前，21 世纪是人类社会发展历程中的一个充满变化的新纪元。全球范围内经济、政治、文化一体化与多元化并行的浪潮，新兴科技迅速创新，更为重要的是人们世界观，发展观的思想理念发生的变革，促使我们要自觉思考如何建设美好宜人的人居环境空间问题，如何能使我们生活、工作的城市实现协调而永续的发展问题。这就是城市规划学科最根本的目标和意义。

伴随着我国经济的持续成长和科技的持续发展，大大加速了国内城市化发展脚步。城市规划与建设已成为我国城市化管理工作中的主要内容，需要达到合理，规范和合理的管理标准。因此需要建立并健全相应的管理体系，以确定对城市规划与建设管理工作的有关要求，以推动国内城市化建设的持续发展。本书就是基于此目的，在对城市规划的要素、过程等基础理论了解的基础上，对现代城市的总体规划、分区规划和详细规划的方法进行了详细论述，并重点就城市的地下空间规划、交通规划、绿地规划的做了阐述，最后对可持续发展理论下城市的发展进行探索。本书可为城市规划专业和建筑学专业人员的研究用书，亦可作为土木工程、工程管理、城乡规划管理等相关专业的工作人员参考用书。

目录 CONTENTS

第一章　城市规划概述

第一节　城市规划设计的相关概念

一、城市规划的作用

“规划”是为实现目标提出合理流程的工作。“城市规划”是构建城市，明确提出实现发展目标的方法流程。如果城市自然产生形成，经常维持在可预计的和谐的理想状态，就没必要进行规划。近代城市规划作为应对城市问题的手段，需要秉承科学的态度对城市进行调查，如果放任城市不管，必将引发各种问题。还有一种说法是将城市发展比喻为生物的生长发育，认为城市发展也存在类似生物通过基因组合而生长的现象，如果组成城市的基因元素被破坏，将妨碍城市的正常发展。实际上，城市与生物不同，城市无须为了生长和发展而提前组合基因，通过规划这种流程组合即可开展正常活动和发展。即使在建设新城时，城市的建设也不是一次性完成，而是有必要按部就班地开展工作，为了实现目标有必要进行规划。另外，现代的城市规划是以建设城市居民认可的城市环境为前提的，因此城市规划工作有必要以明确的城市形态为目标，并将实现目标的流程计划公之于众。但是，随着城市不断发展和变化，城市居民的意识也在发生变化，因此规划也并非实现本阶段规定目标就算结束了，新目标的产生和旧有目标灵活修正的规划流程在城市规划中起着重要作用。规划的时间跨度也需要对应短期、中期和长期的各项目标，尤其在中长期规划中，有必要为将来的城市规划留出修正余地。

城市规划被称为城市综合规划，是包括经济规划、社会规划、物质规划、行政财政规划的综合性概念，被定位为物质相关的规划。另外，城市规划的推行过程中，城市基本规划（表 1-1）是整体的依据和原则。基本规划普遍以 20 年作为长期目标实现期限，而且明确了 5 ~ 10 年的短期、中期阶段性规划完成年份。但是，城市规划不能全部实现基本规划中所示的规划目标，在制度上，实际应用的法定城市规划可以说只是实现物质相关的综合规划（城市基本规划）某一部分的手段。城市基本规划和法定的城市规划是实现城市建设目标的原则和保障。

表 1-1　城市基本规划应具有的条件

①规划的对象范围和约束力	作为基于城市规模，充分考虑其城市相关周边区域的规划，在土地使用方面并不具有如同区域和地区制的直接约束力。但是，重要规划和公共设施的建设规划具备一定的约束力
②与重要规划和普通规划的关系	应充分考虑根据国土规划、地方规划提出的要求
③与其他规划的关系	充分整合经济规划、社会和福利规划、行政财政规划等非物质长期规划，作为城市综合规划的一环
④规划的目标与实现目标年份	明确抓住城市的未来目标，通常其实现目标年份在 20 年后，中间年份为 10 年后。但是，因规划内容目标年份存在差异方面，存在迫不得已的实际问题的情况
⑤综合性	为实现城市目标，通过土地使用，设施的种类、数量和配置，表现作为城市各种活动场所的城市空间现状的综合性规划。充分整合经济规划、社会和福利规划、行政财政规划等非物质长期规划，作为城市综合规划的一环
⑥可实现性	虽然没有必要被现行制度采用，但在规划理论上具有一贯性，在实际的方法上具有一定的可行性
⑦规划的内容	规划内容不必要详尽，属于具有概括性和弹性的规划，不应超出基本框架
⑧创意性和区域性	贯穿整体的构想创意十足，而且是充分利用地方性和区域性规划
⑨表现的简洁和明快性	规划表现明快简洁，连普通居民都易于理解规划意图，具有说服力
⑩流程的属性	经常根据新信息对基本规划进行部分修正。通常每 5 年就开展新调查，并对规划进行再次研究，然后修正规划。即规划属于流程本身
⑪ 与专业相关领域的合作	在制定基本规划时以城市规划的专家为主，在建筑、土木、庭园兴建等领域，以及社会、保健、福利等相关领域，需要与县、市镇村的行政负责人共同协作

但是，为什么城市规划需要基于法律制度的保障呢？因为城市规划必须顾及个人和集体的所有的利益。城市基本上是由行动目的各异的个人集合形成的高密度群体社会。各群体成员为了相互毫无障碍地共同生存，要求具有群体应有的行动标准。因此有必要“公共福利”优先，并对个人随心所欲的自由行为（居住、营业、土地使用、开发）加以制约。

二、城市规划区域

法定城市规划适用于作为行政城市的“城市行政辖区”。但是，如果城市活动或市区的范围超过城市行政辖区，在乡村区域也具有城市环境的特征，并由于新开发而被城市化，或被作为新城进行大规模开发的区域也与城市行政辖区一样，有必要被指定为“城市规划区域”。有的是一个行政区域，有的是横跨两个以上市镇村的行政区域，后者被称为广义城市规划区域。

根据城市化实际情况和趋势对城市规划区域进行整合的同时，将行政区域指定为基本单位。为了有效开展和应用城市的行政财政规划，可以说行政区域是根据方便情况而决定的区域，有必要在基本规划中明确城市区域的实际范围。因此法定城市规划和城市基本规划的联动十分重要。

三、建筑和城市规划

基于法定城市规划的“限制和引导”内容对不同地块的建筑单体的用途和形态进行限制。建筑单体必须满足健康性、持久性、防灾性、安全性、居住性等性能。另外通过设计文件审查或竣工检查，保证建筑的各项指标是在规划许可范围内的。但是，基于土地经济利益最大化的个人出发点和公共利益最大化的城市规划出发点并不一致，就导致了可能出现的一系列矛盾，例如，在基于防灾立场拓宽狭窄道路、为改善高密度居住环境而推动共同住宅化、街区发展过程中因设立公共设施而占用私宅用地、确保现有街区内的新公园和绿地空间等方面，都需要调整城市公共利益和个人利益之间的矛盾。

20 世纪 20 年代在国际现代建筑协会（CIAM）会议上，勒·柯布西耶（Le Corbusier）等建筑师在《雅典宪章》中明确了近代城市规划的理念：“为了使个人的利益与公众的需求保持一致，有必要利用法律手段对土地的配置进行规定。”另外还表示“私利应服从公众的利益”，表明根据城市规划，应以公众利益为优先，应对基于各利害关系的建筑行为和土地使用进行规定。

根据以用途区域制为主的法定城市规划，要努力实现应以公众利益为优先的城市规划理念。另外，应利用规划制度和建筑标准对建筑单体的用途、规模、形态、创意进行限制和诱导。公众利益优先的意识是作为公民的城市居民应具备的素质，民众通过了解建筑单体在城市中扮演的角色，明白了对建筑私权的主张不可逾越城市规划的限定范围，同时也对建筑和城市规划之间相互补充相互支撑的关系有了了解。因此，如同《雅典宪章》中所述：“居住是城市的一个为首的要素，城市单位中所有的各部分都应该能够作有机性的发展。”建筑的建造，尤其是住宅的建造都要以人的舒适性为核心标准。

第二节　城市规划设计的作用和类型

一、城市规划设计的作用

一般来说，城市规划体系是由城市规划的法规体系、行政体系和运行体系三个子系统组成。城市规划的法规体系是城市规划的核心，为城市规划工作提供法律基础和依据，为规划行政体系和运作体系提供法定依据和基本程序；城市规划的行政体系是指城市规划行政管理的权限分配、行政组织架构及行政过程的全部，对规划的制订和实施具有重要的作用；城市规划的运行体系是指围绕城市规划工作建立起来的工作结构体系，包括城市规划的编制和实施两部分，它们是城市规划体系的基础。

城市规划设计作为城市规划运作体系的重要组成部分，是政府引导和控制未来城市发展的纲领性文件，是指导城市规划与城市建设工作开展的重要依据。具体而言，城市规划设计主要有三方面作用：

1. 实现对城市有序发展的计划作用

城市规划从本质上讲是一种公共政策，是城市政府通过法律、规划和政策以及开发方式对城市长期建设和发展的过程所采取的行动，具有对城市开发建设导向的功能。城市规划设计作为技术蓝本，根据城市整体建设工作的总体设想和宏伟蓝图来制订和执行，并结合城市区域内的政治、经济、文化等实际情况将不同类型、不同性质、不同层面的规划决策予以协调并具体化，以有效保证城市整体建设的秩序。

2. 实现对城市建设的调控作用

城市规划在经过相当长历史阶段的发展过程之后，尤其是通过理性主义思想在社会领域的整合，已经成为城市政府重要的宏观调控手段。尤其是对城市空间的建设和发展更是保证城市长期有效运行和获益的基础。城市规划设计作为城市规划宏观调控的依据，其调控作用主要体现在：

（1）通过对城市土地使用配置的合理利用，即对城市土地资源的配置进行直接控制，特别是对保障城市正常运转的市政基础设施和公共服务设施建设用地的需求予以保留和控制。

（2）市场经济体制下，城市的存在和运行主要依赖于市场。市场不是万能的，在市场失灵的情况下，处理土地作为商品而产生的外部性问题，以实现社会公平。

（3）保证土地在社会总体利益下进行分配、利用和开发。

（4）以政府干预的方式保证土地利用符合社会公共利益。

3. 实现对城市未来空间营造的指导作用

城市规划设计的主要研究对象是以土地为载体的城市空间系统，规划设计是以城市土地利用配置为核心，建立城市未来的空间结构，限定各项未来建设空间的区位和建设强度，使各类建设活动成为实现既定目标的实施环节。通过编制城市规划设计对城市未来空间营造在预设价值评判下进行制约和指导，成为实现城市永续发展的有力工具和手段。

二、城市规划设计的类型

（一）城市规划编制的总体框架

改革开放以来，规划界对城市规划编制工作做了大量有益的探索，思想逐步解放，观念不断更新，取得了很好的效果。城市规划编制是根据城市区域范围内的地位和作用，对组成城市的众多要素进行组合或调整，以求得最合理的城市结构和外部联系。

1. 法定规划部分

根据《中华人民共和国城乡规划法》第二条规定，城乡规划包括城镇体系规划、城市规划、镇规划、乡规划和村庄规划。其中城市规划和镇规划分为总体规划和详细规划。详细规划又包括控制性详细规划和修建性详细规划。

其中，城镇体系规划、城市规划、镇规划、乡规划和村庄规划是按照规划对象的空间尺度大小来划分的。城镇体系规划按照区域空间范围又可分为全国城镇体系规划省域城镇体系规划、市域城镇体系规划和县域城镇体系规划，其规划对象是一定区域内一系列城镇和与之密切相关的区域整体；城市规划和镇规划是以单个城镇为规划对象；乡规划和村庄规划的规划对象是乡村聚落和居民点。

总体规划和详细规划是城市规划和镇规划的不同编制阶段。总体规划主要根据城市社会经济可持续发展的要求和当地的自然、经济、社会条件，对城市性质、发展目标、发展规模、土地利用、空间布局及各项建设的综合部署和安排，此规划编制阶段还需编制分区规划和近期建设规划；详细规划是在总体规划和分区规划的指导下，对规划区的具体建设提出详细的安排和布局，又分为控制性详细规划和修建性详细规划。

2. 非法定规划部分

除了城乡规划法规定的上述法定规划部分的工作之外，还有大量的规划设计工作与城乡发展密切相关，作为法定规划重要的、有益的补充，与法定规划共同组成一个有机的整体，构成了完整的城乡规划编制体系，称为非法定规划。非法定规划不是法律规定的，不具有法律地位。但绝大部分非法定规划是城市政府、规划主管部门为了解决自身城市存在的问题而组织编制的，这一类型的规划在编制要求和方法上更具特色。总结来看，非法定部分的规划设计可以分为三类：

（1）国土空间规划和区域规划

这类规划面向更大尺度的区域系统，是政府统筹安排区域空间开发、优化配置国土资源、调控经济社会发展的重要手段。它们是城市规划的上位规划，对城市规划具有重要的指导性和约束性意义。

（2）部门规划和专项规划

这类规划面向城乡空间发展的某一个子系统，解决该系统与城乡发展相关的空间问题，对城乡发展的某个领域提出空间上的安排。这类规划是城乡规划的有机组成部分，与城乡规划具有紧密的联系。例如城市交通与道路系统规划、城市生态规划、城市绿地系统规划等。

（3）城市设计

城市设计是根据城市发展的总体目标，融合社会、经济、文化、心理等主要因素，对城市空间要素做出形态示意，制订出城市物质空间形态设计的政策性安排。城市设计是城市规划的重要内容，与城市规划的各个阶段均产生紧密的衔接，其规划对象的尺度有区域、城市、片区、街区、地段、节点等多个层次。

（二）城市规划设计的类型

随着城市规划内涵的拓展和城市发展的不断推进，城市规划设计的类型变得越来越丰富。在具体的城市规划工作开展过程中，根据不同的分类原则、工作需求和空间尺度，城市规划设计可以有多种分类。

1. 按照规划对象的空间尺度

在区域层面有国土空间规划和主体功能区规划；在城市层面有城乡总体规划、分区规划和小城镇规划；在开发控制层面有控制性详细规划；在建设实施层面有修建性详细规划。

2. 按照规划编制的不同阶段

可以分为战略规划、概念规划、总体规划、分区规划、详细规划、近期建设规划等。

3. 按照规划对象的专业属性

可以分为综合规划和专项规划。综合规划包括区域规划、总体规划、分区规划等；专项规划包括城市历史文化遗产保护规划、旧城改建与更新规划、公共服务体系规划、城市风貌特色规划、城市色彩规划、城市照明规划、低碳生态城市规划、城市地下空间规划、城市防灾规划等。

4. 按照规划对象的空间类型

可以分为住区规划设计、中心区规划设计、产业园区规划设计、校园区规划设计、风景区规划设计等。

此外，还有以某种规划理念为主导的规划设计，如城乡一体化规划、城乡统筹规划、新型城镇化规划、生态型城镇的规划等。

三、近年来城市规划设计发展的新趋势

通过对十八大之后历届中央会议的梳理，可以看出国家对城市建设和管理提出了清晰且明确的要求：（1）把生态文明放在突出位置，实现国土空间开发格局的优化；（2）空间治理体系由空间规划、用途管制、差异化绩效考核等构成；（3）空间规划以用途管制为主要手段，以空间治理和结构优化为主要内容；（4）下一步要通过规划立法、统筹行政资源，实现国家治理体系的现代化。

这些新的执政理念对城市规划改革提出了具体要求，当前城市规划改革面临两个主要任务：（1）以提高国家治理能力现代化为目标的任务，建立国家空间规划体系，对现行城市总体规划编制进行改革；（2）以人的宜居为目标的城市发展方式转型的任务，加强城市设计，提倡城市修补，把粗放扩张型的规划转变为提高城市内涵质量的规划。

近些年，规划界积极响应这些国家层面的变革，无论是在法定规划层面还是在非法定规划层面都做了积极的探讨和摸索，主要有以下几方面：

1. 法定规划层面将乡村规划纳入编制体系

2008 版《城乡规划法》将城市、乡村纳入统一规划编制体系，确定了“五级、两阶段”的城乡规划体系，即城镇体系、城市、镇、乡、村五级和总体规划、详细规划两个阶段，这是我国规划编制体系最大的变革。这将引导城乡规划从城乡统筹的视野进行探索和实践，改变过去“重城轻乡”、城乡“两张皮”的规划现象，使规划对全域范围进行空间管控有了法律基础。

2. 建立以空间规划为平台的规划编制理念、方法、内容

在改革规划编制体系的基础上，针对空间规划做了编制理念、方法和内容上的探索。明确了总体规划阶段的战略性目标，加强了总体规划阶段空间规划的刚性要求。如覆盖市域的空间规划、划定城镇空间、生态空间、农业空间、生活空间；明确城镇开发边界，实现以城镇建设用地和农村建设用地的“两图合一”为主的“两规合一”；通过划定规划目标、指标、边界刚性、分区管控的方式，明确城市总体规划的战略引领，底线刚性约束；重要专向规划简化提炼，明确刚性要求和管控内容；规划内容和要求“条

文化”，内容明确，遵循可实施、可监管的基本原则。

因此，按照城乡一体化发展要求，统筹安排城市和村镇建设，统筹安排人民生活、产业发展和资源环境保护，统筹安排城乡基础设施和公共设施建设布局，努力实现城乡规划的全覆盖、各类要素的全统筹、各类规划在空间上的全协调。

3. 深化城市设计工作的管理、实施

针对目前城市空间品质不高、“千城一面”的现象，需要在规划理念和方法上不断创新，增强规划的科学性、指导性，加强城市设计，提倡城市修补，加强对城市的空间立体性、平面协调性、风貌整体性、文脉延续性等方面的规划和管控。这就为在规划的各个阶段贯穿城市设计的思想提出了具体要求。区域层面，明确区域景观格局、自然生态环境与历史文化特色等内容；总体规划层面，需确定城市风貌特色，优化城市形态格局，明确公共空间体系，建立城市景观框架，划定城市设计的重点地区；重点地区层面，明确空间结构，组织公共空间，协调市政工程，提出建筑高度、体量、风格、色彩等方面的控制要求，作为该地区控制性详细规划编制的依据。通过各个空间层面的落实，使城市设计能真正发挥其应有的作用，成为城市内涵发展的重要抓手，以及城市精细化管理的重要手段。

4. 加强城市空间生态化建设的研究、落实

城市双修（生态修复和城市修补）是国家针对城市问题提出的城市建设策略，旨在引导我国城镇化和城市空间转向内涵集约高效发展的方向。城市修补是针对城市基础设施和公共服务设施建设滞后、空间缺乏人性化等问题进行的城市空间品质提升策略，这不仅是城市空间环境的修补，更是城市功能的修补；城市生态修复是针对生态系统遭受的污染和破坏、城市公共绿地不足等问题进行的全面综合的系统工程。城市生态环境具有生态安全性和惠民性的双重要求，以此来改善人居环境和促进城市功能提升，促进城市与自然的有机融合。

第三节　城市规划的要素和体系

一、城市规划的要素

一个科学的城市发展规划必定是合理的城市功能定位、科学的城市产业选择和优秀的城市形态设计的和谐统一。从发展规划制定的角度来看，可以进一步把城市功能定位、城市产业选择和城市形态设计作为中国现代化城市规划制定的三大基本要素。把握这三大基本要素的基本含义及其相互关系，往往能使发展规划的研究和制定取得

事半功倍的效果。

（一）城市功能定位的定义和原则

一个城市功能一般是指这座城市在一个更大的区域范围内所建立的基本的和持久不断的外部联系。例如上海所要发挥的国际经济、金融、贸易和航运中心的功能，不仅具有全国性，而且具有国际性和全球性，本质上这是一个城市的国际经济关系。一个城市的功能转变和提升，实质上意味着这个城市要与周边区域、全国甚至全球建立新的经济与社会联系。

一个城市的功能定位往往是对城市与其他区域所要建立的经济关系的一种前瞻性的把握，对将要发生的经济和社会作用的一种科学预见。对一个城市发展规划的制定而言，功能定位往往起到决定性的作用。城市功能定位是城市经济与社会发展方向的指示器和风向标。城市功能定位的判断失误或滞后往往会给城市发展带来致命的伤害，不是导致城市的盲目发展，就是使城市的发展满足不了区域经济和全国经济对其的需要和要求，必然使其在发展的过程中出现徘徊不前的停滞局面，城市的功能定位是发展规划制定过程中的首要环节。

城市功能定位的基本原则是，城市功能定位必须与国家的经济和社会发展阶段的性质相吻合。

（二）城市产业选择的方法和依据

城市功能定位明确以后，城市产业的选择具有决定性的意义。产业是城市功能的经济支柱，相关的产业发展将为城市功能的实现提供多方面的支撑，例如城市发展的巨大投入、人才聚集、资本聚集、信息聚集等，都需要有雄厚的产业基础。产业选择因此也就构成现代城市发展规划的核心内容之一。产业选择上正确与否，对城市发展规划的实现具有决定性的意义。错误的产业选择会导致城市发展南辕北辙的结果。

城市产业选择首先要与城市功能定位相匹配，城市功能的巨大转变必然导致城市产业结构的战略性调整。城市产业选择在符合城市功能定位要求的前提下，还必须符合现代产业发展的内在规律；城市产业选择要充分考虑产业发展的路径依赖；城市产业选择要与经济社会背景相吻合。

（三）城市形态设计的理念和基础

城市功能定位的实现和城市产业的发展都需要相适应的城市形态作为基础和条件。城市形态服务于和服从于城市功能发挥和城市产业发展的需要。现代城市功能的提升和产业结构的升级对城市形态设计提出了越来越高的要求。例如在上海中心城区的有些商务和商业中心的发展极为成功，有些就不那么成功，其原因往往是因为形态建设脱离了相适应的城市功能转变的要求，或者是城市功能定位非常模糊的条件下盲目进行形态建设和开发。有些地区的形态开发虽然也有明确的城市功能定位，但是这种城市功能定位的主观随意性很强，没有充分考虑当地的历史条件和文化基础，在这种城市功能定位指导下的形态设计往往会导致这一地区发展的停滞不前。

现代城市形态演变的一个重要规律是城市功能的模块化分布和成长规律。城市功能的发挥和城市产业的发展总是有一个过程和起点的，绝对不可能在城市所有地段和区域同时进行开发和建设，由此就引起了一个城市功能模块化分布和生长的问题。例如，中央商务区往往是一个大城市的核心区域，它首先是一个形态概念，对一个城市功能发挥至关重要，确定中央商务区的地域范围并率先进行设计和建设，往往是一个城市功能大规模转变的标志和起点。在城市发展的历史过程中，由于地理位置、自然景观、交通道路和历史文化等方面的种种影响，某些区域和地段往往会超越其他一般居住和生活区域，使很多功能性建筑和功能性产业大量集聚，成为城市功能集中分布区。这种地段可成为城市的功能性模块，随着城市经济与社会发展，城市的功能性模块会不断增加。一个城市的总体功能主要是依据这些功能性模块的成功运行来实现的。一个城市的功能性模块也是其标志和象征，所以在城市形态建设方面，把城市的功能性模块设计和建设好，一个城市的发展也就基本成功了。

城市形态设计要处理好城市盲目扩张与城市功能区有序化分布要求的矛盾。“摊大饼”式的发展是城市发展中常见问题，这往往是城市自然膨胀的结果。城市人口和产业不断增长，城市边界不断地往外扩张，就造成一种很难消除的城市自然自发的发展方式。城市功能区的有序划分是出于对城市发展的自觉认识基础上的城市规划的基本方式。城市功能区分布的设计是城市形态设计的基础和前提。由于城市形态设计和规划执行的速度往往落后于城市的自然扩张速度，即使人们早就认识到了“摊大饼式”发展的严重问题，却无法有效地加以根治。同时这对矛盾的存在还有深刻的认识论根源——某种在当时看来非常合理超前的规划理念，几十年后往往可能严重导致社会问题而变得不合理。

城市形态设计要不断地调整中心城区和郊区的关系。西方国家的城市发展经历了城市化、郊区化后，又进入了现在的新都市主义。城市与郊区的关系也处于不断的调整之中。中国的城市形态设计要避免西方的城市化弯路，要不断地调整中心城区和郊区的关系。

二、城市规划体系

（一）城市规划编制体系的演进

1. 城市规划体系演进的概况

1992 年，党中央确定把建设社会主义经济体制作为经济体制改革的目标，2002 年又提出全面建设小康社会的目标。改革和发展对为社会、经济、文化、政治等带来了全面的变化。21世纪的中国面临着城市化的日益加剧、激荡的全球化和经济体制中市场经济的稳固、政治体制中民主和法治框架建立等重大挑战。中国的政治经济体制和社会文化生活经历着重大的发展和推进。为适合大环境的变化和发展，城市规划体系的改革势在必行，这同时也是中国城市规划体系获得新生的动力。

2. 城市规划体系的新进展

20世纪90年代以来，规划界对规划编制及其体系改革进行着不懈的努力和尝试，近几年的新进展尤为突出：

（1）一种新兴的规划类别——城市区域规划

20世纪90年代后期，随着国家积极城市化战略的实施，对小城镇发展的强调和重视，以及全球化的影响和中国加入WTO，城市作为发展载体、作为发展主体的地位更加突出，来自区域、国内以至国际间的竞争不可避免，城市区域型规划也因此开始得到理论界和实践界的广泛重视。新兴的城市区域规划可以归纳为以下几种类型：

1）市域城镇体系规划和县域规划。以整个行政辖区为着眼点．在传统城镇体系规划的基础上．探索出新的规划思路、理念和方法。

2）都市圈、都市规划。与市、县域规划不同的是．都市圈规划突破地域行政概念，以区域中心城市为核心，以城市间的联系为纽带，强调都市区域内各城市在协调互补的基础上共同发展。

3）战略规划的兴起。2000年以来，以广州市为代表，南京、杭州、宁波、江阴、合肥、嘉兴等城市先后组织开展了“战略规划二战略规划与都市圈规划强调协调基础上的共同发展不同，它更强调城市自身在区域环境中的地位提升和优势发展策略的制定。

（2）对近期建设规划的强调和规划强制性内容

2002年，国家针对在近年规划建设中城市规模的盲目扩大、脱离实际的“形象工程”、对历史和自然资源的过度开发等，颁布了《国务院关于加强城乡规划监督管理的通知》，随后建设部等九部委联合发文，从充分发挥城市规划的综合调控作用、促进城市经济社会的健康发展的角度提出了具体措施，涉及规划编制的两个方面：1）强调了涉及区域协调发展、资源利用、环境保护等方面的强制性内容，是正确处理好城市可持续发展的重要保证；2）强调了近期建设规划是落实城市总体规划的重要步骤，是城市近期建设规划的编制。要求新编制的规划，必须明确强制性内容，并向社会公布。

（3）对新的规划编制体系的探索

深圳是规划编制体系探索的先行城市。1998年，在总结20世纪80年代以来城市规划的探索基础上，根据城市发展实际情况，参考香港地区城市规划的成功经验，制定了并颁布实施了《深圳市城市规划条例》，确立了以市场要求为导向、以规划立法为主要手段、以实现城市规划编制和管理的程序化和法制化为基本目标的五层次规划体系。这一体系自上而下分别为：全市域总体规划、次区域规划、分区规划、法定图则、详细蓝图。其中，法定图则是较为核心的一个环节。但它在当前阶段并不能适用于所有城市，回顾它9年来的实施情况，也还存在很多困境，需要反思和调整。

近年来，广州市在总结近20年来的规划实践基础上，借鉴发达国家和地区的规划经验，提出了规划的编制体系，分为战略规划层次、法定规划层次和实施规划层次。规划管理图则是这一体系的核心，也是这一体系的创新之处。规划管理图则吸纳了分区规划和控制性详细规划的方法，将管理单元的强制性管理和具体地块的指导性管理相结合，确保规划管理的灵活性和权威性。但这一体系还有待实践的检验，相关的支撑制度体系也还不够完善，有待于进一步的改革和发展。

（二）中国现行城市规划体系

1. 城市规划制度概述

城市规划的制度框架包括规划法规体系、规划行政体系和规划运作体系。其中，规划法规体系是现代城市规划制度的核心。规划行政体系主要包括规划制定阶段的行政体制和规划实施阶段的行政体制。而规划的运作体系主要包括规划的编制体制和规划的实施体制。下面主要介绍我国城市规划的法规体系，规划的运作体系和规划的行政体系在第四章中则会有具体体现。

（1）纵向法规体系

由各级人大和政府按其立法职权制定的法律、法规、规章和行政措施四个层次的法规文件构成。

（2）横向法规体系

1）主干法。主干法即基本法，即《中华人民共和国城乡规划法》.是城市规划规划法体系的核心，具有纲领性和原则性的特征；它是在总结《城市规划法》和《村庄和集镇规划建设管理条例》实践的基础上，根据新的形势需要所制定的。这就要求我国已建立的城乡规划法规体系.应当以《城乡规划法》为核心，进行调整、补充、修改和逐步完善。

2）配套法。配套法是指用来阐明规划法有关条款的实施细则，特别是在规划编制和开发控制方面，主要包括行政法规、部门规章、技术规范。如《城市规划编制办法》、《城市用地分类与规划建设用地标准》等。

3）相关法。相关法是指城市规划领域之外，与城市规划密切相关的法规。如《土地管理法》、《环境保护法》、《文物法》等。

根据《中华人民共和国城乡规划法》及相关法与配套法的规定，中国现行综合性城乡规划，包括城镇体系规划、城市规划、镇规划、乡规划和村庄规划。城市规划、镇规划分为总体规划和详细规划。详细规划分为控制性详细规划和修建性详细规划。

根据《城市规划编制办法》，大、中城市根据需要.可以依法在总体规划的基础上编制分区规划和专项规划。专项规划包括城市交通规划、城市绿化规划、城市居住区规划、城市工业用地规划、城市商业用地规划、城市历史文化遗产保护规划等。下面对综合规划的情况作一简单的介绍。

2. 城市总体规划

城市总体规划是指对一定时期内城市性质、发展目标、发展规模、土地利用、空间布局以及各项建设的综合部署和实施的措施。总体规划有两个鲜明的特点：一是在地理范围上包括整个城市社区及其未来发展空间；二是在时间上具有长期性，规划期限一般为20年。城市总体规划的主要任务是：综合研究和确定城市性质、规模和空间发展形态，统筹安排城市各项建设用地，合理配置城市各项基础设施，处理好远期发展和近期建设的关系．指导城市合理发展。

按照《城乡规划法》的规定，城市总体规划、镇总体规划的内容应当包括城市、镇的发展布局，功能分区．用地布局，综合交通体系，禁止、限制和适宜建设的地域范围，各类专项规划等，指导城市合理发展。概括地讲，城市总体规划由发展规划、用地布局规划和工程规划三个部分组成。

（1）城市发展规划

城市发展规划是整个城市规划的基础，是城市规划的基本依据，关系到建设怎么样的城市这一根本问题。它主要运用区域分析的方法，对城市的未来和发展进行科学预测和论证，以确定城市定位、发展模式和发展战略。

（2）城市用地布局规划

用地布局规划是城市总体规划的重要部分。它根据城市发展规划所提供的依据，通过对城市自然、社会、经济、历史和现状分析研究，将工业、第三产业、居住、绿地道路交通系统等各项物质要素组织在一个功能合理、协调统一的城市结构中。布局规划包括用地功能分区、城市干道系统规划、城市形态规划、城市总体布局等内容。

（3）城市工程规划

城市工程规划是城市总体规划方案中的专项规划。只有把工程性基础设施规划做好，城市建设的基本框架才能确定，城市居民各项活动才能顺利进行。因此，城市总体规划应当对关系城市发展方向、人口规模、布局结构的重大基础设施项目进行论证、规划、布局，主要包括基础设施工程和公园绿地工程。

3. 城市分区规划

编制分区规划的主要任务是：总体规划的基础上．对城市土地利用、人口分布和公共设施、城市基础设施的配置作出进一步的安排，以便与详细规划更好地衔接，并为详细规划的编制和规划管理提供依据。根据《城市规划法》的规定，大城市、中等城市为了进一步控制和确定不同地段的土地用途、范围和容量，协调各项基础设施和公共设施的建设，在总体规划的基础上，可以编制分区规划。也就是说，城市分区规划主要是在大中城市进行，小城市不需要做分区规划。

4. 控制性详细规划

控制性详细规划是指以城市总体规划或分区规划为依据，确定建设地区的土地使用性质和使用强度的控制性指标、道路和工程管线控制性位置以及空间环境控制的规划。它对城市新旧区的开发与再开发活动实施引导，防止单个开发建设活动对城市整体产生不良影响。它以土地使用控制为重点，其特点是规划设计考虑规划管理要求、规划设计与房地产开发衔接，将规划控制的条件用简练、明确的方式表达出来，从而有利于规划管理实现规范化、法制化。控制性详细规划是衔接总体规划、分区规划的宏观要求与指导修建性详细规划编制的承上启下的编制层次，它既是编制修建性详细规划的主要指导性文件，为其提供规划设计准则．又是城市规划管理、土地开发的重要技术依据。在现实的开发建设中，控制性详细规划中所规定的用地性质、各地块的建筑高度、建筑密度、容积率、绿地率等控制性指标，以及规定的交通出入口方位、停车泊位、建筑后退红线距离、建筑间距等要求，还有其他的控制要求，则是城市规划行政主管部门在进行建设用地规划审批管理中提供规划设计条件的来源。对于具体指导城市国有土地使用权的出让转让、房地产开发和各项用地建设具有非常直接的意义。

5. 修建性详细规划

修建性详细规划是以城市总体规划、分区规划或控制性详细规划为依据，直接对各项建设作出的具体安排和规划设计。对于当前和近期需要开发建设的地区，应当编制修建性详细规划。其特点是以物质形态规划为主要内容，用直观、具体、形象的表达方式来落实和反映各个建设项目所包括内容的落地安排。目的在于研究开发建设用地范围内各个建筑、道路、有关设施和环境之间的相互关系，进行合理布置，计算开发量和投资估算，为指导各项建筑和工程设施的设计提供具体依据。也就是说，它是为即将要进行的具体建设项目的建筑设计和市政道路等工程设计提供规划依据的，不能用来替代具体的建设项目总平面图以及建筑设计和工程设计图纸。

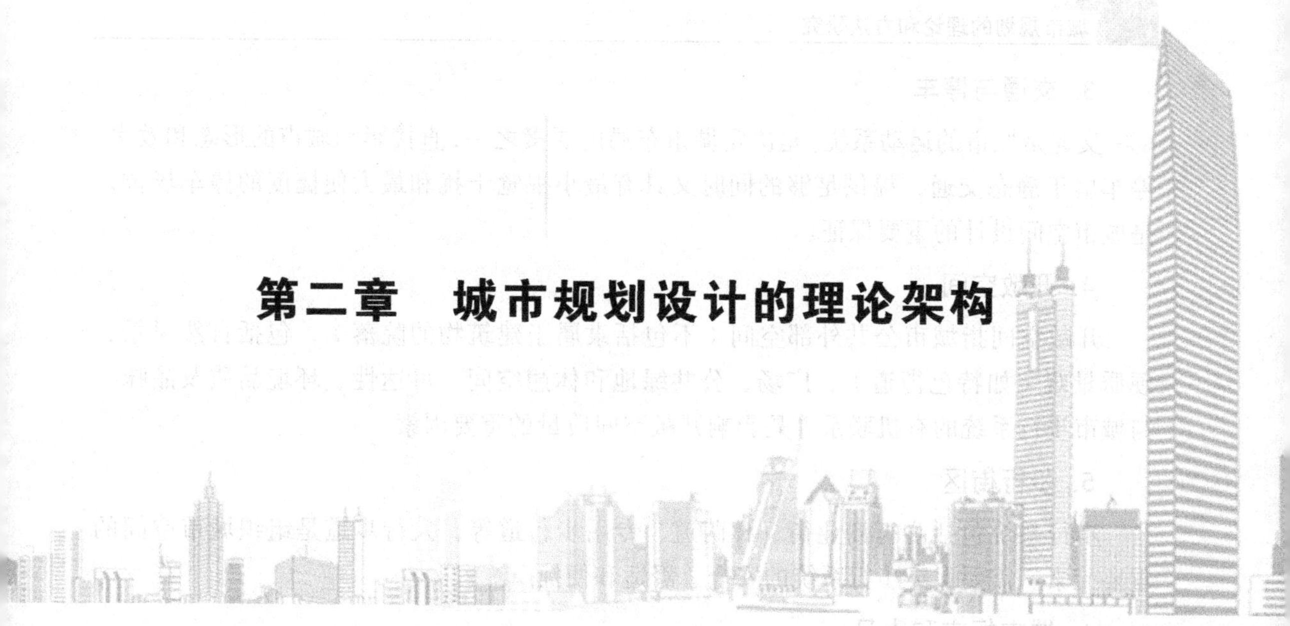

第二章　城市规划设计的理论架构

第一节　现代城市设计的基本原理与方法

一、城市设计的要素与类型

（一）城市设计要素

在城市设计领域中，“城市中一切看到的东西，都是要素”。建筑、地段、广场、公园、环境设施、公共艺术、街道小品、植物配置等都是具体的考虑对象。作为城市设计的研究，其基本要素一般可以概括为以下几个方面：土地使用、建筑形态及其组合、开敞空间、步行街区、交通与停车、保护与改造、城市标志与小品、使用活动等。

1. 土地利用

土地使用决定了城市空间形成的二维基面，影响开发强度、交通流线，关系到城市的效率和环境质量。作为空间要素，考虑土地使用设计时要注意到：（1）土地的综合使用；（2）自然形体要素与生态环境保护；（3）基础设施建设的重要性。

2. 建筑形态及其组合

建筑及其在城市空间中的群体组合，直接影响着人们对城市空间环境的评价，尤其是对视觉这一感知途径。要注重建筑及其相关环境要素之间的有机联系。

3. 交通与停车

交通是城市的运动系统，是决定城市布局的要素之一，直接影响城市的形态和效率。停车属于静态交通，提供足够的同时又具有最小视觉干扰和最大便捷度的停车场位，是城市空间设计的重要保证。

4. 开敞空间

开敞空间指城市公共外部空间（不包括隶属于建筑物的院落），包括自然风景、硬质景观（如特色街道）、广场、公共绿地和休憩空间，可达性、环境品质及品味、与城市步行系统的有机联系等是影响开敞空间质量的重要因素。

5. 步行街区

步行系统包括步行商业街、林荫道、专用步行道等，人行步道是组织城市空间的重要元素。需要保障步行系统的安全、舒适和便捷。

6. 城市标志和小品

标志分为城市功能标志和商业广告两类。功能标志包括路牌、交通信号及各类指示牌等；商业广告是当今商品社会的产物。从城市设计角度来看，标志和小品基本是个视觉问题。二者均对城市视觉环境有显著影响。根据具体环境、规模、性质、文化习俗的不同综合考虑标志和小品的设计。

7. 保存与改造

城市保护是指城市中有经济价值和文化意义的人为环境保护，其中历史传统建筑与场所尤其值得重视。城市设计中首先应关注作为整体存在的形体环境和行为环境。

8. 使用活动

使用行为与城市空间相互依存，城市空间只有在功能、用途使用活动等的支持下才具有活力和意义。同样，人的活动也只有得到相应的空间支持才能得以顺利展开。空间与使用构成了城市空间设计的又一重要因素。

各个设计要素之间不是独立的，在进行城市设计时，要综合考虑各个要素的组织和联系，使之成为有机的整体。

（二）城市设计实践类型

从城市设计实践方面来说，可以将城市设计大致分为三种类型：开发型、保存与更新型和社区型。

1. 开发型城市设计

此类城市设计是指城市中大面积的街区和建筑开发．建筑和交通设施的综合开发，城市中心开发建设及新城开发建设等大尺度的发展计划。其目的在于维护城市环境整体性的公共利益，提高市民生活的空间品质。通常由政府组织架构实施。例如，华盛顿中心区的城市设计、英国新城开发建设、上海浦东陆家嘴城市设计等，均属此类城市设计类型。

2. 保存与更新型城市设计

保存与更新型城市设计通常与具有历史文脉和场所意义的城市地段相关，强调城市物质环境建设的内涵和品质。根据城市不同地段所需要保护与更新的内容不同．又有历史街区、老工业区、棚户区等具体项目。不同项目存在的问题不同，保护更新的方式方法则不同。需要具体项目具体分析．因地制宜地解决问题。

3. 社区型城市设计

社区型城市设计主要指居住社区的城市设计。这类城市设计更注重人的生活要求，从居民的切身需求出发，营造良好的社区环境，进而实现社区的文化价值。

二、城市设计的内容与成果

（一）总体规划阶段的城市设计

1. 总体城市设计的目标及原则

（1）总体城市设计是研究城市整体的风貌特色。对城市自身的历史、文化传统、资源条件和风土人情等风貌特色进行挖掘提炼，组织到城市发展策略上去，创造出鲜明的城市特色。

（2）宏观把握城市整体空间结构形态、竖向轮廓、视线走廊、开放空间等系统要素，对各类空间环境包括居住区、产业区、中心区等城市重点地区进行专项塑造，形成不同区域的环境特色。对建筑风格、色彩、环境小品等各类环境要素要提出整体控制要求．

（3）构筑城市整体社会文化氛围，全面关注市民活动，组织富有意义的行为场所体系，建立各个场所之间的有机联系，发挥场所系统的整体社会效益。

（4）研究城市设计的实施运作机制。

2. 总体城市设计的基础资料

(1) 地形图

特大城市、大城市、中等城市地图比例宜采用1!10000–1:25000，小城市、镇的地图比例宜采用1:2000–1:5000。

(2) 城市自然条件

自然条件包括城市气象、水文、地形地貌、自然资源等方面。

(3) 城市历史资料

其包括城市历史沿革；具有意义的场所遗址的分布和评价；城市历史、军事、科技、文化、艺术等方面的显著成就，重要历史事件及其代表人物；历史文化名城的保护状况。

（4）城市空间环境与景观资料

城市结构和整体形态特征，各项用地的布局、容量、空间环境特征；城市现状具有特色的天际轮廓线及从历史和城市整体角度出发应恢复和重点突出的天际轮廓线；城市现状主要景观轴、景区、景点的分布及景观构成要素特征；反映城市文脉和特色的传统空间，如传统居住区、商业区、广场、步行街及其他历史街区的形态特征和保护、控制要求；城市建筑风格和城市色彩；城市园林绿地系统现状．景观绿地分布和使用情况；城市交通系统组织方式，步行空间、开放广场的分布；城市地下空间利用现状及开发潜力；城市基础设施布局；城市环境保护现状及治理对策。

（5）社会资料

城市人口构成及规模；城市中市民活动的类型、强度与场所特征；反映城市特色的社会文化生活资料；城市风俗民情。

（6）区域城市设计研究对城市景观环境的控制要求。

3. 总体城市设计主要内容

（1）城市风貌特色

城市风貌特色设计城市风格、建筑风格、自然环境、人文特色等方面，重点分析其资源特点，提出整体设计准则。

（2）城市景观

①城市形态：根据自然环境特色及城市历史发展的沉淀，在现有规划的基础上，构筑城市空间形态特色。包括自然条件特征的运用；城市历史文化特色的保护与发展；城市空间形态的意义处理。

②城市轮廓：利用地形条件，处理好城市空间布局、建筑高度控制、景观轴线和视线组织等方面的关系，结合地形特征、建筑群与其他构筑物等方面内容，创造城市良好的天际轮廓线；布置好建筑高度分区．提出标志性建筑高度要求．对重要视线走廊范围内建筑高度、形式、色彩等的规划要求，提出重要标志物周围建筑高度、特色分区的控制原则；合理组织重要的景点、观景点和视线走廊，通过限制建筑物、构筑物的位置、高度、宽度、布置方式，保证城市景点的景观特色。

③城市建筑景观：在分析城市现状建筑景观综合水平的基础上，提出民用建筑、公共建筑和工业建筑在建筑风格、色彩、材质等方面的设计原则。

④城市标志系统：对标志物、标志性建筑和标志性城市空间环境等进行研究，提出标志系统的框架和主要内容。

（3）城市开放空间

①城市公园绿地：对现有的公园绿地空间进行系统分析，从公共空间和场所意义角度进行评价，确定发展目标，结合城市性质和功能提出发展对策和控制引导措施。

②城市广场：组织好城市中心广场，确定主要广场的性质、规模、尺度、场所意

义特征。

③城市街道：整体街道空间的布局结构和功能组织；城市步行街、步行街区系统的组织；街道建筑物、构筑物、绿地等要素的景观效果。

（4）城市主要功能区环境

对城市居住区、中心区、历史文化保护区、旅游渡假区、产业区等主要功能区进行特色、风格和环境等方面的具体研究和引导。

4. 总体城市设计成果要求

（1）设计文本

总体城市设计成果文件包括文本和附件，说明书和基础资料收入附件。文本是依照各项设计导则提出的规定性要求的文件。说明书包括理论基础、研究方法、基础资料分析、环境质量评价、设计目标、设计原则、对策与设施等内容。基础资料包括城市自然环境、人文景观、人文活动等城市设计相关要素的系统调查成果。

（2）设计图纸

包括城市空间结构规划图、城市景观结构规划图、城市特色意向规划图、城市高度分区规划图等在内的城市各个系统的规划设计图；设计导则的配套分析说明图；重点区域形体设计方案示意。图纸比例一般与城市总体规划比例一致，宜为1:5000-1:20000。

（二）详细规划阶段城市设计

1. 详细规划阶段城市设计的主要任务

（1）以总体城市设计为依据，对重点地区在整体空间形态、景观环境特色及人的活动进行综合设计。

（2）重点对用地功能、街区空间形态、景观环境、道路交通、开敞空间等做出专项设计。

（3）与城市分区规划、控制性详细规划紧密协调，形成规划管理依据。

2. 详细规划阶段城市设计的基础资料

（1）地形图

特大城市、大城市、中等城市地图比例宜采用1:5000～1:10000，小城市、镇的地图比例宜采用1：2000～1:5000。根据设计范围的大小适当调整比例。

（2）土地利用

规划地区的土地利用现状、规划功能分区；总体城市设计对规划地区的用地要求。

（3）自然条件

规划地区的气象、水文、地形地貌、河湖水系、绿化植被等。

(4) 历史文化

规划地区的历史沿革、历史文化遗产保护等级、保护状况；重要历史事件、历史名人、文化传说；名木古树。

(5) 社会资料

规划地区人口现状及规划资料；经济发展现状及规划资料；传统民俗、民风民情等；市民活动主要类型、活动场所及环境行为特征等。

(6) 空间形态资料

规划地区的现状建筑空间总体形象、空间轮廓线；现状空间结构特点；现状建筑形态、建筑风格等；特色建筑群体空间等。

(7) 其他相关技术资料

道路交通现状及规划资料；市政基础设施现状及规划资料；对该区的建设项目、投资计划和实施步骤的规划设想。

3. 详细规划阶段城市设计的主要内容

(1) 总体形态特征

包括总体用地布局、功能分区、风貌特色。

(2) 空间结构分析

包括空间轴线、节点、特色区域的规划；城市广场、步行街、公园绿地等开放空间系统的规划；城市肌理、标志建筑等建筑形态设计。

(3) 交通组织

与城市总体交通系统的联系；道路交通网络与交通流线；静态交通和公共交通组织。

(4) 景观设计

延续总体城市设计的景观特征，确定景观轴线、边界、视廊、天际轮廓线的综合控制；提出开放空间中的城市广场、步行街、公园绿地的边界、形式、风貌、退让等设计要求；对城市街景立面的规划设计提出引导。

(5) 环境设计

根据地段内部环境特征，对绿化配置、整体铺装提出要求；对环境设施、照明设施、环境小品、无障碍设计提出总体设想和要求。

(6) 建筑控制

规划地区的用地强度、建筑高度分区；对建筑体量、退让、风格、色彩等内容提出设计要求。

详细规划阶段的城市设计任务是在总体城市设计框架的基础上，对城市重点片区、重点地段进行更为详细的设计。其中设计用地规模越大，越接近中观尺度的城市片区，通常包括总体形态特征、交通系统组织、重点地段设计、景观控制、实施开发等内容；

反之，城市用地规模越小，越接近微观的城市地段，则成果的控制性特征越明显，精细程度加强，增加环境控制和建筑控制的内容。

4. 详细规划阶段城市设计成果要求

（1）城市设计文本

对规划地区的城市设计内容做出相应的文字成果表述。核心成果部分可直接融入相应的法定规划，尤其是控制性详细规划的相应内容。城市设计过程的相关内容如现状调查、数据整理、设计过程等可采用附件或说明的方式附于其后。

（2）城市设计图纸

主要包括功能分区规划图、交通组织规划图、开敞空间规划图、景观系统规划图、重点地段节点设计图等，图纸比例与相应的详细规划比例一致。

（3）城市设计导则

以条文和图表的形式表达城市设计的目标与原则，体现城市设计的空间控制与相关要求。通常情况下，为了保障城市设计成果的事实，与控制性详细规划一同编制城市设计成果，并将设计导则的内容纳入到控规分图图则中，形成包括城市设计要求的控规图则。

第二节　城市规划设计基本过程和方法

一、城市规划设计准备阶段的方法

实践中的城市规划设计通常是一个较为长期的过程。在城市规划设计的各个工作阶段中．方案设计是提纲挈领的重要工作。在这个阶段，设计者需要研究规划设计条件，针对规划区域构思和确定规划理念、思想和意图，对各个物质要素进行空间布置，然后将设计思维进行整理、记录和形象化，提出具体的建筑空间组织、环境景观规划、绿地系统构建、交通系统组织，并用专业的图形和文字规范的表达出来。

一般理解，规划设计有两个目的，一个目的是把我们对城市中的一个区域或一个空间带入有序发展的需求和愿望，与现状的物质和精神状况联系在一起，并最好地服务于未来的发展需要；另一个目的是对一个地区的发展过程进行指导。无论哪一个目的，都需要规划师对该地区的现状情况、存在问题、形成原因及该地区的各种发展可能性和相关人群的发展意愿进行充分的了解和把握。这就是规划设计现状调查的目的。作为客观因素和基地各种特征的综合，都将被作为规划设计的基本条件，成为规划师进行思考和设计过程中的重要环节。城市建设的规划是一个非常庞杂的题目，要求规划师必须对自己的任务进行界定，对每一个工作重点进行梳理。在接受一项规划设计任务之后，我们首先需要对工作思路进行梳理并考虑规划步骤。

以上这些思考可以用叙述性语言描绘，也可以用简单的图表、示意图勾画。即对整个设计任务有一个整体的把控。然后再进入详细的规划设计分析阶段。

二、规划设计分析

前一节内容是基础性的现状调查，现状调查越丰富，下一步设计时就会对基地的了解越深入。此时还需要对资料进行必要的整理和表述，尽力做到条理清晰、全面，以便于下一阶段设计时可以快速明确地加以利用。

因此下一任务就是对现状调查的结果进行分析，评价现状的具体情况和特征，研究引起这样结果的原因，分析各要素之间的相关性和可能性。从现状分析的结果中可以得出基地内哪些矛盾是最突出的，需要马上着手处理，哪些是不需要处理的。分析的结论是下一步规划设计目标的基础。

（一）评价和描述外部关系

评价和描述外部关系主要是考察基地与周边环境的结构性关系，可以扩大到与更大空间和功能的关系。

1. 基地与周边交通的关系分析

主要考察基地周边的城市道路系统、慢行系统的主要通道及到周边公共交通站点的联系，评价基地的可达性。

2. 基地与周边公共服务设施的关系分析

主要考察基地与周边城市公共服务设施（例如与不同等级的商业设施、文化娱乐设施、教育设施、体育设施等）距离关系，评价基地的综合服务水平。

3. 基地与周边开敞空间的关系分析

主要考察基地周边的整体生态环境的形态特征，与公园、广场、水体等开敞空间的联系，评价基地的空间环境质量。

4. 基地与周边建筑空间的关系分析

主要考察基地周边的建筑形式、建筑密度、空间形式，建筑使用状况，评价基地周边的建筑环境质量。

5. 基地周边的土地利用

主要考察基地周边的用地使用情况，包括土地使用性质、规模、等级等内容，评价基地未来可能的用地使用方向。

（二）基地的用地适应性评价

对基地的地形地貌、地质条件、生态条件、污染状况等情况的分析，可以对基地内的具体地块进行土地的适宜性评价．分为适宜建设用地、一定条件下适宜建设用地、不适宜建设用地和不允许建设用地。

（三）现状要素关联性分析

将基地周边与基地内部的相关用地条件、交通条件、公共服务设施等各要素在平面图上予以综合性的表达，分析各要素之间的关系。从中找出基地建设项目需要解决的消极因素、消极空间和矛盾冲突，并分析其存在的原因。针对分析结果，特别是基地的不利条件，提出相应的解决措施，以备在方案设计时予以全面解决。

不同的规划设计项目．有不同的规划诉求，基地的基础条件又千差万别，因此对现状基地的分析也会根据不同的设计要求和发展条件而有所不同。虽然不能穷尽所有的地块，但可以对大部分用地进行分类，总结其分析方法。

第三节　城市规划的实施方法

一、城市规划实施的作用

城市规划的实施是各级城市规划行政主管部门法定的职能工作。我国《城乡规划法》第三章“城市规划的实施”对城市规划实施管理工作范畴、内容、方法和程序作了明确的规定，主要包括建设用地规划管理、建设工程规划管理、规划实施的监督检查管理，并且明确规定了“一书两证”制度，即由城市规划行政主管部门签署选址意见书和核发建设用地规划许可证及建设工程规划许可证，同时强调城市规划区内的土地利用和各项建设必须符合城市规划，服从城市规划管理。可见，城市规划实施的目的就是要把城市规划的各个相关科目通过具体明确的管理体制得以落实。强化城市规划实施的作用体现在以下四个方面：

（一）强化城市规划实施是落实城市规划的必要保障

加强城市规划实施管理才能将纸上规划向下落实。《国务院关于加强城市建设工作通知》强调：要大力加强城市规划的实施管理。城市规划的实施是要通过城市规划实施管理工作来完成的，如果离开了城市规划管理或者是“重规划，轻管理”，城市规划就得不到顺利实施，或者只能是“规划规划，纸上画画，墙上挂挂”而已。由于过去“重规划，轻管理”，城市规划管理的体制、机构、人员素质水平、管理制度和方法等，还不能有效地适应和保证城市规划实施，甚至于不按规划办事、违反规划实施然后再改规划的事情时有发生。时至今日，各级政府部门越来越深刻地认识到科学地规划并能真正落实已是城市管理的重中之重。

（二）强化城市规划实施管理有利于满足城市发展的需要

城市是经济发展的载体，城市的集聚效应是经济繁荣与发展的动力之一。城市规划为城市这一载体的未来建设提供了蓝图，城市规划必须体现经济发展的内在需要，为经济建设的开展提供强大的动力支持。加强城市规划实施的管理对发展经济有着促进和制约的双重作用，城市规划得当、落实到位会促进经济的发展，反之则制约经济发展。因此，必须把加强城市规划管理与各行各业的经济发展有机地结合起来，为经济发展提供高质量的综合服务。

同时，城市规划实施情况及时反馈才能保证规划持续有效地执行。这是因为：城市集政治、经济、社会、文化等功能于一身，多种功能相互交叠，随着城市建设的高速发展，城市规划管理面临着许多新的情况、新的问题。从城市规划管理的任务、内容、范围到方法，都需要不断调整与完善。城市发展中出现的矛盾和混乱现象也需要通过加强规划的实施管理来得以纠正。如大量农村人口拥进市区，新的集体企业和商业网点大量出现，可能造成市容不整、交通堵塞、环境污染和流动人口剧增等问题；城市新旧建设混杂，带来城市开发与管理后遗症，这些城市问题在建设之初可能没有发现，建设实施后逐渐显现出来；再如，高架道路的建设可能会随着时间的流逝、交通规划的改变、承载车辆的增加而出现交叉路口设计不合理，或者在使用过程中才发现原有规划设计存在的缺陷等，这都要求城市规划实施部门进行不断地跟踪管理与反馈，然后去修正以往的错误，并为今后的规划积累经验。

（三）城市规划实施的监督管理有利于维护城市建设成果

城市规划的实施要做好两方面的工作：一是严格推进城市规划，二是要按照法规制度和程序来进行。当建设任务完成后，城市规划管理的任务并没有终止，城市规划管理的任务是长期的，将继续发挥监督、检查作用。如前所述，通过使用实践检验规划建设合理与否，把信息及时反馈给城市规划行政主管部门外，其目的主要是为了避免城市建设成果遭受破坏、损坏和随意改变。这部分工作的核心内容是要制止违章占地和违章建设，以及各种私自改变土地使用性质的行为。如果城市规划管理跟不上建设的步伐，建设成果不能保持或者不能充分发挥其功能与作用，必然给城市建设带来巨大的浪费。

（四）加强城市规划实施管理有利于更好地维护公共利益

城市规划的最终目标是积极创造一个舒适、优美、方便的工作和生活环境。这就要求规划管理工作从公共利益的要求出发，指导、协调和安排当前的建设与未来建设的关系，解决好大多数群众的实际问题和处理好建设中各种各样的矛盾，合理设计近期与远期、局部与全局、重点与一般、永久与临时的关系。同时，要提高城市规划管理工作的透明度，了解群众的呼声和实际要求，提高城市规划水平，真正体现出公共利益的所在。

二、城市规划实施的内容

城市规划实施主要包括既定城市规划的执行与规划实施的控制两大部分内容。可以说，城市规划的实施就是执行城市规划并对实施过程进行监管与控制。在城市规划实施顺序上，实施者根据城市总体规划的要求，逐步实施分区规划、近期规划与控制性规划。具体实施的内容涉及城市空间政策、结构布局的落实，城市建设时序的确定，以及城市规划实施的控制方法与控制政策的实施。

（一）城市规划的执行

1. 空间政策实施

城市总体规划具有法律地位，它为城市空间政策的制定提供了法律依据。城市总体规划规定了城市未来发展目标和城市的性质，从而明确了城市未来发展的方向和程度。然而，具体在规划期内不同时期、城市的不同区域发展什么、发展到什么程度，则必须根据城市不同区域的自然条件、物质基础、社会及经济基础作出具体的定位，并将随着城市总体规划的实际实施状况，在不同的建设时期进行适当的修订。

城市空间政策是依据城市总体规划，根据城市空间发展现状对城市总体规划的细化与落实，是城市规划实施中的核心环节。空间政策作为各类较低层规划，如分区规划、近期建设规划和控制性规划等和管理法则制定的依据，并通过这些低层规划的实施来实现城市规划的构想。

2. 结构布局落实

城市结构布局是城市区域范围内的整体布局结构，也就是指城镇体系，在这一层次需要确定在不同时期哪些城镇或地区需要发展、发展什么、发展到什么规模等。对某一时期位于规划确定的发展区内的地区要鼓励其向规划的方向发展，位于发展区外的地区要严格控制其发展，这种控制城市规划自身无法实现，而只能通过产业政策、土地政策、土地置换和财政等手段将发展投资吸引到规划确定的发展区域内。

城市空间布局依靠不同层次的规划的编制得以深化，最终通过控制性规划或法定图则等方式落实到具体的地块，并以规划引导、规划许可证等规划管理手段来予以实现。同样，要保证规划内容在具体的城市建设中得到贯彻和遵守，也需要如产业布局政策、土地政策、住房政策、交通政策、基础设施建设规划及投资和税收政策等作为支撑和引导。

3. 建设时序确定

城市总体规划实施的先后次序的确定，对于实现城市合理发展关系重大。城市建设时序的控制，就是要明确在不同时段城市重点建设的地区与重点项目。长期忽视总体规划中的时序安排，在具体实施过程中，仅仅根据城市开发市场对土地的需要被动地提供土地，虽然从单个项目的规划管理来看这些开发项目的土地使用功能与城市规划是相符的，但与规划所要求的总体功能目标相去甚远。由于没有合理确定建设时序，在耕地保护、城市经营的经济性、基础设施的配套性、城市社会的整体性等方面也都出现了一系列问题。

（二）城市规划实施中的控制

1. 控制内容

从控制内容上看城市规划管理，主要涉及用地使用控制、环境容量控制、设施配套控制、建筑本身的控制、未来行为的控制和城市设计引导等。一般不同使用性质的地块控制内容不同，居住用地的控制原则是要保持居住环境的安静、安全、卫生、舒适和方便，为此除常规性的对容积率、建筑密度、绿地率、人口密度进行控制外，还要对建筑间距、公共服务配套设施、消防、公共卫生等指标进行严格的控制；商业金融用地的控制原则是要避免项目投入运营后引起环境拥挤、交通混乱等问题，同时还要与周围的环境特色和建筑功能相协调，因此除常规性控制内容外，主要要控制环境容量、停车场规定、出入口方位等；工业用地的控制主要从环境保护、污染控制的要求以及水、电、交通等基础设施的制约两个方面考虑，控制其企业性质和发展规模；对于城市特殊地段，

如历史文化保护或城市景观保护地段的地块，要保证新建建筑与所在区域原有的风貌特色相协调。

2. 控制方法

城市规划控制的方式主要有指标量化、条文规定、图则规定、城市设计引导和方案审定五种控制方式。指标量化是通过一系列控制指标对建设用地进行数量上的控制；条文规定是通过一系列控制要素和实施细则对建设用地进行定性控制；图则规定是用一系列控制线和控制点对用地和设施进行定位控制，如地块边界规定、道路红线、控点等；城市设计引导是通过一系列指导性综合设计要求和建议甚至具体的形体空间设计，为开发控制提供准则和设计框架；方案审定是通过对若干方案的比较、评价对单

位用地的开发建设项目进行总平面审批，主要审查总平面布局、建筑立面形式及建设项目与周围环境的关系等内容，并提出规划设计要点。

城市大部分项目的规划控制多采用指标量化、条文规定和图则规定这三种控制方式共同进行控制。指标量化对地块的使用强度和其他可量化的指标进行控制，条文规定对地块的使用性质和指导性综合设计要求作出了规定和说明，图则规定对规划地块的划分和公共设施的布置做出了标示，这三者共同构成了对建设项目最基本的规划控制。但在城市中一些重要的景观地带和历史保护地带，单纯靠前三种方式的控制是不够的，这时就需要借助城市设计引导来进行规划控制。这种方式的控制不是绝对的控制和约束，但也有一定的控制力度，只是控制表达的方式不同。它是通过一系列沟通和讨论使开发商和建筑设计师接受从城市设计出发提出的综合设计要求和理念，并将其体现于单体或群体建筑设计中。

自2014年起，我国开始大范围试点“自上而下”的授权式空间规划改革，在市县层面探索推动经济社会发展规划、城乡规划、土地利用规划、生态环境保护规划“多规合一”，形成一个市县一本规划、一张蓝图的经验。各地在探索过程中，重视对基础数据、规划期限、坐标系、用地分类、工作流程和内容、控制线体系等技术方法的规范和衔接，形成了一套技术标准，并且建立了“多规合一”的信息数字化管理平台，为相关规划参与者搭建了一个信息联动平台，极大地提升了空间治理能力，优化了国土空间格局。

3. 控制深度

规划控制应该以实现有效控制为原则，因此并不是所有的建设项目都需要进行同一深度的控制，以一般的中型城市为例，规划控制深度大致可分为三个层次：原则控制、详细控制、严格控制。原则控制分为两类：一类主要针对旧城中已经建成的大企业、机关大院、大专院校及近期不进行再开发的现状基本完成区，只原则规定区内土地使用性质、容量等指标；另一类针对一些成片开发、综合开发和远期开发的地块，因控制范围大，又多为一家开发公司统一管理，且开发目标需通过规划方案的反复论证才能确定，因而在开发的初期也只能提出一些控制的基本原则，但规划管理部门应该跟踪项目的进程，分阶段地对开发项目的实施性详细规划进行审查，对一些主要指标进行控制。详细控制则是针对旧城近期再开发和零星开发的地块，按照用地性质对相关的规划控制因素进行详细的控制。严格控制是针对城市中重要的历史文化区、景观区或自然保护区内的建设，提出严格而详尽的规定，对城市重要的景观地带还需要通过城市设计提供的设计意向和原则说明进行控制。

三、城市规划实施的原则

原则上讲，通过法定程序确定的城市总体规划应该得到不折不扣的实施，但由于城市建设的复杂性、多因素性决定了城市空间关系的调整是城市整体社会经济关系变化的结果。城市总体规划的作用就是将各个部门、各个领域的政策在城市空间层面上进行整合。这种政策远非政府中的某个部门（如城市规划行政管理部门）能加以实施的，城市总体规划必须通过政府各部门的通力合作、协调配合才能得以真正地实现。控制性规划的实施主要由政府规划行政管理部门完成，行使控制和引导的职能。规划控制不仅是进行狭义的限制，同时还要对我们并不完全了解或熟知而又不可避免会出现的新现象或趋势进行引导和管理，使城市建设活动的随意性降低到一个可以容忍的限度内。对建设项目进行规划控制涉及项目建设中的许多细节性问题。

（一）批前管理与批后管理相结合

批前管理的工作内容主要包括建设规划方案研究和核发“两证”的工作。第一项工作涉及核发建设规划建议书、规划设计方案审查及各种咨询、协调工作。一般性的工作方法主要是根据规划法律法规和政策，以法定图则为基准（未编制法定图则的地区应以控制性规划为基准），核发规划意见书，并据此审核建设方案。如建设意图与法定图则基本一致，可直接核发规划意见书。若有差异但不涉及法定图则规定的控制性内容的，可经过论证和协商对控制性规划进行调整，并按调整后规划核发建设规划建议书；若有差异且涉及法定图则规定的控制性内容的，可要求建设方按照规划控制要求修改建设意图，建设方若同意可以核发规划意见书；建设方若坚持自己的建设意图，可以提出修改法定图则的申请，由规划行政管理部门提交规划委员会进行决策，若规划委员会同意修改，则规划行政管理部门根据同意修改或调整后的法定图则核发规划建议书，若规划委员会不同意，则不能同意建设。在建设方根据建设规划建议书的要求完成了规划设计方案后，规划行政管理部门要对上报的规划设计方案进行审查，审查的基本依据原则是核发的建设规划建议书，对规划设计方案与之不符的地方要进行仔细的研究并与建设方讨论，了解建设方的意图，允许不违背法定图则控制性内容的不符，但凡是违背法定图则内容的设计内容要求建设方必须修改，否则审查不予通过。最后根据对规划设计方案审查的结果核发“两证”。规划设计方案的审查是规划批前管理的核心，也是规划控制实施的第一个关键点，是行政执法机构进行监督检查的基本依据。

完成了批前管理，必须配有批后管理，才能保证批前管理的有效性。为此，国务院办公厅下发《关于加强和改进城乡规划工作的通知》，指出：“城乡规划行政主管部门要加强对规划实施的经常性管理，对建设工程性变更和新建、改建、扩建中违反规划要求的，应及时查处，限期改正，工程竣工后，城乡规划行政主管部门未出具认可文件的，有关部门不得发给产权证明等有关文件。”批后管理的主要内容包括建设过程中的监督检查和竣工后的规划验收。如果缺乏对建设中间过程的监督管理，将难以有效控制开发商在建设过程中出现的违规行为。要想实现全过程的监督，可以选择多个时间节点对建设项目进行中间环节的检查，这些主要环节包括开工灰线放样、项目基础完工、结构封顶、整体竣工验收。要防止各种擅自改变规划行为发生，在操作上可以采用同一“验线单”实现全过程监管与管理，一旦发现开发中出现的偏差，可以及时修正。

（二）执法刚性与管理弹性相结合

几乎所有的规划报告中都写有该规划的实施措施，而且篇幅不小，但大部分都是用“行政的、经济的、法律的、技术的手段”等过于笼统的词句来概括，缺乏可操作性。总体来讲，顺利实施的规划，在理性人的要求和政府之间达到了一个均衡，最终当事人都达到了自己的目标；而受阻的规划，这样的均衡没有出现，而且往往是由于理性人认为达不到自己的预期目标而没有积极性去实现这个规划。为了自己的利益，理性人要么不去投资而选择别的，要么突破规划去实现自己的利益要求，虽然这种突破也许是某些主管部门许可的。

如果单纯来考察规划师所编制的规划，也许是理性的，然而如果一个城市的规划不能适应市场，那么大量的民间投资便会流向别的城市或地区。这要求城市规划必须承认任何对未来的规划在实施中必然存在与实际状况产生差异甚至矛盾的可能，先考察信息再研究问题，最后在这个信息结构下制定城市规划的最优方案，这样得出的结果就自然融入了合理的实施措施。因此，城市规划可以从分别设置法定图则和工作图则、规定法定图则部分指标允许调整范围、明确法定图则修改的法定程序等方面提供解决管理弹性不足的途径。

从行政执法的严肃性和限制部门或个人寻租权力的角度看，应该严格规范行政执法行为，减少行政执法的随意性，应强调只对单纯靠市场力量无法自行约束而又有可能对公共利益构成危险甚至产生破坏的要素进行严格的控制，其余因素政府部门则仅仅是进行指导和咨询，决策权交还给市场。同时，对必须进行控制的刚性指标要进一步明确化、系统化，减少具体操作中的自由发挥空间，并加强规划修改的规范化管理。

（三）行政管理与法制保障、公众参与相结合

在城市规划的实施中，行政机制具有最基本的作用，规划行政机构要获得充分的法律授权，只有在行政权限和行政程序有明确的授权，有国家强制力为后盾，公民、法人和社会团体支持和服从国家行政机关的管理等条件下，行政机制才能发挥作用。与行政管理职能密不可分就是城市规划实施中财政职能必将发挥重要作用。政府部门可以按城市规划的要求，通过公共财政的预算拨款直接投资兴建某些重要基础设施或大型公共建筑设施，也可以通过资助或发行财政债券筹集资金的方式促进公共工程的建设。同时，政府还可以通过税收杠杆来促进或限制某些投资活动，也同样可以实现城市规划的总体目标。

单纯的行政管理容易出现过度授权或权力乱用，因此各国都在城市规划实施过程中发挥行政管理职能的同时通过法制建设实现权力制衡。法制保障机制的主要目的有两个：一是通过为城市规划行政行为授权，并为行政行为提供实体性与程序性的执法依据，并从更高层面为维护经济、社会、人文、环境的协调发展提供依据；二是通过法制建设可以明确并保护公民、法人和其他社会团体的合法权利，并为必要时依法对城市规划行政机关提出行政诉讼提供法律依据。

公众参与是指群众参与政府公共政策的权利。我国《城乡规划法》明确规定："城乡规划报送审批前，组织编制机关应当依法将城市规划草案予以公告，并采取论证会、听证会或者其他方式征求专家和公众的意见。公告的时间不得少于三十日。组织编

制机关应当充分考虑专家和公众的意见，并在报送审批的材料中附具意见采纳情况及理由。"公众参与能保证城市规划决策过程的民主性，协调各利益团体间的矛盾和冲突，使城市规划获得更多的合法性、正当性和民众认同感。城市规划中的公众参与主要有以下功能：首先，城市规划涉及城市中各种利益团体的利益分配，公众参与制度为各种利益团体提供交流平台，方便规划部门综合考虑各方面意见。其次，公众参与制度将城市规划的制定过程暴露在阳光之下，方便社会全面监督规划的制定，能够实现城市规划与实施的透明化。再次，公众参与制度能建立政府与民众沟通的有效渠道，促进政府与公众的双向、良性互动。最后，通过公众参与程序确定的城市规划代表着民意，有很高的民众认同度和合法性。城市规划的民众认同度越高，实施中的阻力自然越小，公众参与程序能赋予规划合法性，减少发生法律争议的可能。

（四）档案监督与社会监督相结合

城市规划实施过程必须伴随着严密详细的档案管理，档案要记载城市规划的过程及主要负责人的权责。城市规划实施要严格按档案记载执行，并且要时时更新。在信息化时代，当前的档案管理已经延伸到了城市规划的信息化管理，成熟的信息化软件的应用为城市规划的执行者与监管者提供了全面及时的城市信息，并且为及时发现规划实时中出现的偏差提供了可能。

档案管理与信息化管理更多程度上是为城市规划的执行者与监管者提供了信息支持，严格意义上讲这都是城市规划实施的内部监督机制。发达国家和地区在提高内部监控手段的同时，也积极地扩大公众参与程度，发挥新闻机构、社会公众对城市规划实施的监督与反馈作用，并且积极吸取公民、法人、公共团体的公众建议，以使城市规划的实施更符合经济发展的需要，更体现公众的共同利益。

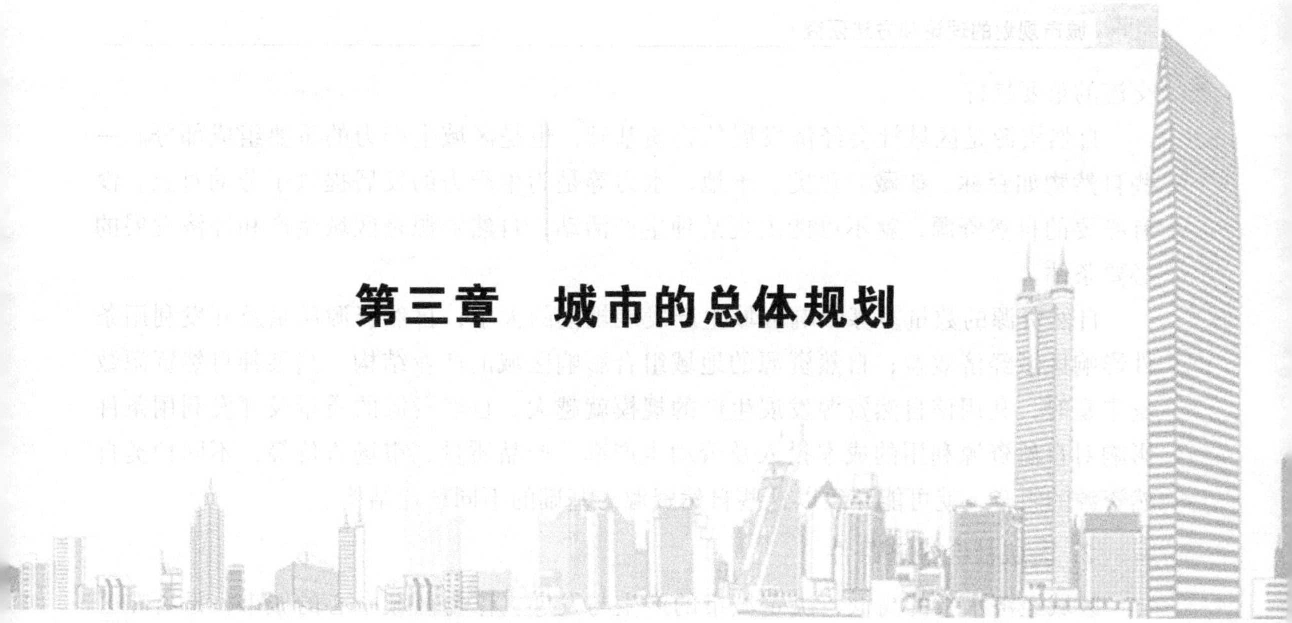

第三章 城市的总体规划

第一节 城市总体发展战略与规划目标

一、城市总体发展战略

城市发展战略是指对城市发展具有重大意义、全局性、长远性和纲领性的谋划。它的任务是指明城市在一定时期内的发展目标和实现这一目标的途径，以及预测并决定在该时期内城市的性质、职能、规模、空间结构形态和发展方向。因此，城市总体规划的成败与否首先取决于能否正确地制定城市发展战略。

（一）城市总体发展战略的区域条件分析

城市是区域的中心，区域是城市的基础。任何一个城市的产生和发展，都有其特定的区域背景。城市要从区域取得发展所需要的食物、原料、燃料和劳动力，又要为区域提供产品和各种服务，城市和区域之间的这种双向联系无时无刻不在进行，它们互相交融、互相渗透。区域对城市总体发展战略有重要影响，可从自然条件及社会经济背景条件、区域经济和区域发展几个方面进行分析。

1. 区域自然条件

自然条件包括区域所处的地理位置和区域内的自然资源。城市地理位置的核心是城市交通地理位置。对外交通运输是城市与外部联系的主要手段，是实现城市与区域交流的重要杠杆。

自然资源是区域社会经济发展的物质基础，也是区域生产力的重要组成部分。一些自然物如森林、矿藏、鱼类、土地、水力等是为生产力的发展提供了劳动对象。没有必要的自然资源，就不可能出现某种生产活动，自然资源是区域生产和经济发展的必要条件。

自然资源的数量多寡影响区域生产发展规模的大小；自然资源质量及开发利用条件影响区域经济效益；自然资源的地域组合影响区域的产业结构。当某种自然资源数量丰富时，利用该自然资源发展生产的规模就越大。自然资源的质量及开发利用条件影响对自然资源利用的成本投入及劳动生产率、产品质量、市场售价等。不同种类自然资源的组合，就可能导致以这些自然资源为基础的不同产业结构。

2. 区域社会经济条件

区域经济水平的高低，决定城市的产生与发展。作为区域中心的城市，是所在区域各种要素高度聚集的场所。城市要想发展，必须与周边地区保持密切的联系，以获取进一步发展的动力和空间。首先，城市的产生需要周边地区为其提供初始条件。由于城市产生初期占主导地位的经济是手工业和商业，城市的主要特征是消费，它要求周边地区为其提供各种剩余的农副产品与劳动力，以满足生存需要。其次，城市的发展需要周边地区为其提供各种经济社会资源，并且要求周边地区消化其产品，使城市基本部门的产品的价值得以实现，其正常运转得以顺利进行。因此，每个城市都不是孤立存在的，它和其所在区域的关系是点和面的关系，是互相联系、互相制约的辩证关系。

社会经济条件，主要包括人口与劳动力、科学技术条件、基础设施条件及政策、管理、法制等社会因素。区域内劳动人口的数量会对区域自然资源开发利用的规模产生直接的影响；区域人口的整体素质则会对区域内经济的发展水平和产业的构成状况产生影响；人口的迁移和分布会对区域生产的布局产生影响。科学技术是人类改变和控制客观环境的手段或活动，自然条件和自然资源提供了发展的可能，科学技术则将这种可能转变为现实。科学技术的进步节约了要素的投入，可以减少区域发展对非地产资源的依赖程度；科学技术的进步引起经济总量的增长，推动区域经济结构多样化；科学技术的进步使社会产生新的需求，在新的需求水平上增加劳动投入，为劳动就业开辟出路。另外，区域内基础设施的种类、规模、水平、配套，以及区域发展政策、办事效率、法制等对经济的发展也有重要的影响。

区域经济的发展首先必须发挥区域优势。区域优势指的是区域在其发展的过程中，天然具有一些别的区域不具备的有利条件，而因为这些有利条件，这个区域在某一方面具有了极强的竞争力和更高的资源利用效率，从而使这个区域的总体效益一直保持在一个比较高的水平。总体效益即综合实现区域发展的经济效益、社会效益和生态效益，是区域优势的集中体现。

3. 区域城镇体系发展综合条件

首先，要对不同时期区域城镇体系的产生、形成以及发展的历史背景等进行全面细致的了解。比如主要历史时期的城镇分布格局，以及体系内各城镇间相互关系，特别是地区中心城市发展、转移的成因等，这对揭示区域城镇发展的主要影响因素至关重要。通过对区域城镇体系的历史演变规律进行具体的分析，可以对如今城镇体系的分布格局有一个更为精准的了解，同时也为区域进一步的发展规划提供一定的思路。

其次，要了解城镇体系现状。通过对区域城镇体系的现状调查分析，从宏观的、对比的角度分析城镇发展水平、速度、结构、分布及存在的问题，从而认识、估价城市自身发展的有利条件、不利条件以及二者的辩证关系，并找出阻碍城市及区域发展的主要原因，为未来发展提供规划依据和目标。

（二）城市发展战略的制定

1. 确定城市发展目标并选择城市主导产业

根据各产业部门在城市经济中的地位和作用，可分为主导产业、辅助产业（相关联产业）和基础产业。主导产业是指对城市经济的发展可以起到决定性作用的产业部门，它是根据国内的市场需求、资源状况和出口前景来进行选择的，通过主导产业的大力发展可以带动其他产业的发展。产业结构和城市经济的发展有着极为密切的发展，一般而言，经济的发展通常都伴随着产业结构的变化，在确定城市总体发展战略时，首先要对城市产业结构的现状、存在的问题、影响和决定产业结构的主要因素进行分析研究，探明城市产业结构的发展趋势，进而确定城市支柱性产业的构成，并在此基础上进一步明确包括城市经济、社会、环境在内的战略发展综合性目标。

城市综合战略发展目标作为城市发展战略的核心，既有定性的描述（如城市发展方向），也应有量的规定。

2. 确定城市发展战略重点及其战略保障措施

为了保障涉及面众多的综合战略目标的实现，必须明确有些事关全局的关键部门和地区或关键性问题，即战略发展的重点。例如，确定竞争中的优势领域，并以此作为战略重点；经济发展中的基础性建设，如科技、能源、教育、交通等。同时还应认清发展中的薄弱环节，如果在整体发展过程中，出现部门或环节问题，则该部门或环节便会成为战略重点。

抽象的战略目标的实现、战略重点的落实必须寻求可操作的步骤和途径，即城市战略措施。通常包括城市发展基本政策、产业结构调整、空间布局的改变、空间开发的秩序、重大工程项目的安排等。

二、城市总体规划目标

根据《中华人民共和国城乡规划法》的规定，设市城市和建制镇必须编制城市（镇）总体规划。城市的用地和各项建设事业都要以城市总体规划为依据，有计划、按步骤地逐步实施。

不同城市或同一城市的不同发展阶段，其城市总体规划目标的侧重点不尽相同。城市化快速发展时期，城市总体规划的目标注重于城市的布局、空间结构等目标的实现；当城市化发展水平处于稳定时期，城市总体规划的目标开始注重于城市健康发展、城市社会的公共安全等目标的实现。

在现阶段，我国正处于城市化快速发展和全面建设小康社会的时期，城市不但自身要发展，还要带动区域发展，因此总体规划的目标是多维的。我国城市总体规划的共同目标有以下几个。

第一，促进经济发展“腾笼换业”，调整产业结构，规划新的经济产业园区，培育经济增长点，增强城市竞争力。

第二，优化城市环境——污染企业外迁，调整用地结构，增加绿化面积，促进城市生态化。

第三，保障社会公平——增设公益性基础设施，关爱弱势群体，适当控制高档物业用地的数量。

第四，调控人口发展——既要支持乡村人口城市化，又要适当控制大城市规模，更要促进教育发展，提高人口素质。

第五，改善城市交通——应对小汽车浪潮，合理组织城市道路交通系统。

第六，统筹安排城市用地——优化城市功能分区，统筹安排城市各项建设用地，增强用地功能组织的合理性，合理配置城市各项基础设施。

第七，协调城乡发展——通过城市形态和结构的演化，促进城乡一体化，促进城乡功能融合、经济融合和生态融合。

第八，提升现代化水平－推进旧城改造，改善各项基础设施，布置现代公共设施，促进城市的开放性，促进产业结构升级。

第九，形成城市特色——通过深入调研，利用规划手段发现和培育城市特色，避免“千城一面”，创建有特色和个性的现代城市。

第二节　城市总体规划的用地分析

一、城市用地的自然条件分析

对城市的自然环境条件进行合理的分析，对于城市规划和城市建设有非常重要的作用，有利于城市地域的生态平衡和环境保护。具体而言，对城市的自然条件进行分析主要有以下几个条件。

（一）气候条件

1. 太阳辐射

太阳辐射具有非常重要的价值，而且属于可再生的可以取之不尽的能源，太阳辐射的强度和日照率，以及冬夏日照角度的变化，对建筑的日照标准、间距、朝向的确定、建筑的遮阳设施以及各项工程的热工设计有着重要的影响。其中建筑日照间距的大小还会影响到建筑密度、用地指标与用地规模。

2. 风向与风玫瑰图

风对城市环境与建设有着多方面的影响，如防风、通风、工程抗风的设计等。城市风还起着扩散有害气体和粉尘的作用。因此，城市环境保护方面与风向有密切的关系。

风是以风向和风速两个量来表示的。在城市规划中，一般采用8个或16个方位来表示风向和风频，将各方向的风频率以相应的比例长度点在方位坐标上，用直线按顺序联结各点，即是风玫瑰图。

在城市规划布局中，为了最大限度地减少工业排放的有害气体对生活居民区可能造成的危害，一般工业区的选址都会位于当地居民区的下风向。盛行风向是按照城市不同风向的最大频率来确定的。我国中东部地区处于季风气候区，风向呈明显的季节变化：夏季为东南风，冬季则盛行西北风。但在局部地区因地貌特点也会有局部变化

在城市规划进行用地布局时，除了考虑全年占优势的盛行风向以外，还要考虑最小风频风向、静风频率以及盛行风向季节变化的规律。

3. 温度

气温一般是指离地面1.5m高的位置上测得的空气温度。大气温度随离地面高度的增加而减少，人感到舒适的温度范围为18℃～22℃。如果城市气温的日、年变化较大，以及冰冻期长，那么在城市规划和建设中就要考虑住宅的降温、采暖等问题；如果城市中还有“逆温”和“热岛效应”，那么对城市的生活就极为不利。

“逆温”，在气温日较差比较大的地区，因为晚上地面散热冷却比上部的空气快，

形成下面为冷空气，上面为热空气，很难使大气发生上下扰动，于是在城市上空出现逆温层。在无风或者风很小的时候，因为逆温会让大气处于一个比较稳定的状态，从而使得一些有害的工业烟尘无法扩散。

“热岛效应”就是由于城市中建筑密集，生产与生活散发出的大量热量，使城市气温比郊区要高的现象，这在大城市中尤为突出。因此，要合理分布各项城市设施，注意绿化和城市水面规划与建造，以调节城市气温。

4. 降水

我国受到季风的影响，夏季降雨较多，并且时常伴随着暴雨，雨量的多少和降水的强度都会对城市的规划产生影响，其中最突出的是排水设施的规划。

（二）水文条件

江河湖泊等水体不仅可以作为城市的水源为居民和工业进行供给，而且在水运交通、改善气候、稀释水体、排除雨水以及美化环境等方面发挥着至关重要的作用。城市范围内的这些水文条件，与较大区域的气候特点、流域的水系分布、区域地质、地形条件等密切相关。而城市建设可能会对原有水系产生破坏，过量取水、排水，改变水道和断面也可能会导致水文条件的变化。

（三）地质条件

为了将城市的各种设施、工厂和住宅建在稳固的地基上，在城市规划时，必须对城市的土壤承载力状况，以及是否有滑坡、冲沟、地震方面的地质状况进行了解，这对城市用地的选择、建设项目的合理分布以及工程建设的经济性都是非常重要的。

1. 建筑地基

城市各项设施大多数由地基来承担。由于地层的地质构造和土层自然堆积情况不一样，其组成物质也各不相同，因而对建筑物的承载能力也不一样。要特别注意一些特殊的土质，例如，膨胀土受水膨胀、失水收缩的性能会给工程建设带来麻烦。因此，在城市规划中，要按照各种建筑物或构筑物对地基的不同要求，做出相应的安排。

2. 冲沟

冲沟是由间断流水在地表冲刷形成的沟槽。在用地选择时，应该对冲沟的分布、坡向、活动与否，以及冲沟的发育条件进行具体的分析，采取相应的治理措施，如对地表水导流或通过绿化、修筑护坡等办法。

3. 滑坡

滑坡指的是由于地质构造、地形、地下水或风化作用，造成大面积的土壤沿弧形下滑。在选择城市用地时，应尽量避开有滑坍的地区，针对原因做出排除地面水、地下水，防止土壤继续风化及采用修建挡土墙等工程措施。

其他如沼泽地、泥石流、沙丘等不良工程地质情况都应引起注意，若一定要作为城市用地，则必须做好治理措施。

（四）地形条件

不同的地形条件，对城市用地的规划布局，道路的走向、线形，各类工程管线的建设，以及建筑的组合布置，城市的轮廓、形态等都有一定的影响。了解城市用地地形，可以充分合理、经济地利用土地，节省城市建设费用。

二、城市建设条件分析

广义上，自然条件是建设条件的一部分，但一般所指的城市建设条件，主要是由人为因素所造成的，包括城市现状条件和技术经济条件两大类。

（一）城市现状条件

城市现状条件是指组成城市各项物质要素的现有状况及它们的服务水平与质量。除了新建城市之外，绝大多数城市都是在一定的现状基础上发展与建设的，不可能脱离城市现有的基础现状条件调查分析的内容主要包括以下三个方面。

1. 城市用地布局现状

对城市用地布局现状进行分析，重点是要分析城市用地布局结构的合理性，是否有利于城市的发展，能否满足城市发展的要求，其结构形态是开放型还是封闭型，城市用地的分布可能会对生态传进造成的影响；城市用地结构能否反映出这个城市特有的自然地理环境以及历史文化等。

2. 城市市政设施和公共服务设施建设现状

市政设施方面，包括现有的道路、桥梁、给水、排水、供电、煤气等的管网、厂站的分布及其容量等；公共服务设施方面，包括商业服务、文化教育、邮电、医疗卫生等设施的分布、配套及质量等。

3. 社会、经济构成现状的特征

主要包括城市人口结构及其分布的密度，城市各项物质设施的分布及其容量与居民需求之间的适应性，城市经济发展总量，人均 GDP，城市三次产值构成比例等。

（二）技术经济条件

城市与城市以外各个地区存在的各种联系，是城市得以存在和发展的重要技术经济因素。技术经济条件主要包括以下内容：城市是否靠近原材料、能源产地和产品销

售地区；对外交通联系是否畅通便捷；是否能经济地获得动力和用水供应；是否有足够合适的建设用地；城市与外界是否有良好的经济联系等。对于那些尚未进行区域规划的地区，上述技术经济条件的分析与评价，尤为重要。

1. 区域经济条件

区域经济条件是城市存在和发展的基础。这类条件内容广泛，包括国家或区域规划对城市所在地区的发展所确定的要求，区域内城市群体的经济联系，资源的开发利用以及产业的分布等方面。此外，城乡劳动力是影响城市发展与建设的外部条件之一，在人口较稀地区，应在区域范围内考虑劳动力的来源与潜力，分析城市劳动力的配备和农业劳动力的调整，并把它作为一个重要的外部条件来加以评价。

2. 交通运输条件

在影响城市形成和兴衰的各个因素中，交通运输条件是极为重要的一个。对交通运输条件可以从两个方面来进行分析和评价。一个是已经形成或已规划确定的区域交通运输网络与城市的关系，以及城市在该网络中的地位与作用；另一个是城市（尤其是客货运量大或对运输有特殊要求的工业城市）对其周围的交通运输条件（主要指铁路、公路、水路）的要求。

3. 用水条件

用水条件也是决定城市建设和发展的重要条件之一。城市用水要着重分析建设地区的地面水和地下水资源，在水量、水质水文等方面能否满足城市工业生产和居民生活的需要。目前我国部分城市因为受用水条件的限制，城市的建设和发展已受影响；还有一些城市，根据水资源的调查和勘察报告来看，水量等指标是可以满足城市生产和居民生活用水要求的。然而，经过一段时间以后，或因城市上游地区工农业生产取水量的增加，或因其他各方面原因，造成了城市可取水量减少，甚至水源枯竭，或水源受到严重污染等，不得不投巨资到远离城市的地区去寻找和开辟城市新的水源。因此，规划必须在认真细致分析各种资料的基础上，确定城市水源及水源地的开发保护方案，保证工业生产和城市居民供水的经济性和可靠性。

4. 供电条件

城市建设和发展必须具备良好的供电条件，必须对区域供电进行规划，了解和分析建设地区输电线路的走向、容量、电压、邻近电源的情况，在本地区拟建的电厂或变电站的规模和位置，以及城市工业生产、城郊农业生产和城乡居民生活用电量，最大用电负荷等供电技术经济资料。城市中供电的容量及设施布局往往会对城市建设起一定的制约作用，在规划布局和土地利用中要充分考虑这些因素。

5. 用地条件

用地条件关系到城市的总体布局、城市发展方向和用地规模。从某种意义上说，城市总体规划主要研究的是城市用地布局。城市各种工程设施在建设上对用地都有不同的要求。对用地条件的分析主要有以下几个方面：从地质、地形、高程等方面分析用地是否适合建设的需要；用地发展方向对城市的总体布局是否有利，是否具备充足的用地，城市长远发展是否有余地，是否会增加城市基础设施的投资；拟发展范围内基本农田的情况等。

三、城市用地选择

城市用地选择就是合理选择城市用地的具体位置和用地的范围。对新建城市就是选定城址，而对老城市来说则是确定城市用地的发展方向。城市用地选择的基本要求如下。

第一，选择有利的自然条件。一般而言，有利的自然条件指的是比较平坦的地势，有良好的地基承载力，能够避免洪水的威胁，不需要花费巨额的工程建设投资，并且可以对城市的生产活动的安全进行良好的保护。

第二，尽量少占农田。位于城市周边的农田大都是经营多年的，我国有一项基本国策就是保护农田。少占良田，所以在城市用地选择的时候，应该尽量多地利用劣地、荒地、坡地。

第三，保护古迹与矿藏。城市用地的选择应该要尽量避开具有重要价值的历史文物古迹和具有开采价值的矿藏分布地区。这个工作需要文物考古部门和地质勘探部门的工作协助。在这个过程中，一定要采取慎重的态度。

第四，满足主要建设项目的要求。对城市发展关系重大的主要建设项目，应优先满足其建设的要求，因为只有这样才能抓住城市用地选择的主要矛盾，为城市建设发展创造较好的条件。

第五，要为城市合理布局创造良好条件。城市布局的合理与否与用地选择关系甚大。在用地选择时，要结合城市规划的初步设想，反复分析比较。优越的自然条件是城市合理布局的良好条件。反之，会给城市的长期发展造成不良后果。

四、城市用地构成

就我国城市目前的状况而言，城市用地组成有两个层面的划分，其一是行政管辖区划层面的，也称市域或城市地区；其二是规划建设层面的，规划中称城市规划建设区。城市行政管辖范围内的城市用地受行政区划的影响。中小城市用地构成一般包括市区和郊区两个部分，而大城市的用地构成就比较复杂了，一般由中心市区、近郊区、远郊区（市辖县）、远郊新城或卫星城等几部分组成。

从城市建设现状来看，城市用地是指建成区范围内的用地。建成区是城市建设在地域上的客观反映，是城市行政管辖范围内实际建设发展起来的非农业生产建设地段，它包括市区集中连片的部分以及分散在郊区、与城市有着密切联系的城市建设用地（如机场、铁路编组站、通讯电台、污水处理厂等）。建成区可以是一片或是几片完整的地域，它标志着该城市某一发展阶段建设用地的规模和分布特征，反映了城市布局的基本形态。建成区内部，根据不同功能用地的分布情况，又可进一步划分为工业区、居住区、商业区、仓库区、港口站场等功能区，实际承担城市功能，共同组成城市整体。

第三节　城市总体布局与功能分区

一、城市总体布局

（一）城市总体布局的形式

简单来讲，城市形态指的是城市实体所表现出的具体的空间物质形态，也就是城市建设用地区域的几何形状。城市形态不仅在空间上具有整体性，而且在时间上具有连续性。城市用地的布置形式和规模对于城市用地的功能组织有非常直接的影响。确定合理的城市形态布局形式不仅是城市用地功能组织的前提，而且也是城市总体布局的重要环节。一般来说，城市形态的布局形式可以分为以下两种。

1. 集中式布局

集中式布局是指城市各项建设用地基本上集中连片布置，它又可具体划分为简单集中式和复杂集中式两种。

简单集中式布局的城市，只有一个生活居住区，有 1 ~ 3 个工业区或工业片，居住区和工业区基本上连片布置。简单集中式布局适用于地形平坦地区的中、小城市和小城镇布局，有新建城市，也有历史悠久的古城。

复杂集中式布局多见于规模较大、地形条件良好（如平原地区）的大城市，它是由简单集中式发展演变而成的。

2. 分散式布局

根据城市总体布局的分散程度和外部形态，分散式布局具体又可分成以下四种形式：分散成组式、一城一区式、组群式和一主多卫式。

分散成组式布局的城市，一般由几片城市用地组成，外围部分地片与中心区及各片区之间在空间上不相连接，彼此保持一定的距离，一般为 2 ~ 5km，甚至可达 6 ~ 8km，各片相应地布置工业及生活居住设施。

这种布局形式多见于小型工矿业城市、山区城市或水网密布地区的城市，如江苏南通市、宁夏石嘴山市。

一城一区式城市由一城一区组成，通常城早区晚，城与区之间相隔一定的距离，一般间隔为 2 ~ 20km，但城与区之间的生产与生活联系密切，且行政上属市政府统一管理。

组群式布局。在城市区域范围内，分布有若干个城镇居民点，其规模差距不大，主次时序不定，形态各异，它们共同组成一个城市居民点体系，每个城镇居民点的工业及生活设施都分组配套布置，各城镇居民点之间保持一定的距离，一般相距 3 ~ 20km，由农田、山体或水体分开，彼此相对独立，但联系密切。这种布局形式称为组群式布局，多见于一些范围较大的工矿城市，如淄博市、大庆市；也包括一些由于地形条件限制而形成的大中城市，如秦皇岛市由北戴河、秦皇岛、山海关三区组成。

一主多卫式布局。城市由中心城及周围一定数量的卫星城镇组成。这种布局形式多见于超大城市和巨型城市，如北京市由主城区及通州、昌平、顺义、延庆、大兴、房山等多个卫星城组成。与此类似的，还有一城多区式布局，即城市由中心城和郊区的两个以上（含两个）新城区组成，新城区是功能比较单一的卫星城，如工业区、开发区、大学城、卧城等。对于这类城市，为控制主城区规模（包括人口规模和用地规模），可以大力发展卫星城镇，采取一主多卫式布局。

（二）城市总体布局的原则

1. 区域协调、城乡统筹的原则

区域经济发展是城市经济发展的基础，因此城市总体布局首先应该考虑区域内部经济结构的合理化以及区域之间的联系，综合考虑协调区域城乡发展，促进多层次的地区交流与合作，促进人流、物流、资金流和信息流的有效流动，增强土地的集约利用。

城市是区域的中心，城市的发展离不开周边区域的支持。城市总体布局需要统筹考虑城市与乡镇、工业与农业、市区与郊区的发展。同时，充分发挥中心城市的功能作用，反过来推动城市所在区域的发展。因此，应该破除城乡二元经济结构，在城市总体布局时应该充分考虑城乡经济的结合，有效保证城市和乡村之间的联系，以发挥区域的整体优势，促进城乡融合、协调发展。因此，规划编制中需明确：合理布局城市和乡村，功能上既有分工又有合作，但要避免盲目发展和重复建设

2. 合理保护与利用资源环境的原则

城市规划的任务就是要在保证城市发展的同时，尽可能地减少对生态环境的破坏。因此，在城市总体布局中应注意对林地、湿地、草地等自然生态系统组成要素的保护，有效整合自然要素，形成健康稳定的城市生态系统，为城市的持续发展提供环境基础。

城市总体布局不但要研究确定城市建设用地的布局，而且要确定非城市建设用地的结构和布局，并协调两者之间的发展，缓解城市社会经济发展与生态环境保护之间

的矛盾，营造良好的人居环境。

3. 长远发展与现实兼顾的原则

城市发展是一个动态的过程，城市总体布局需要兼顾城市长远发展和现实需要，实现有序发展。为此，城市总体布局需要考虑城市经济发展现状和近期发展的连续性，并充分研究城市所在区域的环境容量（或称城市发展极限规模），在此基础上，利用有效的预测手段，确定未来一段时间城市发展的规模，合理安排城市用地，实现城市总体布局的合理性和长远性。

对城市发展远景考虑不足会导致城市总体布局整体性和连续性下降，影响城市长远的运行效率；一味追求远期的理想状态，可能导致城市近期建设无所适从，造成城市建设投资的浪费。因此，城市总体布局既要避免只重眼前不看将来的做法，又要避免盲目扩张，过度开发建设的行为。

4. 体现政策、突出重点的原则

城市总体布局是城市总体规划的重要组成部分，是一种政府行为，具有法律依据和保障，带有政策指导性作用，其涉及的领域和关系繁多。因此，需要兼顾国家宏观层面的基本政策，体现时代性。同时，城市总体布局又需要突出重点，抓住主要矛盾，将有限的资金和土地用到集中解决影响城市发展的主要问题上，并兼顾各方利益，以此带动城市的全局发展。

二、城市功能分区

（一）城市功能分区的概念

城市功能分区指的是城市内部各功能（职能）活动的分布空间以及相应产生的区域分异。城市功能分区是伴随着城市的发展而形成的，会受到诸如自然、历史和经济等众多因素的影响。工业区、商业区和居住区是城市地域的基本组成部分，是各类城市共同具有的功能区。

然而，各个区间界限划分并无明确标志，工业区内常混有居住区，居住区内也常建有对环境影响不大的轻工业、商业区，游憩区也常分布于居住区内。功能分区的不同是因为城市的性质和规模不同。发达国家大城市内部一般分为中心商业区、行政区、文化区、居住区、游憩区、郊区等。中小城市，特别是不发达地区小城市功能分区相对简单或不明显。

城市功能分区的目的是为了可以让城市的各项生产生活活动有序地正常运行，让功能区之间形成既相互联系又不会互相干扰的关系。对城市用地功能区进行合理的组织和划分，这是城市地域结构分化的客观要求，其主要的表现形式有均质性和均质地域。所谓均质性，是指城市内部地域在职能分化中表现出来的一种保持等质、排斥异质的特性。城市中的每一个功能区就是一个均质地域，均质地域是指在城市地域中出现的那些与周围毗邻地域存在着明显职能差别的连续地段。每一均质地域都承担着不同的功能，如工业区的加工制造工业产品的功能，住宅区的睡卧起居的功能，商业区的交换流通的功能，文教区的教学科研的功能等。城市功能区是一个相对概念。某一功能区，一般是以该功能为主，但也兼有其他功能，如工业区内可适当布置一些居住建筑，生活居住区内更应布置一些与居民生活密切相关的第三产业。

（二）城市功能分区的类型

城市功能区的类型主要是指商业区、工业区、居住区、物流仓储区、生态绿化区（带）等。

1. 商业区

商业区指的是城市中市级或者区级集中分布着商业网点的地区，商业区不仅是本地区民购物的中心，同时也是外来游客观光和购物的中心。我国的很多城市都已经形成了具有当地特色的大型商业区，比如北京的王府井和上海的南京路地区。

在一些大城市中，商业区往往又分成中央商务区、城区商业区、街区商业区等。

(1) 中央商务区

中心商务区的概念是20世纪20年代由美国人伯吉斯提出的，其含义是指包括百货公司和其他商店、办公机构、娱乐场所、公共建筑等设施的城市的核心部分。近年来，随着世界产业结构的发展而越来越成为城市综合性经济活动的中枢，如美国纽约的华尔街地区、我国上海的外滩与浦东新区陆家嘴地区。其功能主要转化为城市中的商务谈判场所、金融、贸易、展览、会议、经营管理、旅游、公寓、商业、文化、康乐等，并配以现代化的通信网络与交通设施。中央商务区是一个城市交通和通信网络系统的枢纽，是一个很大的地区范围甚至是世界性的情报信息汇集和传递中心。这里一般汇集了各种银行、保险公司、信托公司和各种咨询机构等，这些都是对城市的经济生活有很大影响的机构。

(2) 城区商业区

城区商业区是大城市的二级商业区中心，在规模和影响力上都无法与中央商业区相比。但是它在中小城市中的地位是相当于大城市中的中央商务区的。毋庸置疑，城区商业区在中小城市中占据的也是交通最为便利的中心地带，为人们提供各种商业服务。

(3) 街区商业区

街区商业区是城市中最低一级的商业中心，其服务范围很大，一般为7000～20000人。它供应的大多数是需求频率高、市民日常需要消费的商品，因而严格来讲，街区商业区不能称为“区”，在这个区域分布的商店并不是集中的，而是沿着交通干线两侧排开，便于市民的生活。

商业区的合理布局在城市规划工作中占据重要的地位，大中城市一般有市级商业区和若干个区级商业区，小城镇的商业区则往往由一两条商业街组成。

整个城市的生产和生活与商业密切相关，并互相依赖。商业的产生和发展促使城市规模不断扩大，经济不断发展，城市的形成和发展又进一步推动商业繁荣。

2. 工业区

对工业区与其他功能区的相互位置进行合理的安排在城市总体规划这一任务中占据着重要的地位。经过大量的实践证明，把工业集中起来的布局要比把工业分散开来的布局用地要节省，而且可以有效地缩短交通运输线路，同时还可以大幅度地减少工程管线的长度，这是非常有利的。一般而言，工业区应该布局在城市的下风向位置和水流的下游地带，这样可以有效地减少对城市的污染。与此同时，工业区的布置要考虑到和交通设施有比较便捷的联系，还要和居民区有一定的联系，最为重要的一点是，工业区一定要为以后的发展留有空间和余地。

在一些大中城市中，工业区规划分成工业园区和高新技术产业开发区。工业园区又分为一类工业区（基本无污染）、二类工业区（轻度污染）、三类工业区（严重污染）。

轻工业指的是对环境产生的污染很小或者没有污染的工业企业，比如食品业、服装业和家用电器产业等。对于这类企业而言，由于集聚经济效益的作用及其相对于商业企业的较弱的竞争能力，它们一般在商业区外围或城区的某一特定区域上集中布局，这样不管是对内还是对外都拥有良好的交通优势。

重工业区与轻工业相比，一般来说规模更大，占用的土地面积也非常大，再加上其会造成不同程度的污染，跟城市的其他功能区之间存在很大的矛盾。从严格意义上来讲，重工业生产和城市生活是没有必然联系的，但是城市作为科教文化中心所产生的吸引力，重工业多布局在城市郊区地势较为平坦的地方

3. 居住区

居住区指的是以住宅为主体，占据一定的面积，具有一定的规模，而且还有相应的配套公共设施以及大面积的室外绿化等能产生一定的社会经济效果的居民集合体。居民区是一个综合体，具有居住、服务和经济等功能。

居民区对于使用方便的要求极高，而且，随着社会经济的发展，人们的生活水平日益提高，人民对于居住环境的要求也越来越高。因此，在城市不断发展的过程中，居民区慢慢地从工商混合区独立出来。一般而言，居民区的选择都是在交通方便、环境条件相对较为优越的外围地带，而且，居住区档次出现分异，国外居住社区阶层化现象早已出现。

4. 物流仓储区

物流仓储区用于集中设置物流中转、配送、批发、交易、储存生产资料和生活资

料的独立地段。物流仓储区用地一般应选择在地形平坦、地下水位不高、工程地质条件较好、不受洪水威胁的地方，并应满足交通运输、防火和环境保护等方面的要求。小城市的物流仓储区宜集中布置在城镇边缘，靠近铁路车站、公路或河流，以便物资的集散和运输。在大城市和中等城市，可分为普通物流仓储区和特殊物流仓储区两类。特殊物流仓储区（易燃、易爆和有毒物资）应布置在远离城市的郊区，同周围的工业企业和居民点保持适当距离，并尽可能布置在城市的下风向和流经城市的河道的下游地带。为本市服务的普通物流仓储区，可布置在接近其供应对象所在的地区，并具备方便的运输条件。

5. 生态绿化区（带）

城市中设置在工业区和居住区之间，起着阻滞烟尘、减轻废气和噪声污染等作用的绿化地带和城市中的公共绿地（公园、休闲广场）以及规划区山体林地等都属于生态绿化区（带）。它是减轻工业污染、保护环境的重要措施之一。生态绿化区（带）中种植林木的部分称为防护林带，树木枝叶可起截留尘粒、净化空气和降低噪声的作用。

第四节　城市总体规划编制的成果要求

一般来说，城市总体规划设计成果由城市总体规划文本、城市总体规划图纸以及附件三部分组成。城市总体规划图纸就是用图像表达现状和规划设计内容。规划图纸须绘制在地形图上，应采用独立的坐标系。规划图上须明确标注图名、比例尺、图例、绘制时间、规划设计单位名称和技术负责人签字等，增加图纸的信息量。规划图纸所表述的内容和要求要与规划文本一致。

一、城市总体规划文本

城市总体规划文本是城市总体规划的法规法律文件，对规划意图、目标和有关内容提出规划性要求，应运用法律语言，文字要规范、准确，操作性要强。

城市总体规划文本的主要内容如下。

（1）总则：规划编制依据、原则、使用范围等。

（2）市域城镇体系规划。

（3）城市性质、规模与发展目标、规划期限、城市规划区范围。

（4）城市建设用地布局：人均用地指标，城市总体布局结构，规划建设用地范围及用地性质。

（5）对外交通、道路系统、公共设施用地、居住用地、园林绿化用地指标及布局。

（6）城市总体艺术布局：城市景观分区、高度分区与标志性地段，城市特色的继承与发展。

（7）城市规划建设用地分等定级，土地出让原则与规划。

（8）市政工程设施规划：城市水源、电源、热源、气源、水厂、污水处理厂位置与规模、管网布置及管径，其他设施的布置。

（9）城市防灾规划：城市防洪、抗震、消防、人防标准及设施布置。

（10）环境保护规划。

（11）历史文化名城保护规划。

（12）郊区规划。

（13）城市开发建设程序。

（14）近期建设规划。

（15）远景规划。

（16）实施规划的政策措施。

二、城市总体规划图纸

图纸主要包括城市现状图、市域城镇体系规划图、城市总体规划图、道路交通规划图、各项专业规划图及近期建设规划图。图纸比例：大中城市为 1/10000 ~ 1/25000，小城市 1/5000 ~ 1/10000，其中市域城镇体系规划图为 1/50000 ~ 1/100000。

三、城市总体规划附件

城市总体规划附件包括规划说明书、规划专题报告和基础资料汇编三部分内容。

规划说明书是对规划文本的解释和补充，其内容有以下几方面。

（1）城镇体系规划：城市区位条件分析，市域人口发展计算方法与结果，城市化水平预测与依据，城镇体系布局规划。

（2）规划依据、原则。

（3）城市性质规模与发展目标。

（4）城市总体布局：城市用地发展方向分析，城市布局结构，对外交通规划、工业和仓储用地规划、道路交通规划、居住和公共设施用地规划、绿化景观规划、城市保护规划、土地分等定级、郊区规划。

（5）专项工程规划：给水排水规划、电力电讯规划、热力燃气规划、抗震防震规划、消防规划、环境保护规划、环卫规划。

（6）近期建设规划。

（7）远景规划。

（8）规划实施措施。

规划专题报告是根据需要，对大中城市交通、环境等制约发展的重大问题及历史名城保护进行专题研究所形成的报告。

基础资料汇编即是将城市总体规划基础资料整理完善后，汇编成册，以作为城市总体规划的依据之一。

第四章　城市分区规划与详细规划

第一节　城市分区规划的基础理论

一、城市分区规划的含义

所谓分区，就是指将一些面积比较大的整体地域分成几个特定的组成部分。一个城市往往从不同的角度出发可以进行各种各样的分区，如行政分区、自然分区、规划结构分区、功能分区。划分的主要依据是城市的规模和总体结构。一般来说，在城市分区中，一些特殊的地形可以作为较为稳定的边界线，如河流、山岭这样的明显的自然地形，以及如城市干道、铁路干线这样的人工地形。

从古今中外历来的城市规划来看，以功能分区为主的“分区”规划最常见，历史也最长久。公元前 11 世纪有“左祖右社，面朝后市”的布局，这种城市规划制度中的功能分区所依据的是社会等级。发展到现在，城市功能分区的依据显然已经有所改变。

城市分区规划，是指根据城市规划需要，将已编制的城市总体规划中不同地区、不同地段土地的用途、范围、容量等分别做进一步的确定和控制，以便顺利地编制详细规划。从理论上来说，分区规划仍然属于总体规划的范畴，它只不过是通过若干个分区规划，将总体规划的意图更清晰、更有操作性地表现出来。它实际上是城市总体规划和详细规划两个阶段的过渡。

由于不同国家的政治制度、规划体制各有不同，因而不同国家开展城市分区规划的内容、方式方法和要求也就各不相同。不过，虽然实际情况不同，分区规划的方案不能整体借鉴，但其中一些做法还是有较大的参考价值。例如，美国的分区制，美国宪法赋予了各州政府审批城市规划的权力，而具体负责总体规划的编制的是城市一级地方政府。由于总体规划在特点上呈现出了概要性、综合性和长期性，因而很难确保地方政府履行其政策权力，难以为市民的健康、安全与福利提供保障的权利，因此，基于总体规划之上的分区制就诞生了，分区制通过运用具有法律效力的规划，有效地控制着城市的开发。

二、城市分区规划的种类

城市分区规划根据不同的分区标准可以分为不同的种类，以下几种类型比较常见。

（一）行政区划

行政区划包括按照国家行政建制等有关法律所规定的城市行政区划系列，包括市区、郊区；市、区、县、乡、镇、街道等的区划，如上海分为17个区1个县；还有特别设置或临时设置而具有行政管辖权限的各种开发区、管理区等，如烟台包括4个区、1个县、1个开发区和7.个县级市。城市用地规划和城市规划管理往往就是根据城市行政区划的性质和定义来进行。当前阶段，国内分区规划多以区级行政辖区为规划范围。这一方面是因为基础资料比较完整，另一方面是因为与行政管理对口，还可以达到“全覆盖”。

（二）用途区划

任何一块土地都有它的用途所在，如有的可以用来住宿，有的可以用来建造工厂，有的可以用来栽花种树等。在一个城市中，任何一个区域都可以继续按用途分区，一般可以分为住宅区、工业区、绿化区。随着规划的深化，土地的用途还可以得到进一步的细化，这就形成了城市分区规划。例如，苏州工业园区的规划，就是按照主要的土地用途分为工业园区、居住区、商业区的分区规划。

从规划技术角度看，城市的功能组团与行政区划的“错位”是一个历史和客观的存在。如果分区规划不能很好地考虑用途区划，那就很难比较完整地提出规划区的总体发展目标和方向，对城市总体规划要求的落实也很不利。分区规划往往不成为实际的分区规划，而成了“分片”规划，因此从这个角度来看，用途区划对于城市规划来说是非常合理且有必要的。

（三）地价区划

在当前的市场经济时代，土地往往是以地价的形式来体现土地的区位、环境、性状以及可使用程度等价值的。为了优化土地利用、保障土地所有者的合理权益以及规范土地市场和土地价格体系，人们按照土地本身所具有的条件对其进行价值评估，然后根据土地的不同价值做出城市土地的价格或租金的区划。例如，上海市将全市区土地划分为12级，并按级规定基准地价。

从当前的城市分区规划来看，前面两种最多。这主要是因为规划者需要考虑区块在地域上的连续性，以及同一区域内的相似性和不同区域间的异质性。考虑这些才更容易开展规划和进行规划管理。

第二节 城市分区规划的程序与成果要求

一、城市分区规划的程序

关于市政府的审批，《中华人民共和国城市规划法》第二十一条规定“城市分区规划由城市人民政府审批。”其审批过程一般如下。

（1）规划设计单位将依据评审纪要重新做出的规划成果送交规划管理部门。

（2）规划管理部门对成果进行审查，应就其是否达到任务书要求、是否符合评审纪要精神做出审查意见。若成果未达到有关要求，则将审查意见连同报送的规划成果反馈给规划设计单位，重新编制成果。

（3）由市规划局报请市政府审查批复，给市政府的审批报告由局长审批签发。

（4）经批准的规划成果由规划管理部门盖章后提供使用。

二、城市分区规划的成果及其要求

（一）城市分区规划的规划成果

从当前国内涉及城市分区规划的法律、条例和方法，以及很多专家学者的研究来看，对城市分区规划的规划成果方面，都有较为一致的意见。总体而言，城市分区规划的规划成果包括分区规划文本、分区规划图纸和基础资料。

1. 城市分区规划文本

（1）总则：编制城市分区规划的依据和原则。

（2）分区土地利用原则及不同使用性质地段的划分。

（3）分区内各片人口容量、建筑高度、容积率等控制指标，还需列出用地平衡表。

（4）道路（包括主、次干道）规划红线位置及控制点坐标、标高。

（5）绿地、河湖水面、高压走廊、文物古迹、历史地段的保护管理要求。

（6）工程管网及主要市政公用设施的规划要求。

2. 城市分区规划图纸

（1）规划分区位置图。这种图纸主要表现各分区在城市中的位置．如图 4-5 所示的四川天府新区的规划分区位置图。

（2）分区现状图。图纸比例为 1/5 000，内容为：分类标绘土地利用现状，深度以《城市用地分类与规划建设用地标准》中的中类为主，小类为辅；市级、区级及居住区级中心区位置、范围；重要地名、街道名称及主要单位名称。

（3）分区土地利用规划图。图纸比例为 1/5 000，内容为：规划的各类用地界线，深度同现状图；规划的市级、区级及居住区级中心的位置和用地范围；绿地、河湖水面、高压走廊、文物古迹、历史地段的用地界线和保护范围；重要地名、街道名称。

（4）分区建筑容量规划图。该图纸要标明建筑高度、容积率等控制指标及分区界线。

（5）道路广场规划图。该图纸主要包括规划主、次干道和支路的走向、红线、断面，主要控制点坐标、标高，主要道路交叉口形式和用地范围，主要广场、停车场位置和用地范围。

（6）各项工程管网规划图。在该图纸中，要根据需要分专业标明现状与规划的工程管线位置、走向、管径、服务范围，标明主要工程设施的位置和用地范围。

3. 基础资料

根据上述列出的城市分区规划的规划成果及相应的规划成果要求，城市分区规划需收集以下一些基础资料。

（1）总体规划对分区的要求。

（2）分区人口现状。

（3）分区土地利用现状。

（4）分区居住、公建、工业、仓储、市政公用设施、绿地、水面等现状及发展要求。

（5）分区道路交通现状及发展要求。

（6）分区主要工程设施及管网现状。

（二）城市分区规划的规划成果要求

在当今信息化时代，信息技术迅猛发展，因此城市分区规划也应当跟上时代的步伐，充分运用最新的科学技术，建立城市规划信息库，改进规划设计、规划管理的手段，从而提高规划成果质量和设计水平。

关于城市分区规划的规划成果，新时代对其的要求主要包括以下几点。

（1）制图要标准和规范。关于城市分区规划成果中的各种图纸，应制定一系列计算机图件交换格式规定，如统一编码、统一图名、统一图例，使各个设计单位在编制规划的过程中有所遵照的标准，方便数据入库、图形连接和应用。

（2）规划成图要清晰明了、快速便捷。分区规划的图纸有很多，相应地也就有很大的数据量，所以为了保证图纸的精确度，使制作的图像清晰，便于复制，要充分运用计算机辅助设计。

（3）要全面灵活地应用规划的定位技术和定标技术。计算机绘制的规划图比手工绘制的规划图要有较高的精度，所以，分区规划的用地、设施布点、道路网河流等的定位、定标都应当由计算机来绘制，同时要按照制图标准要求，精确到小数点后 3 ~ 5 位数，使分区规划有很高的定位水准。

（4）采用地块编码的方式。规划设计院在做规划设计时，往往需要对地块做唯一的编号，用 AutoCAD 来手工标注费时费力，而且还容易将一些地块遗漏了，如果用一些辅助设计软件（如 GPCADK）来编号，不仅可以快速地完成工作，还能保证编号覆盖的完整性。在城市分区规划的编制中，地块编码主要是采用汉字、字母与数字混合编码的方式对城市规划区范围内的地块进行统一编号。这样非常便于查看与管理。

第三节　城市详细规划的编制原则与编制层次

一、城市详细规划的编制原则

在编制城市详细规划时，应切实遵循以下几个原则。

（一）指导性原则

这里所说的指导性原则，指的是在编制城市详细规划时必须要以城市总体规划或城市分区规划为指导。这是因为，城市详细规划是对城市总体规划或城市分区规划的实施，只有在编制过程中遵循城市总体规划或城市分区规划的总体要求，才能确保编制成果的科学性和合理性，继而有效地指导城市建设。具体来说，在城市详细规划编制中遵循指导性原则，要切实做到以下几个方面。

1. 要满足城市的职能要求

不同的城市，其性质职能也会有一定的差异，这在城市总体规划中已经进行了明确。由于城市的性质不同，对于建筑的风格、色彩、层数、密度等也会有不同的要求，这些都需要在城市详细规划中予以体现。

2. 要满足城市布局的要求

一般来说，需要编制城市详细规划的地域范围是构成城市总体规划布局结构的一个组成部分，因此在具体的编制过程中需要遵守并实现城市总体规划的各项要求。

3. 要满足城市发展的要求

随着城市的发展，新的物质文化、土地利用内容等会逐渐产生。这就要求在进行城市详细规划编制时，要对城市的未来发展前景以及规划地区在未来城市发展中所具有的作用进行综合考量.以确保编制后的城市详细规划能够推动城市总体发展规划所确定的城市发展目标的最终实现。

（二）以人为本原则

以人为本原则要求在编制城市详细规划时，必须以满足人的需求为规划目标，尽可能为人们提供各种各样的活动空间。城市详细规划是对人的工作、生活等具体空间环境的设计和组织，因而相比其他的规划来说，要更为注重满足人的需求。而且，城市详细规划只有切实遵循以人为本原则进行规划，才能确保城市空间环境的统一与和谐，创造出具有亲切感、充实感、平衡感和时代感时的城市空间环境。

（三）独特性原则

在世界上，基本不存在两个完全相同的城市。由于每个城市在自然环境、历史传统、地域位置与发展作用上都有自身的独特特征，因而在城市的形象进行塑造时，必须要与城市的具体特征相符合。这就要求在编制城市详细规划时，注意对城市的特色进行突出，即城市详细规划编制必须遵循独特性原则。

（四）可行性原则

可行性原则指的是在编制城市详细规划时，要充分考虑到城市开发管理的需求，并要确保城市规划能够获得多方投资主体的认可、满足各方利益主体的需求。此外，可行性原则还要求编制的城市详细规划必须要具有一定的灵活性，即能够根据实施中的具体情况进行详细的调整或修改。

二、城市详细规划的编制层次

（一）城市控制性详细规划编制

进行城市控制性详细规划编制时，最为关键的是编制城市具体用地以及建设的控制指标。这一控制指标一旦确定，城市建设主管部门在具体开展城市建设时就要切实予以遵循。

（二）城市修建性详细规划编制

进行城市修建性详细规划编制时，最为关键的是以已经获得批准的城市控制性详细规划为依据，具体地对所在地块的建设进行设计与安排。

第四节　控制性详细规划与修建性详细规划分析

一、控制性详细规划

（一）控制性详细规划的含义

控制性详细规划指的是“以城市总体规划或分区规划为依据，确定建设地区的土地使用性质和使用强度的控制指标、道路和工程管线控制性位置以及空间环境控制的规划”。

在我国，控制性详细规划可以说是在经济体制转型的推动下产生的，改革开放以来，我国城市经济有了飞速的发展，且计划经济体制逐渐向市场经济体制过渡。在其影响下，城市土地使用制度由无偿、无限期使用转向有偿、有限期使用，城市土地使用权可以在市场中流转。与此同时，一些城市由于片面追求土地使用的经济效益和高利润造成了城市空间格局混乱，环境质量下降，损害了社会整体利益。面对这一情况，如何在城市发展和变化中对城市土地进行合理有效的利用和分配，成为中国城市建设开发管理面临的重要挑战。因此，必须制定有效的引导、控制和管理城市开发建设的规划来解决城市建设面临的问题。于是，在借鉴国外土地分区管制（区划）的原理，并充分考量中国城市实际情况的基础上，控制性详细规划应运而生。自控制性详细规划产生后，便在我国获得了较为迅速的发展，在城市规划中的运用也越来越广泛。

（二）控制性详细规划的特点

具体来说，控制性详细规划的特点有以下几个。

1. 延续性

控制性详细规划既要秉承总体规划或分区规划的宏观要领，又要深化微观控制；既有带强制性的指令，又应具备引导意向性的内容；既要密切结合现状条件，又必须考虑城市发展的趋向。把总体规划或分区规划的整体思路予以延续、延展、延伸，并与下一步修建性详细规划良好地衔接，正是编制控制性详细规划的核心要旨。

2. 多样性

城市功能多样，土地级差收益差异较大，城市土地利用类型多样，这决定了控制性城市规划的复杂性。控制性详细规划的复杂性特点，也决定其控制性要求及控制方式必然是多样的。

3. 量化性

在控制性详细规划中，不仅要确定每块土地的使用性质，还要确定每类土地的规划面积。此外，建筑密度、建筑高度、容积率和绿地率等指标均须确定其大小。因此，控制性详细规划主要是通过一系列量化的指标对建设用地起到带强制性控制的作用，科学而合理地确定控制性详细规划的指标体系的量化值也是开展控制性详细规划工作是必须要高度重视的一项工作。

4. 可行性

控制性详细规划的成果必须为下一阶段的规划管理和建设提供可实际操作的具体依据，它也是编制本阶段规划的最终目的。因此，“可行性”也是控制性详细规划工作成败的重要衡量标志。

5. 灵活性

由于社会、经济等的发展是瞬息万变的，因此城市建设在实践中，往往因为形势的变化、建设项目的组织要求及投资体制的多渠道来源等条件影响，控制性指标除主要有规定性内容之外．还要有一些引导性的指标，用地性质也往往有以某一类为主兼容其他功能的综合性内涵。这些都要求本阶段的规划必须体现一定程度的灵活性。

（三）控制性详细规划的控制体系

通常而言，控制性详细规划的控制体系具体包括以下几方面的内容。

第一，土地使用控制。土地使用控制就是具体规定在某一建设用地的使用性质及其具体的建设内容、建设面积、建设位置以及建设范围等。

第二，环境容量控制。环境容量控制实际上是对土地使用强度的控制．即要确定每块建设用地面积，可开发的建筑量和人口规模等。环境容量控制的控制指标为容积率、建筑密度、人口容量、绿地率等。其中，容积率是建筑面积与地块占地面积之比，反映的是一定用地范围内建筑物的总量；建筑密度是指建筑总面积与建筑基地总面积之比，反映的是一定用地范围内的建筑物的覆盖程度；人口容量是规划地块内部每公顷用地的居住人口数；绿地率表示在建设用地里绿地所占的比例，反映的是用地内环境质量和效果。

第三，建筑建造控制。建筑建造控制主要是通过规定建筑物的具体高度、间距、消防、安全防护等内容来实现的，目的是为生产、生活提供良好的环境条件。

第四．配套设施控制。配套设施控制是对居住、商业、工业、仓储等用地上的文化、教育、体育、医疗卫生等公共设施设备以及给水、排水、电力、通讯、燃气等市政公用设施建设提出的定量配置要求，目的是保证生产生活的正常进行。

第五，城市设计引导。城市设计引导是依照美学和空间艺术处理原则，从建筑单体环境和建筑群体环境两个层面对建筑设计和建筑建造提出指导性综合设计要求和建议，目的是创造美好的城市环境。

第六，行为活动控制。行为活动控制是从外部环境要求出发，对建设项目就交通活动和环境保护两方面提出控制规定。其中，交通活动控制主要是通过组织公共交通及其运行、规定出入口的数量与方向、规定地块内可以通行的车辆类型、划定停车位置等来实现的；环境保护控制是通过制定污染物排放标准来实现的，且这一控制的实现需要当地环境保护部门的密切配合。

（四）控制性详细规划的编制

1. 控制性详细规划的编制内容

控制性详细规划的编制具体涉及以下几方面的内容。

第一，对用地的具体性质及其界限进行明确，并确定每种性质的用地上允许或禁止建设的建筑类型。

第二，对各个地块上的建筑的具体形态指标（如高度、密度、绿地率等）进行确定。

第三，明确交通的合理组织形式、建筑的后退红线距离以及公共设施的配套要求等。

第四，提出具体的城市设计原则。

第五，明确各类工程设施与管线的位置。

第六，制定相应的土地使用与建筑管理规定。

2. 控制性详细规划的编制程序

（1）收集、整理基础资料

控制性详细规划的编制工作首先从基础资料的收集与整理入手的。根据控制性详细规划的编制需要，基础资料的搜集应该尽可能完整齐全（如城市总体规划或分区规划对本规划地段的规划要求、人口构成与分布情况、当前建筑情况、公共设施情况、地方政府的近远期规划等），以提高规划质量及工作效率。

（2）编制控制性详细规划方案初稿

编制控制性详细规划方案初稿，应包括对现状资料的分析、确定总体构思意向、绘制总体布局方案、制定控制指标及参考指标数据规定、确定各建设地块的控制要求、编制规划成果六部分。

（3）上报人民政府进行审批

城市控制性详细规划方案在编制完成后，需要提交城市人民政府进行审批。这里需要特别指出的是，城市人民政府只负责审批控制性详细规划的重要内容，对于其他的一般内容，城市人民政府多会授权城市规划管理部门进行审批。

城市人民政府在收到上报的城市控制性详细规划方案后，要积极组织相关人员进行审查，并在充分考量城市发展实际的基础上决定是否予以通过。

（4）修改控制性详细规划方案

上报的控制性详细规划方案在审批通过后，便可以予以实施。若是未通过审批，则需要进一步对控制性详细规划方案进行修改，并在修改后再次上报人民政府进行审批，直到审批通过。

二、修建性详细规划

（一）修建性详细规划的含义

修建性详细规划指的是“以城市总体规划或分区规划、控制性详细规划为依据，制定用于指导各项建筑和工程设施的设计和施工的规划设计”气修建性详细规划则更注重实施的技术经济条件及其具体的工程施工设计。

（二）修建性详细规划的特点

具体来说，修建性详细规划的特点有以下几个。

1. 计划性

在开展修建性详细规划时，要切实依据已制定的开发建设项目策划以及已确定的不同功能建筑的建设要求。只有这样，修建性详细规划才能真正在城市空间的组织与建设中得到落实。这也表明，修建性详细规划具有较强的计划性。

2. 形象性

修建性详细规划不论是对规划的意图进行表达，还是对规划的相关问题进行说明，都会采用规划图纸的方式，即借助规划模型、规划图纸等将具体规划范围内的物质空间构成要素（包括建筑物、道路、广场、绿地等）形象地表现出来。因此，形象性也是修建性详细规划的一个重要特点。

3. 多元性

修建性详细规划的多元性特点主要是针对其编制主体而言的。与控制性详细规划代表政府意志，对城市土地利用与开发建设活动实施统一控制与管理不同，修建性详细规划本身并不具备法律效力，且其内容同样受到控制性详细规划的制约。因此.修建性详细规划的编制主体除了政府机构外，还可以是土地权的所有者、开发商等。

（三）修建性详细规划的编制

在编制修建性详细规划时，需要包括以下几方面的内容。

1. 用地建设条件分析

在修建性详细规划中，用地建设条件分析可具体从地形条件分析（即分析场地的高度、坡度等）、场地现状建筑物情况分析（即分析建筑物的建设年代、质量、风格等）、城市发展研究（即分析城市经济社会发展水平、影响规划场地开发的城市建设因素、市民生活习惯及行为愿意等）、区位条件分析（即分析规划场地的区位和功能、交通条件、公共设施配套状况、市政设施服务水平、周边环境景观要素等）、用地功能分析（即对用地功能加以空间组织和分区）。其中，用地功能分析是传统的形态规划的基本做法，目的是对用地进行使用性质分区。结合近年实践．在通常的用地功能分区基础上，可增加四点内容：一是混合功能区，指既用于商业．又用于住宅或其他办公、旅馆等建设，有时甚至是混合建筑；二是特殊功能区，即对某些具有地理特征和历史意义的地区，规定其特殊的利用性质，只供某些特殊项目建设之用，如商业中心、会议中心、展览中心、少数民族聚居区等；三是有条件开发区，即对某些地块规定了特定的开发条件，开发者或土地拥有者只允许在满足规定的条件下进行开发；四是鼓励性建设区，即在区内采取一些鼓励性措施，如允许提高建筑物的高度、增加建筑面积等，以获得地面的一块绿地、一条拱廊或一段通道等。

2. 建筑布局与规划设计

建筑布局与规划设计主要在各类土地使用性质分区和各项用地建设指标的基础上进行，包括对建筑物的高度、体量、尺度、比例、分布等的设计，许多城市都制定了相应的准则，以作为设计的指导。

3. 绿地和公共活动场地系统的规划设计

这是指向居民开放的城市公共活动空间，如街道、广场、绿地、公园、水体、庭院和运动场地等。新型公共活动空间还包括建筑综合体内的中庭、市内街道和广场、屋顶花园等。

4. 道路交通的规划设计

在对道路交通进行规划时，要切实包括以下几方面的内容。

第一，在深入分析交通影响的基础上，制定能够对规划场地的交通问题进行有效解决的交通组织和设计方案。

第二，合理设计规划基地内不同等级道路的平面与断面。

第三，在切实遵循相关规定的基础上，对规划场地的地上及地下停车空间进行合理规划与配置。

第四，为保障残障人士的正常与安全出行，要对无障碍通路进行科学规划。

5. 市民活动的组织

空间的设置与市民活动直接关联，规划设计不仅要依此组织空间，更要创造方便多样的活动条件，诸如购物、餐饮、观赏、休息等。这些都是编制规划时应思考的内容。

6. 环境指标的规定

环境指标对创造优美城市空间环境具有积极意义。对此，有的城市已高度重视，作了较详细的规定，包括对绿化、美化的要求和各种防污染条款，如居住区内有关植树密度、草坪、艺术街景、喷泉与水池、儿童游戏设备等的具体规定；在商业用地中对橱窗、照明、广告牌等各种标志的明确要求等。

7. 投资效益分析和综合技术经济论证

要进行土地成本估算，向规划委托方了解土地成本数据，对旧区改建项目和含有拆迁内容的详细规划项目还应统计拆迁建筑量和拆迁人口与家庭数，根据当地的拆迁补偿政策估算拆迁成本；要进行工程成本估算：对规划方案的土方填挖量、基础设施、道路桥梁、绿化工程、建筑建造与安装费用等进行总量估算；要进行相关税费估算，包括前期费用、税费、财务成本、管理费、不可预见费用等；要进行总造价估算，综合估算项目总体建设成本，并初步论述规划方案的投资效益；要进行综合技术经济论证，在以上各项工作的基础上对方案进行综合技术经济论证。

8. 其他工作

除了上述各项工作以外，修建性详细规划工作还包括工程管线规划设计、竖向规划设计以及分析投资效益等。

第五节　重点街区详细规划与工业园区详细规划分析

一、重点街区详细规划

（一）商业中心区详细规划

城市商业中心是城市居民社会生活集中的地方，也是商业活动集中的地方。它以商品零售功能为主体，配套餐饮、文化娱乐设施，也可有金融、贸易行业。它是最能反映城市活力、文化、建筑风貌和城市特色的地方。

1. 商业中心区的布局要点

商业中心区应根据城市总体规划布局，综合考虑后确定其合理的位置，从而使其成为城市形象和城市趣味的集中点，更集中体现城市商业活动的空间特征。具体来说，在对城市的商业中心进行布局时，要特别注意以下几个方面。

（1）要充分利用原有的基础进行布局

城市居民的商业活动是社区生活最活跃而积极的体现，要使一个新的城市社区具有相应的聚集性和吸引力，没有相当长的时间是极难实现的。在旧城，都有历史上多年形成的商业活动中心地段，并与服务业及文化娱乐设施、交通集散的枢纽点、行政中心等机构形成了具有一定吸引力和地方韵味的城市中心地段。因此，充分利用城市原有的基础，是事半功倍的办法。上海市中心区及区中心的发展也是依托原有的商业街和商业区，如南京路、城隍庙区、淮海路、徐家汇、人民广场等。

（2）要确保适度的规模

商业中心的规划建设，必须结合国情，使商业供给与消费匹配，可适度超前，过度超前就是资源浪费。按照世界惯例，只有在交通便利、周边商圈人口超过百万的情况下，方能支撑起一个营业面积几十万平方米的大型购物中心。若是不顾实际情况盲目进行商业中心建设，只会导致资源的浪费以及环境的破坏。

（3）要协调好与交通的关系

各级商业中心的运行必须依托良好的交通条件，但又要避免交通拥挤、停车困难和人车互相干扰。为了符合行车安全和交通通畅的要求，组织好商业中心的人、车及客运、货运交通是至关重要的。在旧城基础上发展的商业中心，一般都是建筑密集，人、车密集，停车空间有限，而且往往还有历史上形成的有艺术、文物价值的建筑，吸引大量人流。为了解决交通拥挤，在交通组织上应考虑以下四点：一是要疏解与中心活动无关的过境交通；二是积极开辟步行区，这样既可形成熙攘融合的购物休闲环境，又可避开人车的干扰；三是在中心区四周布置足够的停车设施；四是积极发展立体交通，北京王府井商业区、西单商业区便在积极发展这种交通模式。

（4）要掌握合理的环境容量

商业中心合理的人流密度．是维持正常的运营秩序和健康宜人的购物休闲环境的关键指标；规划设计的环境规模也是计算商业中心总体顾客容量的重要依据。根据典型调研分析，不同的人均占用活动场地面积、不同的人流动态密度，人流环境容量状态有很大区别。此外，一般不应按约束一阻滞的状态规划计算标准人流规模，而应保持在商业中心行人适当有所干扰的状态，这是掌握合理环境容量的推荐指标。

2. 商业中心区的建筑布局

在对商业中心的建筑进行布局时，需要遵循以下几方面的要求。

第一，各商店吸引人流的能力有强、弱之分，在规划中应避免因人流密度过分悬殊，使某一地段、某一时间的人流过于拥挤。

第二，大型综合性商场是商业街区的重点建筑也往往是形象性项目，宜布置在商业中心的较开阔部位，并应毗邻休息和集散广场。

第三，适应人们购物有选择比较的实际和心理要求，同类商业服务设施宜成组地相对集中布置，以利形成聚集效应，提升商气和人气。

第四，超市是人们日常生活购物的集中场所，人流、车流拥挤，应安排在停车条件良好的地段。

第五，以妇女为主要顾客的商店，如妇女用品、儿童用品、床上用品、化妆用品商店等，宜布置在街道内部，并与综合性商场、服装店等相邻．

第六，家具店、家用电器商店，宜布置在商业中心的边缘，应设置相应的场地，以利家具及大件家用电器的停放和搬运，减少对其他商业设施的干扰。

第七，日杂商店所售为基本常用商品，宜布置在中心边缘，提供便捷服务。

第八，娱乐场所人流集中，疏散和消防要求高，应布置在街区边缘，并应设置集散缓冲场地。

3. 商业中心区的交通组织

商业中心是人流、车流最为集中的地区，既要有良好的交通条件，又要避免交通拥挤、人车干扰。因此，最大限度地避免人车混行，是商业中心交通组织的焦点。在城市中心采用全部管制、部分管制或定时封锁车流的方法开辟步行街，把商业中心从人车混行的交通道路中分离出来，形成步行商业街，是一种行之有效的普遍做法。也就是说，要在城市中心区开辟步行系统，把人流量大的公共建筑组织在步行系统之中，使人流、车流明确分开，各行其道。

（二）CBD区详细规划

CBD 区即中央商务区（或中心商务区），它是城市中全市性（或区域性）商务办公的集中区，集中着商业、金融、保险、服务、信息等各种机构，是城市经济活动的核心地带。

1. CBD 区的布局要点

城市商务中心通常位于城市的中心位置，这里的中心位置通常是指相对的中心，而不是几何中心，如北京的 CBD 区。随着功能构成的完善和规模的扩大，商务中心区在城市中的位置也应该有合理的调整，但其位移的距离相对于城市用地范围而言是有限的。总之，其位置一般应处于城市交通的中枢与传统商业中心之间。

大致来说，城市商务中心在城市中的位置大致可以有三种方案：一是与城市（商业）中心组合，一般为混合中心形式的城市商务中心；二是与城市（商业）中心分立，一般为单一中心形式的城市商务中心；三是脱离城市中心区，一般为多中心形式的城市商务中心。

2. CBD 区的用地布局

在城市用地功能的总体规划中，应该对与 CBD 相关的其他地区功能作通盘一体化的调整．才可以使城市商务中心区的效能得到最大限度的发挥。例如，澳大利亚悉尼

CBD 旁，是一个旧滨水工业区和铁轨大院，改建为充满人性化设计的“情人公园”，配建了码头餐厅—娱乐区，使之充满生机，获得了巨大的成功。

3. CBD 区的交通组织

在对 CBD 区的交通进行组织时，应特别注意以下几个方面。

第一，要制定合理的城市交通发展战略，包括道路网络功能调整与重组、设立分层立体交通系统、组建快速交通系统、兴建地铁等措施。

第二，要建设足够的停车空间，满足静态交通要求。

第三，要充分体现人性化的要求，重视区内人行的交通系统。

第四，在城市商务中心土地成本昂贵的情况下，应优先发展公交系统，这是解决城市商务中心交通问题的普遍政策。同时，要积极发展混合公交系统，形成轨道及公共汽车交通网络，并提供优先通行权。

第五，要加强与市内及区域的交通关系，必须与国际航空港、高速公路、铁路等大型交通设施有便捷的联系。

第六，要保持合理的路网密度，地块尺度以不小于150m 且不大于 300m 见方为宜。由于城市商务中心区的高层建筑密集，要特别注重垂直交通与水平交通节点及与步行系统、停车场库之间的衔接与联系。

（三）文化休闲中心区详细规划

城市的文化休闲中心区是市民和旅游观光者聚集活动的重要场所，是城市中最为活跃而富有生气的区位，甚至可以作为一个城市形象的集中体现。

1. 文化休闲中心区的布局要点

在城市中布局文化休闲中心区时，需要遵循以下几个布局要点。

第一，要区位适中，有强烈的聚集力和辐射力。

第二，要具有地方特色和时代特点，体现开放、民主和传统文化精神。

第三，要交通便捷，有较强的通达力。

第四 . 要确保设施建设人性化，适宜不同层次活动需求。

2. 文化休闲中心区的布局形式

在对城市的文化休闲中心区进行布局时，可以采用以下几种形式。

（1）规则式布局

位于城市轴线或重点发展地段，一般呈对称式布局。此类布局的中心广场或中心建筑富于纪念性与公众性，体现宜人作用。

华盛顿宾夕法尼亚中心大道、北京天安门广场，上海人民广场、巴黎旺多姆广场、澳大利亚堪培拉中心广场等都是采用的这种布局形式。

（2）自由式布局

自由式布局结合自然条件及现状条件，规划布局与城市整体空间有机联系，能较好地体现城市的环境特点和历史发展特征。自由式布局中，一类是将城市的历史文脉作为重点，突出城市中心的文化休闲功能及在空间上与传统的联系，如波士顿市政厅广场、柏林文化中心；另一类是将自然因素作为重点，借自然用地条件，就势布置，如柏林联邦政府中心、东京上野文化中心。

（3）综合式布局

综合式布局介于上述两种形式之间，在一般中小型城市、历史文化名城（镇）及分区的文化休闲中心较为多见。

3. 文化休闲中心区的交通组织

文化休闲中心区的人流十分密集，因而在对车流和人流进行组织时，要充分考虑到以下几个方面。

第一，要体现公交优先原则，创造便捷的公共交通系统。

第二，要规划一定的步行范围，建立均匀服务的步行及换乘网络，适应重大活动的交通集散。

第三，要布置足够的停车空间。

第四，要截流无关的过境穿行交通。

第五，要在有条件的地区发展立体交通，实施人车分流。

4. 文化休闲中心区的景观与环境设计

文化休闲中心区的景观与环境设计，需要遵循以下几方面的要求。

第一，要形成严整与开放的格局，便于活动。

第二，要突出地方特色与文化传统，形成个性化风格和特色。

第三，要塑造象征性标志，彰显城市文化形象。

第四，要注重人工环境与自然环境的融合，造就一种遐想性与亲切感的氛围。

二、工业园区详细规划

工业园区是城市工业化进程中经济发展的带动区、体制和科技创新的试验区、城市发展的新区。自改革开放以来，我国的工业园区大量涌现，为各地的经济发展起到了重要的促进作用，因而成为城市规划建设中的一个重要环节。

（一）工业园区的规划原则

具体来说，工业园区的规划原则有以下几个。

1. 节约用地原则

土地是工业园区的基本资源，是工业园区发展的载体，因此土地的开发利用在工业园区的各种资源中显得尤为重要。由于我国的建设用地十分紧缺，因此在进行工业园区规划时必须充分考虑土地使用的经济效益，使有限的土地发挥出最大的效益。此外，还要注意提高园区企业的准入条件，尽可能吸引占地少、科技含量高、相关产业链长的企业入园，以降低园区单位土地面积的投资额和提高单位土地面积的产值额，使园区的“寸土”变成“寸金”。

2. 集群性原则

这一原则指的是在进行工业园区规划时，要尽可能使园区的产业品类形成产业群，不能单打一。注重发展产业集群，尽可能加长产业价值链，这个产业价值链不是在一个企业内部完成的，而是由一系列的相关企业协同才能实现。这种做法是国内外园区建设获得成功的共同准则。

3. 独特性原则

这一原则指的是在进行工业园区规划时，要尽可能使园区的产业结构有自身特点，避免相互类同、重复建设。应根据本地区的资源特点和区域经济发展总体战略，科学地确定园区的主导主体产业，形成园区的“龙头”产业，并由此组成具有自身特色的产业集群，培育一批骨干企业和自主创新型品牌，以加强在市场经济中的综合竞争力。

4. 可持续发展原则

在进行工业园区规划时，要注意遵循可持续发展原则，充分利用本地资源特点，积极搞好节地、节水、节能、节材的“四节型”园区建设，打造高质量环境的生态型经济园区。

（二）工业园区的用地布局

一般来说，工业园区的用地结构布局主要有以下几种模式。

1，条状布局模式

这种布局模式是将生产区各厂房（标准厂房区、特殊厂房区、仓库）进行直线串联或并联布置，隔一定距离设置配套服务区（公共中心），形成直线平行发展的格局。此布局的优点是各厂房交通便捷。在工业园区规模较小时，此规划结构优势明显；其弊端是工业园区规模过大时，容易导致主要道路过长、交通量过大。

2. 区带式布局模式

区带式布局是将厂区建筑（构筑）物按性质、要求的不同，布置成不同区域，以道路分隔开，各部分相对独立。各区域适当地设置配套服务区。此类布置形式较为分散，具有通风采光良好、方便管理、便于扩展等优点，但同时也存在着占地面积大，运输线路、管线长，建设投入多、不经济等缺点。

3. 环（网）状布局模式

环（网）状布局指以配套服务区为核心，生产区围绕其展开。其优点是配套服务区服务半径均匀，组织方式灵活。

根据园区规模的不同，还可以设置若干个不同等级的中心，即在工业园区中设置一个以管理服务、商业、居住等为主要功能的中心，另外在各工业组团中设置次级中心。此布局可实现工业区的灵活拓展、多个组团均衡发展；组团之间可设置绿地，保护生态环境。

4. 混合式结构

混合式布局是由上述布局模式组合而成。此布局形式兼具上述各布局形式的优点：环（网）状布局有利于提高其可达性和服务均匀性，便于服务区充分发挥其最大服务管理效益；区带式布局又有利于不同工业区的灵活布置和整个园区的可持续发展要求。

（三）工业园区的交通组织

凡是工厂就必然有运输作业，从原料到产品，从燃料到废物清除，从一个功能单元到另一个功能单元，都需要通过各种各样的运输方式来传递、输送。因而，工业园区应根据物料和人员流动特点，合理确定道路系统的组织与断面及其他技术要求。

1. 工业园区交通组织的要求

在对工业园区的交通进行组织时，要切实遵循以下几方面的要求。

第一，要满足生产、运输、安装、检修、消防及环境卫生的要求。

第二，要划分功能分区，并与区内主要建筑物轴线平行或垂直，宜呈环形布置。

第三，要有利于场地及道路的雨水排除。

第四 . 要与厂外道路连接方便、短捷。

第五，要使建设工程施工道路与永久性道路相结合。

2. 工业园区道路网的布局形式

工业园区道路网的布局要根据园区特点、自身发展需要、园区规模、用地布局、交通等要求来确定，具体有以下几种形式。

（1）方格网式

方格网式道路网适用于地势平坦，受地形限制较小的工业园区。设计时应注意园区内外交通的联系与分离、道路的分级、适宜的道路间距与道路密度。

方格网式的路网优点是道路布局、地块划分整齐，符合工业建筑造型较为方正的特点，有利于建筑物的布置和节约用地；平行道路多，有利于交通分散，便于机动灵活地进行交通组织。该形式路网的缺点是对角线方向的交通联系不便，增加了部分车辆的绕行。

(2) 自由式

自由式道路网是适用于地形起伏较大的地区，道路结合自然地形呈不规则状布置。其优点是可适应不同的基地特点，灵活地布置用地；但其缺点是受自然地形制约，可能会出现较多的不规则空地，造成建设用地分散和浪费。

自由式道路网规划的基本思想是结合地形，需要因地制宜进行规划设计，没有固定的模式。如果综合考虑园区用地布局和景观等因素，精心规划，不仅同样可以建成高效的道路运行系统，而且可以形成活泼丰富的景观效果。

(3) 混合式

混合式道路网系统是对上述两种道路网结构形式的综合，即在一个道路网中，同时存在几种类型的道路网，组合成混合式的道路网。其特点是扬长避短．充分发挥各种形式路网的优势。混合式路网布局的基本原则是视分区的自然地物特征，确定各自采取何种具体形式，以使规划的路网取得好的效果。

第五章　城市地下空间规划

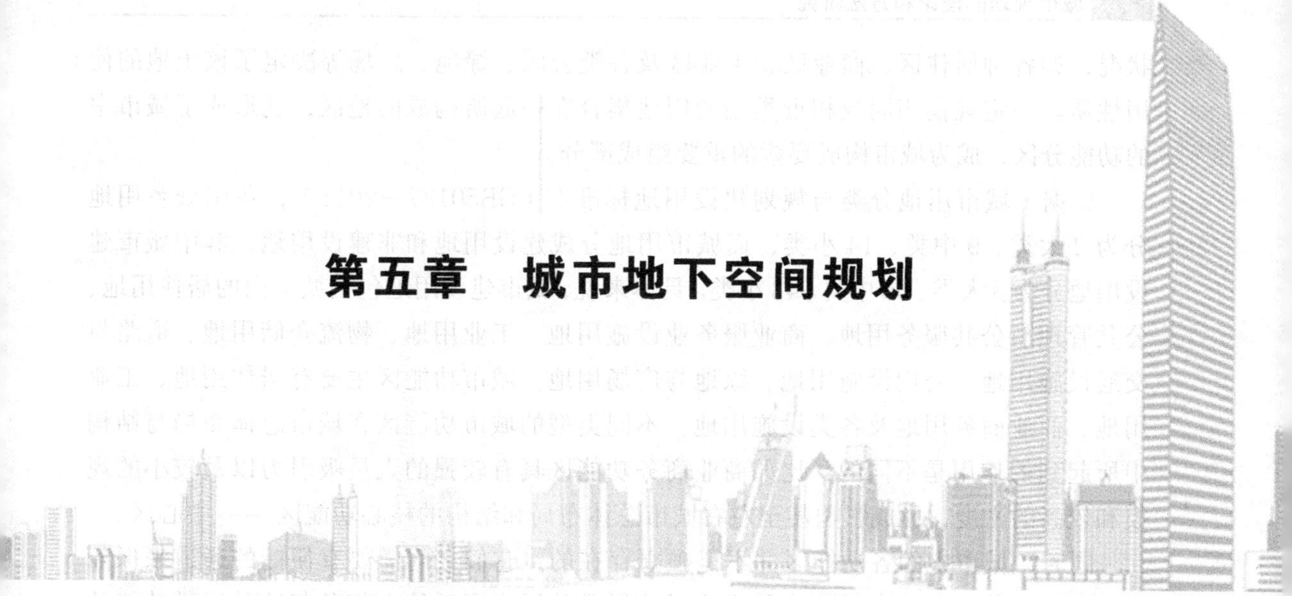

第一节　城市地下空间布局

城市地下空间布局，是城市社会经济和技术条件、城市发展历史和文化、城市中各类矛盾的解决方式等众多因素的综合表现。在城市地下空间的总体规划阶段，需要提出与地面规划相协调的地下空间结构和功能布局，以便合理配置各类地下设施的容量；而在城市地下空间的详细规划阶段，又需要妥善考虑地下、地面空间之间的连通、整合及联系等问题，力求科学合理、功能协调，达成取得最大综合效益的目标。因此，城市地下空间的布局问题，往往是城市地下空间规划中的重要内容。

城市地下空间是城市空间的一部分，城市地下空间布局与城市总体布局密切相关。因此，城市的功能、结构与形态将作为研究城市地下空间布局的切入点，通过对城市地下空间发展的内涵关系的全面把握，提高城市地下空间布局的合理性和科学性。

一、城市功能、结构、形态与布局

1. 城市的构成要素及功能分区

通常，构成城市的主要组成部分以及影响城市总体布局的主要因素涉及城市功能与土地利用、城市道路交通系统、城市开敞空间系统及其相互间的关系。

人类的各种活动聚集在城市中，占用相应的空间，并形成各种类型的用地，而城市的总体布局则是通过城市主要用地组成的不同形态表现出来的。城市中的土地利用状况，如各种居住区、商业区、工业区及各类公园、绿地、广场等决定了该土地的使用性质。一定规模相同或相近类型的用地集合在一起所构成的地区，就形成了城市中的功能分区，成为城市构成要素的重要组成部分。

根据《城市用地分类与规划建设用地标准》（GB50137—2011），我国城乡用地分为2大类、9中类、14小类，而城市用地分成建设用地和非建设用地，其中城市建设用地分为8大类、35中类、43小类。具体来说，城市建设用地包括城市内的居住用地、公共管理与公共服务用地、商业服务业设施用地、工业用地、物流仓储用地、道路与交通设施用地、公用设施用地、绿地与广场用地。城市功能区主要有居住用地、工业用地、商业商务用地及各类设施用地。不同类型的城市功能区在城市总体布局与结构中所起到的作用是不同的，比如商业商务功能区具有较强的人员吸引力以及较小的规模和较高的密度，形成影响甚至左右城市总体布局和结构的核心功能区——中心区。

同时，城市中的各功能区并不是独立存在的，它们之间需要有便捷的通道来保障大量的人与物的交流。城市中的干道系统以及轨道交通系统在担负起这种通道功能的同时也构成了城市骨架。因此，通常一个城市的整体形态在很大程度上取决于道路网的结构形式。常见的城市道路网形态的类型有放射环状（如东京、巴黎、伦敦等）、方格网状（如纽约曼哈顿岛等）、方格网与放射环状混合型（如北京、芝加哥等），以及方格网加斜线型（如华盛顿等）。

2. 城市结构与形态

由于城市功能差异而产生的各种地区（面状要素）、核心（点状要素）、主要交通通道（线状要素）以及相互之间的关系共同构成了城市结构，它是城市形态的构架。城市结构反映城市功能活动的分布及其内在的联系，是城市、经济、社会、环境及空间各组成部分的高度概括，是它们之间相互关系与相互作用的抽象写照，是城市布局要素的概念化表示与抽象表达。

城市形态是一种复杂的经济、文化现象和社会过程，是在特定的地理环境和一定的社会历史条件下，人类各种活动与自然环境相互作用的结果。它是由结构（要素的空间布置）、形状（城市的空间轮廓）和要素之间的相互关系所构成的一个空间系统。城市形态的构成要素可概括为道路、街区、节点和发展轴。

（1）道路与街区。道路是构成城市形态的基本骨架，是指人们经常通行的或有通行能力

城市中道路网密度越高，城市形态的变化就越迅速。同时道路网的结构和相互连接方式决定了城市的平面形式，并且城市的空间结构在很大程度上也取决于道路所提供的可达性。街区是由道路所围合起来的平面空间，具有功能均质性的潜能。城市就是由不同功能区构成并由此形成结构的地域，街区的存在也能使城市形成明确的图像。

（2）节点。城市中各种功能的建筑物、人流集散点、道路交叉点、广场、交通站

以及具有特征事物的聚合点，是城市中人流、交通流等聚集的特殊地段，这些特殊地段构成了城市的节点。

（3）发展轴。城市发展轴主要是由具有离心作用的交通干线（包括公路、地铁线路等）所组成，轴的数量、角度、方向、长度、伸展速度等直接构成城市不同的外部形态，并决定着城市形态在某一时期的阶段性发展方向。

城市作为一个非平衡的开放系统，其功能与形态的演变总是沿着“无序——有序——新的无序”这样一种螺旋式的演变与发展模式。城市形态演变的动力源于城市“功能——形态”的适应性关系，当城市形态结构适应其功能发展时，能够通过其内部空间结构的自发调整保持自身的暂时稳定；反之，当城市形态与功能发展不相适应时，只有通过打破旧的城市形态并建立新的形态结构以满足城市功能的要求。

3. 城市布局

城市在空间上的结构是各种城市活动在空间上的投影，城市布局则反映了城市活动的内在需求与可获得的外部条件，通过城市主要用地组成的不同形态来表现。影响城市总体布局的因素一般可以分为：自然环境条件、区域条件、城市功能布局、交通体系与路网结构、城市布局整体构思。基于以上因素和城市发展目标，城市布局遵循的原则包括着眼全局和长远利益、保护自然资源与生态资源、采用合理的功能布局与清晰的结构、兼顾城市发展理想与现实。

二、城市地下空间功能

城市地下空间功能是指地下空间具有的特定使用目的和用途。城市地下空间功能是城市功能在地下空间上的具体体现，城市地下空间功能的多元化是城市地下空间产生和发展的基础，是城市功能多元化的条件。

1. 城市地下空间功能类型及演化

城市地下空间有着丰富的功能类型，如本书绪论所述，目前对城市地下空间主要是根据其用途或功能进行形态划分，大类包括交通设施、市政公用设施、公共管理与公共服务设施、商业服务业设施、工业设施、物流仓储设施、防灾设施和其他设施。

城市地下空间功能的演化与城市发展过程密切相关。在工业社会以前，由于城市的规模相对较小，人们对城市环境的要求相对较低，城市问题和矛盾不突出，因此城市地下空间开发利用很少，而且其功能也比较单一。进入工业化社会后，城市规模越来越大，城市的各种矛盾越来越突出，城市地下空间开发利用就越来越受到重视。1863 年世界第一条地铁在英国伦敦建造，这标志着城市地下空间功能从单一功能向以解决城市交通为主的功能转化，以后世界各地相继建造了地铁来解决城市的交通问题。随着城市的进一步发展和技术的进步，城市地下空间功能也日益丰富，陆续又演化出现了地下停车库、地下商业街、城市综合管廊等各种功能类型，时至今日一些更加现代化的功能类型如地下物流系统还在持续的开发和实践中。

随着城市的发展和人们对生态环境要求的提高，城市地下空间的开发利用已从原来以功能型为主，转向以改善城市环境、增强城市功能并重的方向发展，世界许多国家的城市出现了集交通、市政、商业等一体化的综合地下空间开发项目。今后，随着城市的发展，城市用地越来越紧张，人们对城市环境的要求越来越高，城市地下空间的功能必将朝着以解决城市生态环境为主的方向发展，真正实现城市的可持续发展。

2. 城市地下空间功能的复合利用

地下空间的功能利用与地面不同，呈现出不同程度的混合性，具体可分为3个层次。

（1）简单功能。城市地下空间的功能相对单一，对相互之间的连通不做强制性要求，如地下民防、静态交通、地下市政设施、地下工业仓储功能等。

（2）混合功能。不同地块地下空间的功能会因不同用地性质、不同区位、不同发展要求呈现出多种功能相混合，表现为“地下商业 + 地下停车 + 交通集散空间 + 其他功能”的混合。当前各类混合功能的地下空间缺乏连通，为促进地下空间的综合利用，应鼓励混合功能地下空间之间相互连通。

（3）综合功能。在地下空间开发利用的重点地区和主要节点，地下空间不仅表现为混合功能，而且表现出与地铁、交通枢纽以及与其他用地地下空间的相互连通，形成功能更为综合、联系更为紧密的综合功能。表现为“地下商业 + 地下停车 + 交通集散空间 + 其他 + 公共通道网络”的功能。综合功能的地下空间主要是强调其连通性。

在这3个层次中综合功能利用效率、综合效益最高。中心城区、商业中心区、行政中心、新区与CBD等城市中心区地下空间开发在规划设计时，应结合交通集散枢纽、地铁站，把综合功能作为规划设计方向。居住区、大型园区地下空间开发的规划设计应充分体现向混合功能发展。

3. 城市地下空间功能确定原则

根据城市地下空间的特点，其功能的确定应遵循以下原则：

（1）合理分层原则。城市地下空间开发应遵循“人在上，物在下”“人的长时间活动在地上，短时间活动在地下”“人在地上，车在地下”等原则。目的是建设以人为本的现代化城市，与自然环境相协调发展的“山水城市”，将尽可能多的城市空间留给人们休憩、享受自然。

（2）因地制宜原则。应根据城市地下空间的特性，对适宜进入地下的城市功能应尽可能地引入地下，而对不适应的城市功能不应盲目引进。技术的进步拓展了城市地下空间的范围，原来不适应的可以通过技术改造变成适应的，地下空间的内部环境与地面建筑室内环境的差别不断缩小即证明了这一点。因此对于这一原则，应根据这一特点进行分段分析，并要具有一定的前瞻性，同时对阶段性的功能给予一定的明确说明。

（3）上下呼应原则。城市地下空间的功能分布与地面空间的功能分布有很大联系，地下空间的开发利用是对地面空间的补充，扩大了容量，满足了对城市功能的需求，地下民防、地下管网、地下仓储、地下商业、地下交通、地下公共设施均有效地满足了城市发展对其功能空间的需求。

（4）多元协同原则。城市的发展不仅要求扩大空间容量，同时应对城市环境进行改造，地下空间开发利用成为改造城市环境的必由之路。单纯地扩大空间容量不能解决城市综合环境问题，单一地解决问题对全局并不一定有益。交通问题、基础设施问题、环境问题是相互作用、相互促进的，因此必须做到一盘棋，即协调发展。同时，城市地下空间规划必须与地面空间规划相协调，只有做到城市地上、地下空间资源统一规划，才能实现城市地下空间对城市发展的重要促进作用。

三、城市地下空间结构与形态

城市地下空间结构是城市地下空间主要功能在地下空间形态演化中的物质表现形式，主要是指地下空间的发展轴线，它反映了城市地下空间之间的内在联系。城市地下空间形态是地下空间结构的抽象总结，是指各种地下结构（要素在地下空间的布置）、形状（城市地下空间开发利用的整体空间轮廓）和相互关系所构成的一个与城市形态相协调的地下空间系统。

1. 城市形态与地下空间形态的关系

城市地下空间的开发利用是城市功能从地面向地下的延伸，是城市空间的三维式拓展。在形态上，城市地下空间是城市形态的映射；在功能上，城市地下空间是城市功能的延伸和拓展，也是城市空间结构的反映。城市形态与地下空间形态的关系，主要体现在以下几个方面：

（1）从属关系。城市地下空间形态始终是城市空间形态结构的一个组成部分，地下空间形态演变的目的是为了与城市形态保持协调发展，使城市形态能够更好地满足城市功能的需求。城市地下空间形态与城市形态的从属关系通过两者的协调发展来体现，当它们能协调发展时，城市的功能便能够得到极大的发挥，从而体现出较强的集聚效益。

（2）制约关系。城市地下空间形态在城市形态的演变过程中，并不单纯体现出消极的从属关系，还体现出一种相互制约的关系。两者之间相互协调、相互制约地辩证发展，促使城市形态趋于最优化以便适应城市功能的要求。

（3）对应关系。城市地下空间形态与城市形态的对应关系，是从属关系与制约关系的综合体现，也是两者协调发展的基础。对应关系表现在地上空间与地下空间整体形态上的对应，以及地下空间形态的构成要素分别与城市上部形态结构的对应。此外，城市地下空间还在开发功能和数量上与上部空间相对应，这既是城市地下空间与城市空间的从属、制约关系的宗合表现，也是城市作为一个非平衡开放系统，其有序性在城市地下空间子系统中的具体反映。

2. 城市地下空间形态的基本类型

城市地下空间形态可以概括为“点”“线”“面”“体”4个基本类型。

（1）“点”即点状地下空间设施。相对于城市总体形态而言，它们一般占据很小的平面面积，如公共建筑的地下层、单体地下商场、地下车库、地下人行过街地道、地下仓库、地下变电站等都属于点状地下空间设施。这些设施是城市地下空间构成的最基本要素，也是能完成某种特定功能的最基本单元。

（2）“线”即线状地下空间设施。它们相对于城市总体形态而言，呈线状分布，如地铁、地下市政设施管线、长距离地下道路隧道等设施。线状地下设施一般分布于城市道路下部，构成城市地下空间形态的基本骨架。没有线状设施的连接，城市地下空间的开发利用在城市总体形态中仅仅是一些散乱分布的点，不可能形成整体的平面轮廓，并且不会带来很高的总体效益。因此，线状地下空间设施作为连接点状地下设施的纽带，是地下空间形态构成的基本要素和关键，也是与城市地面形态相协调的基础，为城市总体功能运行效率的提高提供了有力的保障。

（3）“面”即由点状和线状地下空间设施组成的较大面积的面状地下空间设施。它主要是由若干点状地下空间设施通过地下联络通道相互连接，并直接与线状地下空间设施（以地铁为主）连通而形成的一组具有较强内部联系的面状地下空间设施群。

（4）“体”即在城市较大区域范围内由已开发利用的地下空间各分层平面通过各种水平和竖向的连接通道等进行联络而形成的，并与地面功能和形态高度协调的大规模网络化、立体型的城市地下空间体系。立体型的地下空间布局是城市地下空间开发的高级阶段，也是城市地下空间开发利用的目标。它能够大规模提高城市容量、拓展城市功能、改善城市生态环境，并为城市集约化的土地利用和城市各项经济社会活动的有序高效运行提供强有力的保障。

3. 城市地下空间的复合形态

地下空间复合形态是由两个或两个以上的单一地下空间单元通过一定的结构方式和联系关系组合而成的复合体。多个较大规模的地下空间相互连通形成空间结构性系统化的发展形态，较多地发生在城市中心区等地面开发强度相对较大的区域。其在功能上也展现出复杂性和综合性，一般由交通空间、商业空间、休闲空间以及储藏空间等共同组成。因此，科学合理的复杂地下空间结构形态需要在深入研究的基础上结合城市实际建设条件逐步发展形成。

城市地下空间的组合形式有很多种，根据不同空间组合的特征，经过深入分析概括起来主要分为轴心结构、放射结构及网络结构三类主要结构形态。

（1）轴心结构

呈轴心结构分布的地下空间形态，主要指的是以地下空间意象中的路径要素（如地下轨道、地下道路、地下商业街等）为发展核心轴，同时向周边辐射发展，在平面及竖向空间上连通路径要素周边多个相邻且独立的地下空间节点，如地下商业空间或停车库等，从而形成地下空间串联空间结构形态。

轴心结构地下空间是构成城市地下空间形态最为常见也是最为基本的复杂空间结构形式，其优点在于有良好的层级结构，空间连续、主次分明、分布均衡。轴心结构空间形态把地下各个分散的、相对独立的单一空间形态通过轴线连成一个系统，形成一个复杂结构，极大地提高了单一空间的利用效益和功能拓展。由于轴心结构地下空间导向明确，对于地下人流疏散非常有利。但是另一方面，也正是由于轴心空间的简单结构需要注重地下空间内部的对比与变化、节奏与韵律从而避免轴心结构地下空间潜在的单调和乏味。

城市商业、商务中心区步行系统较为发达适合于轴心结构空间开发模式，整体贯通的地下商业步行街结合地下轨道线路作为区域空间线性的发展轴，同时沿轴线在城市的重要节点形成若干点状地下空间。此类地下空间复合形态模式适合与带状集中型或带状群组型的城市地面空间形态相协调。

（2）放射结构

在城市中除了轴线以外，还有一类空间在具有一定规模的同时也集聚了地下各种主要功能活动，在此地下区域内，形成地下空间人流、交通流、资金流等的高度集中。通过这类地下空间，城市区域以自身为核心对周边地下空间形成聚集和吸引的同时也将功能、商业、人流向周边辐射。这种由中心向外辐射的空间组合形态即为放射结构地下空间形态，其形成和发展显现出一座城市整体空间发展后地下空间形态趋于成熟的标志，也是地下空间发展必然经历的一个过程。地下空间放射结构形态的特点是在交叉的核心点上导向各处的路径非常便捷，即从一点可以到达多方向，而交叉点以外各点到其余各处都需要经过中心节点，因此放射结构形态的中心节点必然人流压力巨大，为缓解此问题，随地下空间发展的不断扩大可以将一个中心分散为几个次中心。

放射结构地下空间形态的核心空间主要表现为大型地下商业综合体、地铁的区域换乘站或城市中心绿地广场等与周边地下空间有着严格的相互关联和渗透性的层次结构关系。放射结构的地下空间形态发展呈现复杂联系的趋势，相比轴心型结构更加紧密地结合了周边众多次要空间，放射结构的发展和利用也使地下空间形态形成相对完整的体系，这对城市整体空间起到非常重要的作用，一方面连接各个商业区，另一个方面缓解地面的交通压力。因此，地下空间的放射状结构形态的开发利用极大地鼓励了地下空间的规模化建设，带动周围地块地下空间的开发利用，使城市区域地下空间设施形成相对完整的体系。

(3) 网络结构

地下空间复合结构形态影响空间资源优化配置，影响地下空间网络关系发展。受城市经济活动集中化的影响，城市地下空间组织结构在发展到一定程度后往往呈现大范围集中、小范围扩散的发展趋势，即在城市地域内从城市中心向城市边缘扩散和再集中。因为城市地下空间之间存在通信、功能和交通等各种关联性，同时空间与空间之间相互承载各种要素的流动，这类关联性和要素流在城市商业密集、交通复杂的中心区被急剧放大和集中化，使得城市地下空间之间需要一种更为密切、更为高效的空间结构形态。在城市经济发达中心区或交通密集区，地下空间应该采取网络化的空间结构。网络化结构形态的地下空间就是具备一定规模，以多空间多节点为支撑，具备网络型空间组织特征，超越空间临近而建立功能联系，功能整合的地下空间网络。地下各个空间或节点之间相互依赖协调发展，彼此具有密切的既竞争又合作的联系。

城市地下空间整体形态网络状空间模式就是充分发挥“网络结构效应”的作用。所谓“网络结构效应”就是指处于网络系统中的节点、连接线和网络整体对地下空间各要素实施的作用力，也就是说地下空间网络结构对空间的影响状况。地下空间的网络化结构发展效应主要体现在空间与空间的相互依赖性以及互补性这两种特性上。依赖性可以被理解为外部性，它使单一空间直接增加另一单一空间的效用。例如，地下轨道交通可以带来大量人流，从而繁荣地下商业。互补性可以被理解为内部性，即地下空间之间互为补充，单一空间弥补另一空间功能、性质等方面不足。例如，地下停车可以有效解决地下商业配建问题，地下商业空间为地下交通步行空间带来丰富体验。所以，城市中心区发展地下网络化结构为城市空间高效合理利用提供了科学的途径，为规划布局的空间设计提供了强有力的基础。

地下空间网络化结构形态是一个多中心的空间实体，其建构不仅需要实体空间上的规划设计，更需要对不同区域主体之间利益进行协调，需要搭建区域地下空间之间的关系网络，并促进相互之间的合作。网络化结构的地下空间形态不仅仅是一个新的概念、更重要的是代表了未来城市的一种高效空间发展理念。城市中心区构建网络化发展的地下空间模式，就是在空间组织上摒弃传统的单一而独立的发展模式，倡导城市地下空间的互联互通规模化发展，强调构建面向区域的开放的多中心城市地下空间格局。在功能整合上，强调分工与合作，促

进区域城市地下空间网络的形成；在协调管理上，强调通过对话、协调与合作实现权利平衡和利益分配，通过网络化空间架构实现公平与效率并重的地下空间管理体系。

第二节　城市地下空间规划编制

城市地下空间规划从阶段上可以划分为总体规划、详细规划，其中详细规划从层次上来说又分为控制性详细规划和修建性详细规划。在了解城市地下空间规划的编制体系、编制程序，并掌握地下空间规划的基本原理和方法之后，就应根据城市地下空间规划的编制工作内容和编制成果表达形式的要求，规范地开展城市地下空间规划的编制工作，以保证城市地下空间规划编制的科学合理性。

一、城市地下空间总体规划的编制

城市地下空间总体规划是对城市未来地下空间开发利用做出的地下空间体系规划，也是城市规划体系的重要组成部分。通过城市地下空间总体规划，可整合各类地下空间设施，促进各类相关设施间的有序良好衔接，形成地下空间设施系统网络，提高地下空间利用的便捷性、系统性、经济性、安全性和舒适性，并促进城市地上与地下的有机统一、协调和谐发展。

城市地下空间总体规划工作的基本内容是根据城市总体规划等上位规划的空间规划要求，在充分研究城市的自然、经济、社会和技术发展条件的基础上，制定城市地下空间发展战略，预测城市地下空间发展规模，选择城市地下空间布局和发展方向，按照工程技术和环境的要求，综合安排城市各项地下工程设施，提出近期控制引导措施，并将城市地下空间资源的开发利用控制在一定范围内，与城市总体规划形成一个整体，成为政府进行宏观调控的依据。

（一）城市地下空间总体规划的基本任务与编制程序

1. 城市地下空间总体规划的基本任务

城市地下空间总体规划的任务是根据一定时期城市的经济和社会发展目标，通过调查研究和科学预测，结合城市总体规划的要求，提出与地面规划相协调的城市地下空间资源开发利用的方向和原则，确定地下空间资源开发利用的目标、功能、规模、时序和总体布局，合理配置各类地下空间设施的容量，统筹安排近、远期地下空间开发建设事项，并制定各阶段城市地下空间开发利用的发展目标和保障措施，使城市地下空间资源的开发利用得到科学、有序地发展，创造合理、有效、公正、有序的城市生活空间环境，从而指导城市地上、地下空间的和谐发展，满足城市发展和生态保护的需要。

城市地下空间总体规划的核心任务：一是根据不同的目的进行地下空间安排，探索和实现城市地下空间不同功能之间的互相关联关系；二是引导城市地下空间的开发，对城市地下空间进行综合布局；三是协调地下与地上的建设活动，为城市地下空间开发建设提供技术依据。

城市地下空间总体规划任务的实现应适应社会和经济的发展要求，既需要相应的法律法规和管理体制的支持，又需要安全工程技术、生态保护、文化传统保护、空间美学设计等系统的支持，我国现阶段城市地下空间总体规划的基本任务是保护城市地下空间资源，尤其是城市空间环境的生态系统，增强城市功能，改善城市地面环境，创造和保障城市安全、健康、舒适的空间环境。

2. 城市地下空间总体规划的编制程序

城市地下空间总体规划是依据城市总体规划、分区规划等上位规划所提出的具体目标和要求，结合城市的自然、经济、社会和技术发展条件，预测城市地下空间发展规模，确定地下空间发展战略，规划地下空间布局和发展方向，落实各项专业系统规划成果的一系列过程。城市地下空间总体规划的编制程序如下：

（1）收集和调查基础资料，掌握城市地下空间开发利用的现状情况，勘察地质状况和分析发展条件。

（2）进行地下资源评估以及城市地下空间开发功能需求分析及规模预测。

（3）研究确定城市地下空间发展战略、发展目标、城市地下空间总体布局，完成平面布局规划和竖向布局规划。

（4）完成各系统的规划原则和控制要求。

（5）安排城市地下空间开发利用的近期建设项目，为各单项工程设计提供依据，并提出实施总体规划的措施和步骤。

（二）城市地下空间总体规划的基础资料调查研究

1. 城市地下空间规划的基础资料内容

资料的收集应有所侧重，不同阶段的城市地下规划对资料的工作深度也有不同的要求。一般来说，城市地下空间规划应具备的基础资料包括下列内容：

（1）城市勘察资料（指与城市地下空间规划和建设有关的地质资料）：主要是工程地质资料和水文地质资料，包括工程地质构造、土层物理状况、城市规划区内不同地段的地基承载力、滑坡崩塌等工程地质基础资料和地下水的埋藏形式、储量及补给条件等水文地质基础资料。

（2）城市测量资料：主要包括城市平面控制网和高程控制网、城市工程及地下管线等专业测量图、编制城市地下空间规划必备的各种比例地形图等。

（3）气象资料：主要包括监测区域的温度、湿度、降水、风向、风速、冰冻等基础资料。

（4）城市土地利用资料：主要包括现状及历年城市土地利用分类统计、城市用地增长状况、规划区内各类用地分布状况等。

（5）城市地下空间利用现状：主要包括城市地下空间开发利用的规模、数量、主要功能、分布、状况等基础资料。

（6）城市交通资料：主要包括城市道路交通和常规公交现状、发展趋势、轨道交通情况、汽车增长情况、停车状况等。

（7）城市市政公用设施资料：主要包括城市市政公用设施的场站及其设置位置与规模、管网系统与容量、市政公用设施规划等。

（8）城市人防工程现状及发展趋势：主要包括城市人防工程现状、建设目标和布局要求、建设发展趋势等有关资料。

（9）城市环境资料：主要包括环境监测成果、影响城市环境质量有害因素的分布状况及危害情况，以及其他有害居民健康的环境资料。

2. 城市地下空间基础资料的调查研究方法

城市地下空间规划作为国土空间规划的一部分，调查研究是一项不可或缺的前期工作。要做好城市地下空间规划就必须弄清楚城市发展的自然、社会、经济、历史、文化背景，才可能找出与地下空间相关的城市发展中存在的问题与矛盾，特别是城市交通、城市环境、城市空间要求等重大问题。

调查研究的过程是城市地下空间规划方案的孕育过程，必须引起高度的重视。同时，调查研究也是对城市地下空间从感性认识上升到理性认识的必要过程，调查研究所获得的基础资料是城市地下空间规划定性、定量分析的主要依据。

城市地下空间规划的调查研究工作一般包括三个方面：

（1）现场踏勘。进行城市地下空间规划时，必须对城市的概况、地上空间、地下空间有详细的了解，重要的地上、地下工程也必须进行认真的现场踏勘。

（2）基础资料的收集与整理。应主要取自当地自然资源规划部门积累的资料和有关主管部门提供的专业性资料，包括城市工程地质、水文地质资料，城市地下空间资源状况、利用现状，城市交通、环境现状和发展趋势等。这些资料的获得，都必须要有城市管理的相关部门的紧密配合才能保证资料和数据的完整性、准确性，为规划工作提供坚实的基础。

（3）分析研究。将收集到的各类资料和现场踏勘时反映出来的问题，加以系统地分析整理，去伪存真、由表及里，从定性到定量研究城市地下空间在解决城市问题、增强城市功能、改善城市环境等方面的作用，从而提出通过城市地下空间开发利用解决这些问题的对策，制定出城市地下空间规划方案。

3. 城市地下空间总体规划调查的程序

调查研究必须严格遵守科学的程序。一般情况下，城市地下空间总体规划的调查研究可以分为四个阶段：

（1）准备阶段。根据规划的具体任务，制定调查研究的总体方案，确定研究的课题、目的、调查对象、调查内容、调查方式和分析方法，并进行分工分组，同时进行人、财、物方面的准备工作。

（2）调查阶段。调查研究方案的执行阶段，应贯彻已经确定的调查思路和调查计划，客观、科学、系统地收集相关资料。

（3）研究阶段和总结阶段。对调查所收集的资料信息进行整理和统计，通过定性和定量分析，发现现象的本质和发展规律。

（三）城市地下空间总体规划的编制内容

城市地下空间总体规划工作的基本内容是根据城市总体规划等上位规划的空间规划要求，在充分研究城市的自然、经济、社会和技术发展条件的基础上，制定城市地下空间发展战略，预测城市地下空间发展规模，选择城市地下空间布局和发展方向，按照工程技术和环境的要求，综合安排城市各项地下工程设施，提出近期控制引导措施，并将城市地下空间资源的开发利用控制在一定范围内，与城市总体规划形成一个整体，成为政府进行宏观调控的依据。

具体来说，城市地下空间总体规划的工作内容主要包括以下几个方面：

1. 规划背景及规划基本目的

对规划编制的背景及基本目的进行研究分析，明确规划编制的要求和意义。

2. 现状分析及相关规划解读

（1）现状分析：对规划区地下空间使用现状进行调查分析，包括地下空间现状使用功能、分项功能使用规模、分布区位、建设深度、建设年限、人防工程建设、平战结合比例、年报建与竣工比例等内容，分析总结地下空间建设特点、历年增长规模、增长特点、融资渠道、政策保障等现状特征，评价发展问题，并作为地下空间规划编制的基本出发点，使规划编制更符合规划区发展实际，解决实际问题。

（2）相关规划解读：对规划区城市总体规划、综合交通规划、城市各专项规划进行分析解读，挖掘上位规划及相关规划对地下空间的要求及总体指导，剖析地下空间在解决城市问题方面对既有地面规划的补充思路，作为地下空间规划的基本出发点。

3. 地下空间资源基础适宜性评价

地下空间资源属于城市自然资源，对地下空间资源进行评估是城市规划中新出现的自然条件和开发建设适建性评价的延伸和发展，即对地下空间开发利用的自然条件与空间资源适建性进行评价。此部分规划内容是基于规划区基础地质条件和地勘调查成果以及规划区建设现状，对规划区地下空间资源进行自然适宜性和社会需求度的评价，解明地下空间资源适宜性质量等级，估测可合理开发利用的地下空间资源储量，区划地下空间资源的价值区位，为地下空间开发利用规划编制提供科学依据。具体可按如下体系编制：

①规划区基础地质条件综述及既有勘查成果调研。

②地下空间资源评估层次及技术方法。

③地下空间资源的自然条件适宜性评估。

④地下空间资源的社会经济需求性评估。

⑤地下空间资源综合评估。

4. 地下空间需求预测

对规划区地下空间的开发需求功能进行预测，并在确定功能的基础上对分项功能进行规模预测。

具体可按如下体系编制：

①规划区地下空间开发功能预测。

②规划区地下空间开发规模预测。

③规划区地下空间时序发展预测。

5. 地下空间发展条件综合评价

对规划区地下空间发展条件进行综合评价，评价内容包括现状建设基础、自然条件基础、经济基础、社会基础、重大基础设计建设带动效益等多个方面。

6. 地下空间规划目标、发展模式及发展策略制定

在深入调研地下空间建设现状、进行地下空间资源评估、预测地下空间开发规模的基础上，制定符合规划区实际发展的地下空间开发目标及发展策略，建立规划发展目标指标体系，形成可操作的目标价值体系，并制定分期、分区、重点突出的发展战略。

7. 地下空间管制区划及分区管制措施

制定规划区地下空间管制区划，编制相应的地下空间开发利用管控导则，针对不同管制分区、不同性质与权属的地下空间类型，提出因地制宜、符合实际的管控措施。

8. 地下空间总体发展结构及布局

紧密结合上位规划、规划区发展总体布局和城市空间的三维特征，在地下空间发展目标与策略指导下，确定规划区地下空间的总体发展结构、发展强度区划、空间管制区划、总体布局形态和竖向分层。

具体可按如下体系编制：

①地下空间总体发展结构。

②地下空间发展强度区划。

③地下空间发展功能区划。

④地下空间管制区划。

9. 地下空间竖向分层规划

通过对地下空间总体发展结构和布局的研究，结合规划区近期、中期、远期的发展需要，提出规划区地下空间总体竖向分层。

10. 地下空间分项功能设施规划与整合

（1）地下空间交通设施系统规划。结合城市宏观交通矛盾问题及交通组织特征，分析预测规划区现状及未来发展的交通模式和可能遇到的交通问题，分析论证规划区交通设施地下化发展的可行性和必要性，并借鉴发达城市及地区的发展经验，提出符合规划区交通发展需求的地下交通功能设施，提出地下交通组织方案，包括地下轨道交通、地下公共车行通道、地下人行系统、地下静态交通、地上地下交通衔接规划、竖向交通规划及其他地下交通设施和地下交通场站规划，制定地下交通的各项技术指标要求，划定重大地下交通设施建设控制范围。

具体可按如下体系编制：

①城市及规划区交通发展现状调研及问题分析。

②规划区交通设施地下化可行性分析。

③规划区交通设施地下化需求性分析。

④规划区地下交通设施发展目标与策略。

⑤规划区地下交通设施系统规划。

⑥规划区地下交通设施指标要求及重大地下交通设施建设控制范围。

（2）地下空间市政公用设施系统规划。应从市政公用设施的适度地下化和集约化角度，

在对城市市政基础设施宏观发展现状深入调研的基础上，结合规划区建设发展实际，统筹安排各项市政管线设施在地下的空间布局，研究确定规划区地下空间给排水、通风和空调系统、供电及照明系统等布局方案，展开对部分基础设施地下化的建设需求性、建设可行性、具体功能设施规划、设施可维护性及综合效益评价等方面的探讨，制定各类设施的建设规模和建设要求，对规划区建设现代化、安全、高效的市政基础设施体系提供全新、可行的发展思路。

具体可按如下体系编制：

①城市及规划区市政公用设施发展现状调研及问题分析。

②规划区市政公用设施地下化和集约化可行性分析。

③规划区市政公用设施地下化需求性分析。

④规划区市政公用设施发展目标与策略。

⑤规划区市政公用设施系统规划。

⑥规划区市政公用设施指标要求及重大市政公用设施建设控制范围。

（3）地下公共服务设施系统规划。应认清地下公共服务设施不是地下空间开发利

用的必需性基础设施，其开发主要依托交通设施带来客流，并完善交通设施，承担客流疏散与设施连通等交通功能。非兼顾公益性功能的地下商业开发需谨慎论证。同时，开发建成的地下公共服务设施要有良好的导向性及舒适的内部环境。

规划应结合规划区发展实际，在充分调研城市地下商业开发及投资市场活跃度的基础上，系统分析规划区发展地下公共服务设施的必备条件，并结合规划区主要商业中心及交通枢纽，论证地下公共服务设施的选址可行性，同时分析开发规模，并对运营管理提出保障措施。

具体可按如下体系编制：

①城市及规划区地下公共空间建设现状调研及问题分析。

②规划区地下公共服务设施建设的必备条件分析。

③规划区地下公共服务设施需求预测分析。

④规划区地下公共服务设施的发展目标与策略。

⑤规划区地下公共空间的规划布局。

（4）地下人防及防灾设施系统规划。应以城市及规划区综合防灾系统建设现状为宏观背景，探索规划区地下空间防空防灾设施与城市防灾系统的结合点，根据城市人防工程建设要求，预测规划区地下人防工程需求，合理安排各类人防工程设施规划布局，制定各类设施建设规模和建设要求，系统提出人防工程设施、地下空间防灾设施与城市应急避难及综合防灾设施的结合发展模式、规划布局以及建设可行性，并对提高地下空间内部防灾性能提出建议和措施。

具体可按如下体系编制：

①城市及规划区人防工程及地下防灾设施建设现状调研。

②规划区人防工程及地下防灾设施需求预测分析。

③规划区人防工程及地下防灾设施的发展目标与策略。

④规划区人防工程规划布局。

⑤规划区地下综合防灾设施规划布局。

⑥规划区人防及地下防灾设施与城市建设相结合的实施模式分析。

11. 地下空间生态环境保护规划

应从地下水环境、振动、噪声、大气环境、环境风险、施工弃土、辐射、城市绿化等方面，对地下空间开发利用对区域生态环境的影响方式、影响程度进行定量或定性分析，客观评价地下空间开发利用对城市大气环境质量和绿化系统的积极改善作用，同时对可能引起的各种环境污染提出规划阶段的减缓措施和建议。

具体可按如下体系编制：

①规划区城市生态环境保护现状。

②规划区地下空间开发与生态环境的相互作用机制。

③规划区地下空间开发对典型生态环境问题的影响与保护措施。

④地下空间开发建设的环境风险评价方法及保护政策建议。

12. 地下空间近期建设规划

结合城市近期建设计划，确定规划区地下空间近期发展重点地区及近期重点建设设施。

13. 地下空间远景发展规划

确定规划区地下空间远期目标和愿景。

14. 地下空间规划实施保障机制

应结合目前国内外地下空间开发投融资实践中的典型做法与热点问题进行评析，并结合规划区地下空间开发的实际特点，从政策保障机制、法律保障机制、规划保障机制、开发机制和管理机制等方面提出规划区地下空间开发实施具体机制和政策建议，确定地下公共空间的建设、运营和管理及产权归属等重大问题。

具体可按如下体系编制：

①规划区地下空间建设实施保障措施现状。

②国内外地下空间建设管理保障措施借鉴。

③规划区地下空间管理体制、机制和法制适用性及模式。

（四）城市地下空间总体规划的编制成果

城市地下空间总体规划的成果应包括规划文本、规划图纸及附件三部分。

1. 规划文本的主要内容

（1）总则。说明规划编制的背景、目的、依据、指导思想和原则、规划期限、规划区范围等。

（2）城市地下空间资源开发利用与建设的基本目标。根据城市地下空间资源开发利用现状的调研成果，结合城市开发建设的总体目标，明确与城市总体发展相协调的城市地下空间资源开发利用与建设的基本目标。

（3）城市地下空间开发利用的功能规划。根据城市发展特点，经济、社会与科技发展水平，预测城市地下空间资源开发利用的主要功能和发展方向，明确地下空间开发利用承担的城市机能。

（4）城市地下空间开发利用的总体规模。根据城市地下空间资源开发利用的特点、城市发展的总体规模以及对地下空间开发利用的需求，预测规划期内城市地下空间开发利用的需求规模。

（5）城市地下空间开发利用与保护的空间管制。以地下空间资源评估为基础，对城市规划区内地下空间资源划定管制范围，包括地下空间禁建区、限建区、适建区和已建区界限及对应的管控措施。

（6）城市地下空间开发利用的总体布局规划。根据城市发展的总体目标，阐明城市地下空间布局的调整与发展的总体战略，确定地下空间开发利用的布局原则、结构与要点。划定城市地下空间开发利用的重要节点地区，阐明城市各个重要节点地区地下空间开发利用与建设的目标、方针、原则等总体框架。

（7）城市地下空间开发利用的竖向分层规划。根据城市地下空间资源开发利用的特点，结合地下空间开发利用的需求与可能性，确定城市地下空间的竖向分层原则、方针和空间区划。

（8）城市地下空间功能系统专项规划。明确城市轨道交通系统、地下道路与停车系统、地下市政基础设施系统、地下公共服务设施系统、地下防灾系统、地下物流与仓储系统等专项系统的总体规模和布局、建设方针与目标及与城市地面专项系统的协调关系等。

（9）城市地下空间的近期建设与远景发展规划。阐明近期建设规划的目标与原则、功能与规模，对重点项目提出投资估算，提出远期发展的方向和对策措施。

（10）规划实施的保障措施。提出城市地下空间资源综合开发利用与建设模式，以及相应的规划管理措施和建议。

（11）附则与附表。

2. 主要规划图纸

（1）城市地下空间资源开发利用现状图。按地下空间利用形式、开发深度、平时和战时使用功能分别绘制不同的现状分析图。

（2）城市地下空间资源的适建性分布图。主要反映地下空间禁建区、限建区、适建区和已建区界限。

（3）城市地下空间总体布局图。主要反映规划期末形成的地下空间结构内容，包括平面布局和竖向分层布局。

（4）城市地下空间重点开发利用区域布局图。主要反映规划范围内，地下空间重点开发区域范围。

（5）城市地下空间功能布局规划图。

（6）城市地下空间设施系统规划图。主要包括地下交通设施规划图、地下公共服务设施规划图、地下综合管廊和市政设施规划图、地下工业仓储设施规划图等。目前尤其是地下交通设施规划图，主要反映地下轨道交通、地下机动车通道、地下人行通道、地下机动车社会停车场等规划内容。

（7）地下空间近期开发建设规划图。重点反映地下空间近期建设重点区域和重点建设项目。

（8）地下空间远景发展规划图。

3. 附件

附件通常包括规划说明书、基础资料汇编和专题研究成果报告等。

二、城市地下空间控制性详细规划的编制

通常，城市地下空间控制性详细规划可以单独编制，也可作为所在地区控制性详细规划的组成部分。单独编制的地下空间控制性详细规划，一般以城市规划中的控制性详细规划为依据，属于“被动”型的补充性地下空间控制性详细规划。如果城市地下空间控制性详细规划与地区控制性详细规划协同编制，则属于“主动”型的城市地下空间控制性详细规划，易形成地上、地下空间一体化的控制。

（一）城市地下空间控制性详细规划的编制任务

地下空间控制性详细规划是以落实地下空间总体规划的意图为目的，以量化指标将总体规划的原则、意图、宏观的控制转化为对地下空间定量、微观的控制，从而具有宏观与微观、整体与局部的双重属性，既有整体控制，又有局部要求；既能继承、深化、落实总体规划的意图，又可对修建性详细规划的编制提出指导性的准则。在管理上，城市地下空间控制性详细规划将地下空间总体规划宏观的管理要求转化为具体的地块建设管理指标，使规划编制与规划管理及城市土地开发建设相衔接。

具体来说，城市地下空间控制性详细规划的编制任务包括：

（1）根据城市地下空间总体规划的要求，确定规划范围内各类地下空间设施系统的总体规模、平面布局和竖向关系等，包括地下交通设施系统、地下公共空间设施系统、地下市政设施系统、地下防灾系统、地下仓储与物流系统等。

（2）针对各类地下空间设施系统对规划范围内地下空间的开发利用要求，提出城市公共地下空间开发利用的功能、规模、布局等详细控制指标；对开发地块地下空间的控制，以指导性为主，仅对开发地块地下空间与公共地下空间之间的联系进行详细控制。

（3）结合各类地下空间设施系统开发建设的特点，对地下空间使用权的出让、地下空间开发利用与建设模式、运营管理等提出建议。

（二）城市地下空间控制性详细规划的编制内容

城市地下空间控制性详细规划的内容体系主要包括以下几点：

1. 上位规划（地下空间总体规划）要求解读

对规划区上位规划进行分析解读，挖掘上位规划中对规划区地下空间的要求及总体指导，梳理地下空间发展需求及重点。

2. 重点地区地下空间设施规划

包括重点地区地下空间总体布局及分项系统布局规划，具体可按下列体系编制：

①重点地区地下空间总体规划。

②重点地区地下交通设施系统规划。

③重点地区地下公共服务设施系统规划。

④重点地区地下市政公用设施系统规划。

⑤重点地区地下人防及防灾设施系统规划。

3. 地下空间规划控制技术体系

明确公共及非公共地下空间的规定性与引导性要求，具体可按下列体系编制：

①公共性地下空间开发规定性与引导性控制要求。

②非公共性地下空间开发规定性与引导性控制要求。

③公共性与非公共性地下空间开发衔接控制要求。

④地下空间分项系统设施规定性与引导性控制要求。

4. 地下空间使用功能及强度控制

确定规划区地下空间开发利用的功能及对各类地下空间开发进行强度控制。

5. 地下空间建筑控制

地下空间建筑控制包括地下空间平面建筑控制和地下空间竖向建筑控制。

6. 地下空间分项设施控制

地下空间分项设施包括各分项设施规模、地下化率、布局、出入口、竖向、连通及整合要求等。重点对地下车行及人行连通系统、地下公共服务设施、综合管廊、公共防灾工程等设施提出控制要求，具体可按下列体系编制：

①地下交通设施系统控制及交通组织控制。

②地下公共服务设施系统控制。

③地下市政公用设施系统控制。

④地下公共防灾设施系统控制。

7. 绿地、广场地下空间开发控制

对绿地、广场地下空间，根据使用功能、开发强度的需求进行开发控制。

8. 地下空间规划控制导则

根据规划控制指标体系制定规划区地下空间开发利用管制导则，包括地下空间使用功能、强度和容量，地下空间的公共交通组织，地下空间出入口，地下空间高程，地下公共空间的管制，地下公共服务设施、公共交通设施和市政公用设施管制等，并对规划区的控制性详细规划进行校核和调整，制订管理单元层面的地下空间开发控制导则。

9. 分期建设时序控制

结合地下空间功能系统开发建设的特点，提出规划区地下空间开发的分期建设及时序控制。

10. 法定图则绘制

绘制体现规划区内各开发地块地下空间开发利用与建设的各类控制性指标和控制要求的图则。

11. 重要节点设计深化

对交通枢纽、核心公建片区、公共绿地、公园地下综合体等节点进行深化，进一步明确公共性及非公共性地下空间建设实质范围。重点对地下空间节点的城市设计、动态及静态交通组织、防灾（含消防、人防）设计引导，以及分层布局、竖向设计、衔接口、出入口及开敞空间等进行设计，并对建设方式、工法、工程安全措施进行说明，测算技术经济指标及投资估算。

（三）城市地下空间控制性详细规划的编制成果

城市地下空间控制性详细规划是城市控制性详细规划的有机组成部分，规划成果包括规划文本、规划图纸与控制图则、附件。

1. 规划文本的主要内容

（1）总则。说明规划的目的、依据、原则、期限、规划区范围。

（2）城市地下空间开发利用的功能与规模。阐明规划区内城市地下空间开发利用的具体功能和规模。

（3）地下空间开发利用总体布局结构。确定规划区内城市地下空间开发利用的总体布局、深度、层数、层高以及地下各层平面的功能、规模与布局。

（4）地下空间设施系统专项规划。对各类地下空间设施系统进行专项规划，明确各类系统的具体控制指标。

（5）对公共地下空间开发建设的规划控制。根据城市地下空间功能系统和土地使用的要求，明确公共地下空间开发的范围、功能、规模、布局等，明确各类地下空间设施系统之间以及公共地下空间与地上公共空间的连通方式。

（6）对开发地块地下空间开发建设的规划控制。根据城市地下空间功能系统和规划地块的功能性质，明确各开发地块地下空间开发利用与建设的控制要求，包括地下空间开发利用的范围、强度、深度等，明确必须开放的公共地下空间范围以及与相邻公共地下空间的连通方式。

（7）城市地下防空与防灾设施系统规划。提出人防工程系统规划的原则、功能、规模、布局以及与城市建设相结合、平战结合等设置要求。

（8）近期城市地下空间开发建设项目规划。对规划区内地下空间的开发利用进行统筹，合理安排时序，对近期开发建设项目提出具体要求，引导项目设计。

（9）规划实施的保障措施。提出地下空间资源综合开发利用与建设模式以及规划实施管理的具体措施和建议。

（10）附则与附表。

2. 规划图纸构成

（1）地下空间规划区位分析图。

（3）地下空间设施系统规划图。

（4）地下空间分层平面规划图。

（5）地下空间重要节点剖面图。

（6）地下空间近期开发建设规划图。

3. 控制图则

将城市地下空间规划对城市公共地下空间以及各开发地块地下空间开发利用与建设的各类控制指标和控制要求反映在分幅规划设计图上。

4. 附件

附件包括规划说明书、专项课题的研究成果报告等。

三、城市地下空间修建性详细规划的编制

在编制城市重要地段和重要项目修建性详细规划时，应同步编制城市地下空间修建性详细规划。

（一）城市地下空间修建性详细规划的编制任务

城市地下空间修建性详细规划是以落实地下空间总体规划的意图为目的，依据地下空间控制性详细规划所确定的各项控制要求，对规划区内的地下空间平面布局、空间整合、公共活动、交通系统与主要出入（连通）口、景观环境、安全防灾等进行深入研究，协调公共地下空间与开发地块地下空间以及地下交通、市政、民防等设施之间的关系，提出地下空间资源综合开发利用的各项控制指标和其他规划管理要求。

（二）城市地下空间修建性详细规划的编制内容

城市地下空间修建性详细规划通常应包括如下主要内容：

（1）根据城市地下空间总体规划和所在地区地下空间控制性详细规划的要求，进一步确定规划区地下空间资源综合开发利用的功能定位、开发规模以及地下空间各层的平面和竖向布局。

（2）结合地区公共活动特点，合理组织规划区的公共性活动空间，进一步明确地

下空间体系中的公共活动系统。

（3）根据地区自然环境、历史文化和功能特征，进行地下空间的形态设计，优化地下空间的景观环境品质，提高地下空间的安全防灾性能。

（4）根据地区地下空间控制性详细规划确定的控制指标和规划管理要求，进一步明确公共性地下空间的各层功能、与城市公共空间和周边地块的连通方式；明确地下各项设施的设置位置和出入交通组织；明确开发地块内必须开放或鼓励开放的公共性地下空间范围、功能和连通方式等控制要求。

（三）城市地下空间修建性详细规划的编制成果

1. 专题研究报告

（1）城市地下空间开发利用的现状分析与评价。

（2）城市地下空间开发利用的功能、规模与总体布局。

（3）城市地下空间竖向设计。

（4）城市地下空间分层平面设计。

（5）城市地下空间交通组织设计。

（6）城市地下空间公共活动系统组织设计。

（7）城市地下空间景观环境设计。

（8）城市地下空间的环保、节能与防灾措施。

（9）规划实施建议。

2. 规划设计文本

（1）总则。

（2）设计目的、依据和原则。

（3）功能布局规划与平面设计。

（4）竖向设计。

（5）交通组织设计。

（6）公共活动网络系统设计。

（7）景观与环境设计。

（8）城市地下空间开发建设控制规定。

（9）附则与附表。

3. 规划图纸

（1）城市地下空间区位分析图。

（2）城市地下空间功能布局规划图。

（3）城市地下空间分层平面设计图。

（4）城市地下空间竖向设计图。

（5）城市地下空间交通组织设计图。

（6）城市地下公共活动网络系统设计图。

第三节　城市地下空间环境设计

在《城市地下空间利用基本术语标准》（JGJ/T 335）中，地下空间环境的定义表述为："地下空间内部的声、光、热、湿和空气洁净度等物理环境，以及内部空间的形状、尺度、材料质感、色彩、盲道、语音等感知环境的总称。"从狭义上来说，地下空间环境就是人们所能看到的，一个由长度、宽度、高度所形成的空间区域，包括空间的本体和空间内所包含的一切物质组合成的环境。良好的地下空间环境将在构建地下空间时扬长避短，充分发挥城市地下空间环境的优势，促进城市地下空间环境的宜居性，提高地下空间的综合开发利用效益。

一、城市地下空间环境概述

（一）地下空间环境的基本特点

城市地下空间环境的特点主要是与地上建筑的特点相对比而言，并且是从人本位的角度分析得来的。地下空间的特点中既有有利于人活动的因素，也有不利的一面。地面建筑的环境可以依靠自然调节，如天然采光、自然通风等，来保持良好的建筑环境，这样做既节省能源，也可获得较高质量的光线和空气；而地下建筑，包括地面上无缝建筑的密闭环境，则更多地要依靠人工控制。

地下空间的建筑物或构筑物建造在土层或岩层中，直接与岩土介质接触，其空气、光、声及空间等环境有别于地面建筑环境，使得地下空间环境具有以下特点：

1. 空气环境

（1）温度与湿度。由于岩土体具有较好的热稳定性，相对于地面外界大气环境，地下建筑室内自然温度在夏季一般低于室外温度，冬季高于室外温度，且温差较大，具有冬暖夏凉的特点。但由于地下空间的自然通风条件相对较差，因此通常又具有相对潮湿的特点。

（2）热、湿辐射。地下建筑直接与岩土或土壤接触，建筑围护结构的内表面温度既受室内空气温度的影响，也受地温的作用。当内表面温度高于室温时，将发生热辐射现象；反之则出现冷辐射，温差越大，辐射强度越高。岩体或土中所含的水分由于静水压力的作用，通过围护结构向地下建筑内部渗透，即使有隔水层，结构在施工时留下的水分在与室内的水蒸气分压值有差异时，也将向室内辐射，形成湿辐射。如果结构内表面达到露点温度而开始出现凝结水，则水分将向室内蒸发，形成更强的湿辐射现象。

（3）空气流速。通常，地下建筑中空气流动性相对较差，直接影响人体的对流散热和蒸发散热，影响人体舒适感。因此，保持适当的气流速度，是使地下空间环境舒适的重要措施之一，也是衡量舒适度的一个重要指标。

（4）空气洁净度。空气中的 O_2、CO、CO_2 气体的含量、含尘量及链球菌、霉菌等细菌含量是衡量空气洁净度的重要标准。地下建筑通常室内潮湿，容易滋生蚊、蝇害虫及细菌，部分地下空间设施如地下停车场、地下道路等易产生废气、粉尘，因此应设置相应的通风和灭菌措施。此外，受地下空间围岩介质物理、化学和生物性因素影响，以及建筑物功能、材料、经济和技术等因素制约，地下空间还可能存在许多关系到人体健康和舒适的环境特点。例如，组成地下空间的围岩和土壤存在一定的放射性物质，不断衰变产生放射性气体氡；建筑装饰材料也会释放出多种挥发性有机化合物，如甲醛、苯等有毒物质；人们在活动中也会产生一些有害物质或异味，影响室内空气质量。

2. 光环境

地下空间具有幽闭性，缺少自然光线和自然景色，环境幽暗，给人的方向感差。为此，在地下空间环境处理中，对于人们活动频繁的空间，要尽可能地增加地下空间的开敞部分，使地下与地面空间在一定程度上实现连通，引人自然光线，消除人们的不良心理影响。色彩是视觉环境的内容之一，地下空间环境色彩单调，对人的生理和心理状态有一定影响，和谐淡雅的色彩使人精神爽适，刺激性过强的色彩使人精神烦躁，比较好的效果是在总体上色调统一和谐，在局部上适当鲜艳或有对比。

3. 声环境

地下空间与外界基本隔绝，城市噪声对地下空间的影响很小。在室内有声源的情况下，由于地下建筑无窗，界面的反射面积相对增大，噪声声压级比同类地面建筑高。在地下空间，声环境的显著特点是声场不扩散，声音会由于空间的平面尺度、结构形式、装修材料等处理不当，出现回声、声聚焦等音质缺陷，使得同等噪声源在地下空间的声压级超过地面空间 5 ~ 8dB，加大了噪声污染。

4. 内部空间

地下空间相对低矮、狭小，由于视野局限，常给人幽闭、压抑的感觉。空间是地下空间环境设计中最重要的因素，它是信息流、能量流、物质流的综合动态系统。地下空间中的物流由光、电、热及声等物理因素转换和传递；信息流由视觉、听觉、触觉及嗅觉等构成，它们共同构成了空间环境的物质变化、相互影响与制约的有机组成部分。

（二）地下空间环境对人的心理和生理影响

地下空间的内部环境主要依靠人工控制，在很大程度上是一种人工环境，它对人的心理和生理都有一定的影响。

地下空间相对比较狭小，在嘈杂、拥挤的环境中停留，缺乏熟悉的环境、声音、光线及自然景观，会使人心理上对陌生和单一的环境产生恐惧和反感，并有烦躁、感觉与世隔绝等不安反应。受到不同的生活、文化背景的影响，以及对地下空间的认知不足，不少人可能会产生幽闭恐惧症。在地下空间中采用人工照明设施，虽然能满足日常的生活和工作的需要，但是无法代替自然光线给人们的愉悦感，人长时间在人工照明中生活和工作，会反感和疲劳，从而影响生活情绪和工作效率。因此，地下空间易使人在心理上产生封闭感、压抑感，从而影响地下空间的舒适度。

在地下空间环境中缺少地面的自然环境要素，如天然光线不足、空气流动性差、湿度较大、空气污染等，因此对生理因素的影响很复杂。天然光线不足是一项影响生理环境的重要因素，外界可见光与非可见光的某些成分对生物体的健康是必不可少的，如天然光线照射会使皮肤下血管扩张、新陈代谢加快，增加人体对有毒物质的排泄和抵抗力，紫外线还具有杀菌、消毒的作用。由于地下空间环境封闭、空气流动性差，新鲜空气不足，空气中各种气味混杂会产生污染，且排除空气污染较为困难。此外，地下空间中湿度很大，容易滋生细菌、促进霉菌的生长、人体汗液不易排出或出汗后不易被蒸发掉。在这种环境下滞留过久，人容易出现头晕、胸闷、心慌、疲倦、烦躁等不适反应。环境心理与生理的相互作用、相互影响，会使得人们在地面建筑空间中感觉不到的生理影响被夸大，而这又反过来夸大了人们在地下的不良心理反应。表 6-1 是美国学者 JohnCarmody 通过系统研究后所做的总结，清晰明了地指出了地下建筑空间存在的主要问题。因此，在进行地下空间环境设计时需要考虑多方面的因素，减少人的不适感，降低人产生的负面心理影响，最大程度改善地下空间环境，创造舒适宜人的地下空间环境。

（三）地下空间环境心理舒适性营造

在现阶段地下空间的环境设计中，往往重视对物理（生理）环境要素如通风、光照、温湿度的控制，而容易忽视对人的心理舒适性因素的调节。此处参考国内学者束昱教授的研究工作，对地下空间环境心理舒适性营造的相关问题进行介绍。地下空间环境心理舒适性主要表现在方向感、安全感和环境舒适感这三方面。其中方向感和安全感不难理解，而环境舒适感主要包括方便感、美感、宁静感、拥挤感、生机感等诸方面。

1. 地下空间环境心理舒适性营造对象

（1）空间形态。地下空间是由实体（墙、地、棚、柱等）围合、扩展，并通过视知觉的推理、联想和“完形化”形成的三度虚体。地下空间形体由空间形态和空间类型构成，形式、尺度、比例及功能是其构成的要素，合理规划地下空间形态，可以改善地下空间环境，创造人性化、高感度的地下空间环境。

（2）光影。地下空间环境内的光影主要依靠灯光效果产生，也可以通过自然光引入。不同的光影效果可以给人带来不同的心理效果，好的光影效果不仅可以突出空间的功能性，还可以消除地下空间带给人的封闭感和压抑感等不良感受。

（3）色彩。色彩构成有色相、明度和纯度三个要素。色相是色彩相貌，是一种颜色明显区别于其他颜色的表象特征。明度是色彩的明暗程度，是由色彩反射光线的能力决定的。纯度是纯净程度，或称彩度、饱和度，反映出本身有色成分的比例。根据实验心理学研究，人们在色彩心理学方面存在着共同的感应，主要表现在色彩的冷与暖、轻与重、强与弱、软与硬、兴奋感与沉静感、舒适感与疲劳感等多个方面。感官刺激的强与弱可决定色彩的舒适感和疲劳感，因此可以利用色彩刺激视觉的生理和心理所起的综合反应来调节人的舒适感和疲劳感。在公共交通导向系统的设计中，采用易见度高的色彩搭配不仅能提高视觉传播的速度，还能利用其较高的记忆率，增强导向系统的导向功能。

（4）纹理。纹理主要通过视觉、知觉及触觉等给人们带来综合的心理感受。例如：纹理尺度感对改善空间尺度、视觉重量感、扩张感都具有一定影响，纹理的尺度大小、视距远近会影响空间判断；纹理感知感是对视觉物体的形状、大小、色彩及明暗的感知，通过接触材料表面对皮肤的刺激产生极限反应和感受；纹理温度感通过触觉感知材料的冷热变化，物体的形状、大小、轻重、光滑、粗糙与软硬；纹理质感通过人的视觉、触觉感受材质的软与硬、冷与暖、细腻与粗糙，反映出质感的柔软、光滑或坚硬，达到心理联想和象征意义。

（5）设施。地下空间设施以服务设施为主，由公共设施、信息设施、无障碍设施等要素构成。其作用除了为地下空间提供舒适的空间环境外（使用功能），其形态也对地下空间起着装饰作用，两者都对人的心理感受起着一定作用。

（6）陈设。陈设指的是地下空间内的装饰，一般由雕塑、织物、壁画、盆景、字画等元素构成，是营造地下空间环境的重要组成部分，直接决定了地下空间带给人们的心理感受。

（7）绿化。绿化由植物、水及景石等元素构成。随着地下空间的发展，地下商业、地下交通的增多，越来越多的人停留在地下空间，人们更渴望拥有绿色地下空间，满足高质量的环境，提高舒适度。

（8）标识。地下空间的标识效应通过功能传达体现，具体包括：地下空间中标识具有社会功能，直观地向大众提供清晰准确信息，增强地下空间环境的方位感；地下空间中标识传达一定的信息指令，指引人群快速、安全完成交通行为，满足人群的心理安全感；语音、电子及多媒体，提供多种信息语言交换更替的导向，如声音的传播、手的触摸和视觉信息等方面，展示、观看相关的资讯，改善封闭、无安全感的地下空间环境；标识系统创造地下空间的方向感、安全感，满足视觉传达功能的可达性、方向性。

2. 地下空间环境心理舒适感营造效果

（1）方向感。方向感就是通常所说的“方向辨知能力”。在地面上我们可以通过各种参照物进行方向的辨别，在地下空间中没有地面上那么多参照物，主要利用标识系统来进行地下空间方向的引导。除此之外，还可以利用空间、色彩、明暗的引导性来增强地下空间的方向感。一个信息不明、方向感混乱的环境往往会使人产生很大的精神压抑感和不安定感，严重时还会产生恐慌的心理感受；一个易于识别的环境，则有助于人们形成清晰的感知和记忆，给人带来积极的心理感受。

（2）安全感。安全感是一种感觉，具体来说是一种可让人放心、可以舒心的心理感受。地下空间让人产生的不安全的感觉主要来自人们对地下潮湿、阴暗、狭小、幽闭等不良印象和地下空间带给人的不良心理体验。好的地下空间环境设计会使人变得安心，丝毫感受不到身处地下，更不会觉得不安。

（3）环境舒适感。环境舒适感其实可以认为是良好的空间环境与人文艺术带给人的积极心理感受，可以是宁静、安详，也可以是欢快、愉悦。地下空间环境心理舒适性营造其实就是要营造这种让人感到舒适的环境氛围。

（四）地下空间环境设计的基本原则

城市地下空间环境设计，具体来说就是通过地下空间环境对人们产生的心理和生理两方面的影响进行分析，用室内设计和景观设计营造出舒适、具有空间感的地下空间环境。在城市地下空间环境设计中，应满足的一些基本原则如下：

1. 安全原则

为了让人们在地下空间感觉安全、舒适，在进行地下空间环境设计的时候，必须营造出具有安全感的环境氛围。设计时要注意以下几个方面的要点：

（1）肌理变化。采用不同肌理材质的建筑材料进行铺装有助于对人们的提醒、警示。如地下空间高差有变化的区域，可以对材质不同的建筑材料进行一定的装饰，或者可以利用颜色以及图案等互不相同的建筑材料进行装饰，吸引人们对空间高差的注意。

（2）色彩引导。日常生活中人们观察出来的颜色在很大程度上受心理因素的影响，它往往与心理暗示有着很紧密的联系。色彩还具有引导提示的作用，这点已经在地下交通空间中广泛运用。例如，红色表示禁止、蓝色表示命令、绿色表示安全。

（3）照明设置。地下空间的一个很大局限性就是无法直接受到阳光的照射，因此地下主要的采光手段就是灯光照射，所以在设置灯光时一定要考虑到人们的生理以及心理等双重反应，对光源进行合理的布置和组织，能够让地下空间的路面有比较适宜的亮度，照明效果比较均匀，避免出现强光或者是闪烁给人们的活动造成不适感。此外，灯光的设置还需要考虑到视觉上的诱导特性。

2. 舒适性原则

（1）声环境与噪声的控制。由于地下空间具有一定的封闭性，因此机械运动发出的噪声造成的分贝强度要高出地面很多，如果人体长时间处于这种环境里，将会对生理方面产生很大的影响。此外，地下空间还有一定的隔绝性，因此有些空间里不会出现人们日常生活中的一些声响，会有一种过分安静的感觉，很容易使人产生不适感。为了使人们在地下空间感觉舒适，需要采用各种先进的技术控制方法，合理控制噪声强度。

（2）光环境与自然光的引入。由于人们对自然阳光、空间方向感、阴晴变化等自然信息感知的心理要求，在地下空间中，必须要涉及自然光的引入。自然光在地下空间中充分使用既对人体健康有益，更是低碳环保生活方式的体现。通过自然采光的方式能够将地下环境的通风进行有效的改善，还能够使地下空间的层次感更加立体性，避免出现封闭以及阴暗等现象。总之，地下空间中必须有序地引入自然光，这对改善地下空间景观环境氛围有着极其重要的作用。

（3）热环境、温度及湿度的环境控制。由于地下空间具有热稳定性，受到温度的影响比较小，因此在调节地下空间温度时只需要根据地下空间的主要用途以及需求来操作即可。调节地下空间内的湿度则是一个非常重要的问题，由于地下空间湿度通常较大，必须设有控湿和除湿的设备，如空调、除湿机等。

（4）空气环境与空气整体质量的控制。地下空间由于其自身的一些特点，容易产生明显的阴暗潮湿现象，而且空气交换难度比地面建筑大，因此会产生更多的污染物。人长时间置身于污染气体浓度过大的环境中必定会影响身体健康，因此必须采用相关技术措施增强其空气的流通性，改善环境，获得宜人的空气质量

3. 艺术性原则

每一种社会形态都有与其相适应的文化，它是人类为使自己适应其环境和改善其生活方式的努力的总成绩。所以地下空间环境的创造与设计，不仅要为人们带来生活上的便捷，还要能够满足人们在文化审美上提出的要求，在设计过程中能够表现出更多的艺术文化色彩。

4. 人性化原则

在地下空间的开发利用设计的过程中，需要体现遵循人性化原则，设计方式大体有以下 3 种：

（1）无障碍设计。为了方便视障人士的出行，现今的地下空间中基本都设置了盲道，此外对于其他很多行动不方便的人来说，在地下空间相互转换的地方还需要设置一些辅助设施确保他们的安全。

（2）信息导向系统设计。在地表下无法跟地面上一样分辨方向时可以参考相对的

参照物，无法对方向进行准确的辨别。因此，在进行地下空间环境的设计过程中，就需要专门设立信息系统进行导向。目前我国各大城市地铁站的信息导向系统虽然还有很多方面需要继续改进，但相比其他一些类型的地下空间设施来说，其设计水平相对来说比较成熟。

（3）配套服务设施设计。在不同的地下空间里，人们会从事不同的工作、行动及休息等。为了方便人们在地下空间活动，地下空间中必须设置必要的休息设施及配套服务设施，如座椅、报刊亭、电子显示屏、洗手间、服务站等，同时这些设施设计应该满足人性化的需求。

5. 和谐性原则

在对城市整体设计的过程中，要将地下设计和地上设计看成一个整体，体现出整个城市的统一性，保持地上、地下的协调性。尤其是在设计地下空间的出入口时，要使其与周围环境相协调，采用色彩的过渡、植物景观的过渡等手法，来降低人们进入地下空间时的一些不适感。

二、城市地下空间的物理环境设计

营造舒适的地下建筑空间，需要设计良好的地下空间物理环境，主要包括：光环境、空气环境、声环境、嗅觉环境和触觉环境，其中光环境和空气环境尤其具有重要意义。

（一）光环境

光是地下建筑和室内设计的重要组成元素，人的信息感知的主要手段还是依靠视觉系统。所以，塑造地下空间内部良好的光环境，对于创造地下空间室内环境具有重要作用。光环境设计既涉及物理内容，也涉及心理内容。这里仅介绍其技术性能方面的内容，例如：光源选择、光源颜色、照度对比、照明标准、眩光控制等相关内容，与心理舒适性营造相关的光环境设计内容，将在本书第 6.3.1 节中介绍。

1. 光源选择

光源选择应综合考虑光色、节能、寿命、价格、启动时间等因素，常用的光源有白炽灯、荧光灯、高强气体放电灯、发光二极管、光纤、激光灯等。白炽灯是将灯丝加热到白炽的温度，利用热辐射产生可见光的光源。常见的白炽灯有普通照明白炽灯、反射型白炽灯、卤钨灯等。考虑到节能的要求，目前已经严格控制使用白炽灯，仅使用于一些对装饰要求很高的场所。

荧光灯是一种利用低压汞蒸气放电产生紫外线，激发涂敷在玻管内壁的荧光粉产生可见光的低压气体放电光源，具有发光效率高、灯管表面亮度及温度低、光色好、品种多、寿命长等优点。荧光灯的主要类型有直管型、紧凑型、环形荧光灯等 3 大类。

高强气体放电灯（HID）的外观特点是在灯泡内装有一个石英或半透明的陶瓷电弧

管，内充有各种化合物。常用的HID灯主要有荧光高压汞灯、高压钠灯和金卤灯3种。HID灯发光原理同荧光灯，只是构造不同，内管的工作气压远高于荧光灯。HID灯的最大优点是光效高、寿命长，但总体来看，有启动时间长（不能瞬间启动）、不可调光、点灯位置受限制、对电压波动敏感等缺点，因此多用作一般照明。

发光二极管（LED）具有省电、超长寿命、体积小、工作电压低、抗震耐冲击、光色选择多等诸多优点，被认为是继白炽灯、荧光灯、HID灯之后的第四代光源，目前已经普遍用于普通照明、装饰照明、标志和指示牌照明。

光纤照明是利用全反射原理，通过光纤将光源发生器所发出的光线传送到需照明的部位进行照明的一种新的照明技术。光纤照明的优点：一是装饰性强、可变色、可调光，是动态照明的理想照明设施；二是安全性好，光纤本身不带电、不怕水、不易破损、体积小、柔软、可挠性好；三是光纤所发出的光不含红外/紫外线，无热量；四是维护方便，使用寿命长，由于发光体远离光源发生器，发生器可安装在维修方便的位置，检修起来很方便。光纤照明的缺点：传光效率较低，光纤表面亮度低，不适合要求高照度的场所；使用时须布置暗背景方可衬托出照明效果；价格昂贵，影响推广。

激光是通过激光器所发出的光束，具有亮度极高、单色性好、方向性好等特点，利用多彩的激光束可组成各种变幻的图案，是一种较理想的动态照明手段，多用于商业建筑的标志照明、橱窗展示照明和大型商业公共空间的表演场中，可有效渲染商业气氛。

2. 光源色温

色温是光照明中用于定义光源颜色的物理量，是指将某个黑体加热到一定的温度所发射出来的光的颜色与某个光源所发射的光颜色相同时，黑体的温度称之为光源的颜色温度，简称色温，单位为开尔文（K）。色温低的光偏红、黄，色温高的光源偏蓝、紫。自然光的色温是不断变化的，早晚的色温偏低，而中午的色温偏高。另外，晴天的色温要比阴雨天的色温明显偏高。

光源的色温不同，光的颜色也不同，带来的视觉感觉也不相同。低色温的光源可以营造温馨浪漫、温暖、热烈的气氛，高色温的光源有利于集中精神、提高工作效率。光源的色温是选择光源时需要考虑的重要内容，不同的色温能形成不同的空间氛围，适用于不同的场合，如表6-2所示。

3. 光源照度

光的照度一般用勒克斯（lx）作为强度单位。自然光源的照度随季节、天气、光照角度和时间的变化而极不稳定，从中午的最高10000lx到傍晚室内的20lx快速变化着。进入夜间后自然光源几乎没有了，就必须依靠人工光源。

一般情况下，室内空间既有一般照明，又有局部照明，两者配合使用可以获得较好的空间氛围和节能效果。当然，从安全的角度出发，还应设置安全照明。为了避免照度对比太强而引起人眼的不舒服，工作面照度与作业面邻近区域的照度值不宜相差太大。

此外，还需要考虑避免眩光。对于直接型灯具（灯具可以分为直接型灯具、半直接型灯内部空间的表面装饰材料应尽量选用亚光或者毛面的材料，不宜选用表面过于光滑的材料，以避免产生反射眩光。

4. 照明标准

照明标准是进行照明设计的重要依据。不同功能的空间，有不同的照明设计标准。

（二）空气环境

衡量和评价地下建筑的空气环境有两类指标，即舒适度和清洁度。每一类中又包含若干具体内容，如温度、湿度、二氧化碳浓度等。

1. 空气质量标准

地下建筑空间的空气环境质量涉及很多内容，如温湿度、空气流速、新风量、各类有害物质含量等，其中不少指标直接影响人体健康和舒适度，必须在设计中严格执行。《室内空气质量标准》（GB/T18883）对住宅和办公建筑的室内空气质量提出了明确的无毒、无害、无异常嗅味要求，其他类型的建筑可参照执行。

2. 空气环境调节

在工程实践中，通常通过通风改善地下空间内的小气候，净化空气，并排出空气中的污染物，同时防止有害气体从室外侵人地下空间。

常见的通风方式有自然通风、机械通风及混合式通风。

（1）自然通风：是指以自然风压、热压及空气密度差为主导，促使空气在地下空间自然流动的通风方法。在地下建筑中，自然通风一般以热压为主，自然风压和密度差较小，常见的自然通风形式为通风烟囱 + 天井 / 中庭，一般适合于埋深、规模和洞体长度不大的地下空间，但受季节气候的影响较大。

（2）机械通风：是指利用通风机械叶片的高速运转，形成风压以克服地下空间通风阻力，使地面空气不断进入地下，沿着预定路线有序流动，并将污风排出地表的通风方法。根据风机安设的部位，机械通风方法可分为抽出式、压入式和抽 – 压混合式。当地下空间轴向长度较大或大深度时，为了达到通风效果，主要采用机械通风。

（3）混合式通风：是指利用自然通风和机械通风相结合的通风方法，适用于一些不能完全利用自然通风满足人的热舒适性和通风要求的地下建筑，尤其是位于温差较大的地区或深部地下空间的地下建筑。可在进风口设计空气净化设备，而在排风口设计能量回收装置，以利于节能。可调控的机械通风与自然通风相结合的混合式通风系统由于适应性强且具有较好的节能特性，在地下空间通风中广为采用。

（三）其他环境

地下建筑空间的声环境、嗅觉环境和触觉环境对营造舒适的内部环境也有很大的影响，需要设计师充分重视，协调各方面的因素，创造良好的使用环境。

1．声环境

人在室内活动对声环境的要求可概括为三个方面：一是声信号（语言、音乐）能够顺利传递，在一定的距离内保持良好的清晰度；二是背景噪声水平低，适合于工作和休息；三是由室内声源引起的噪声强度应控制在允许噪声级以下。此外，有一些建筑，如音乐厅、影剧院、会堂、播音室、录音室等，对声环境有更高的要求，如纯度、丰满度等。室内声源发出的声波不断被界面吸收和反射，使声音由强变弱的过程称为混响，反映这一过程长短的指标称为混响时间。为了满足一般的要求，主要的措施是保持室内适当的混响时间，并对噪声加以有效的控制。

在一般的建筑设计和室内设计中，声环境设计主要包括降低噪声和保持适当的混响时间。此外，在公共场所还需要适当布置电声设备，以供播放音乐和紧急疏散时使用。在地下建筑空间中，有时也会使用一些自然界的声音，如水流声、鸟鸣声等，配合自然景观，营造富有自然气息的环境，满足人们向往自然的心理需求。地下空间的声学环境涉及背景噪声、声压级的分布特点及不同条件下混响时间的变化规律等方面。为了把地下空间室内噪声控制在容许值以下，地下空间声学环境调节的主要方法是隔声、吸声、减振并对地下空间的形状进行合理规划。

2．嗅觉环境

为了保持室内良好的嗅觉环境，首先要解决通风问题。通过加强通风设施，增加新风量和换气次数，一方面可以降低地下环境空气中的污染物含量和消除异味，同时清新的空气也能使人感到心旷神怡。

此外，影响室内嗅觉环境的另一个重要因素是室内的各种不良气体，如厨房内的油烟、因不完全燃烧产生的一氧化碳、装饰材料的气味、人体呼出的二氧化碳及自身产生的味道等都不利于人体健康。为保持地下空间良好的嗅觉环境，在工程使用中还应经常性地进行除臭净化工作，常用措施有物理除臭、化学除臭等。在有些场合下，还需要考虑气味对人们的影响。在地下空间环境中采用与自然环境相关的香味，如柠檬、茉莉花、薰衣草等香味，也是嗅觉环境设计的一个重要方面。

3．触觉环境

在室内空间中如何处理好触觉环境也是需要考虑的问题。一般情况下，人们偏爱质感柔和的材料，以获得一种温暖感，因此在家庭室内环境中，常常使用木、藤、竹等天然材料。在地下建筑空间中，考虑到安全要求，一般使用具有不燃或难燃性能的人工材料，触感偏冷。因此，在符合安全要求的前提下，尽量选择触感较为柔软、较为温馨的材料、仿天然纹理的材料，以满足人们的触觉舒适感。此部分的工作，通常结合在地下空间的室内设计中进行。

三、城市地下空间的心理环境设计

城市地下空间的心理环境设计，主要体现在地下空间的室内设计、标识系统设计、服务设施设置等方面，营造出舒适的、具有美感的室内空间，并使地下空间具有灵动的空间感、生动的视觉感，来综合提高人的心理舒适性。

（一）地下空间室内设计

室内设计是建筑设计的一个分支，建筑设计是室内设计的基础和前提，室内设计则是建筑设计的细化和深化。通俗来讲，建筑设计就是人的骨骼、肌肉等主体构造，室内设计就是人的服装、化妆品等。地下空间建筑设计考虑的是建筑与环境的空间关系、建筑的空间造型、建筑的内部功能空间布局等，而地下空间室内设计考虑的是建筑和内部空间、内部空间与人的关系，着重考虑的是室内空间的二次分割、色彩、光照、材质、人体工学等方面如何适应人的生理和心理要求等。

1. 室内空间设计

室内空间设计，是对建筑设计所划分的内部空间进行二次分割，是对建筑物内部空间进行再组织、再调整、再完善和再创造的过程。地下建筑的室内空间设计，是对地下建筑进行空间的二次设计，进一步调整空间的尺寸和比例，重新组织新的秩序，满足地下建筑在内部功能使用及流线上的要求，并决定空间的虚实程度，解决空间之间的衔接、过渡、对比、统一的问题，为人们提供安全、舒适、方便、美观的室内活动空间。

地下建筑的室内空间设计，通常需要进行二次空间限定，它是在一次空间的基础上，根据建筑的功能需求，合理组织空间与流线，创造不同的空间。通常借助实体围合、家具、绿化、水体、陈设隔断等方式，创造出一种虚拟空间，也称为心理空间。地下建筑二次空间的形态构成有以下几种方式：绝对分隔，即根据功能要求，形成实体围合空间；局部分隔，即在大的一次空间中再次限定出小的、更合乎人体尺度的宜人空间；象征性分隔，即通过空间的顶、底界面的高低变化及地面材料、图案的变化来限定空间；弹性分隔，即根据功能变化可以随时调整分隔空间的方式。对于不同的建筑功能类型，不同的空间需求，可以灵活选择合适的空间分隔方式。

2. 界面设计

在地下建筑的二次空间分割中，必然会涉及围合空间的要素实体，主要包括底面（楼、地面）、侧面（墙面、隔断）和顶面（平顶、顶棚），通过实体构件如地面、墙面、柱、梁、天花板、隔断、楼梯等实现空间的分隔。在空间布局和组织确定后，界面处理就显得尤为突出，界面的造型、材质选择、色彩搭配、灯光渲染、风格统一、整体城市形象的凸显是表现地下空间品质的重要环节，而界面本身的个性表达也要满足功能技术和空间审美层次的双重需求。

顶面设计是地下空间界面设计中最重要的工作。由于各专业的设备及管道大多经顶部铺设，这也导致顶面在地下空间的室内设计中考虑的因素较为复杂。顶面的造型根据空间主次关系进行分隔，具有一定的视觉引导性，如地铁车站站厅的中庭式顶面设置，让乘客定位自己身处的位置。地下空间室内顶面根据造型通常分为平面式、坡式、拱式、穹隆式、井格式、凹凸式、不规则式等。国内地铁车站最常见的是金属悬挂式的平面顶，顶面造型整体而富有变化。

墙体作为地下建筑空间最基本的构成元素，根据造型可分为直线式、曲线式、不规则式等。墙体不仅充当着承重、分隔空间、视觉装饰效果的作用，还影响着人员动态流线。地下建筑结构的墙面设计可以结合地下空间的装饰风格，更好地表现空间的主题。

地面是乘客直接接触的界面部分，应注重与顶面和墙面装饰的呼应关系。除了考虑地面的物理属性（防滑等），也应注意运用色彩、纹理等元素把地面与其他界面装饰空间和谐地结合起来，使得地面与其他界面形成很好的呼应关系，达到整体空间的艺术美感。

楼梯是地下空间的立体风景线，连接上下空间的纽带，良好的楼梯设计可以提升整个空间的品质和氛围感。楼梯形式大体分为弧形微旋向上式楼梯、直线倾斜向上式楼梯、螺旋向上式楼梯等。在地铁车站中，考虑到较大的客流量，以直线倾斜向上式楼梯为主。

柱体是地下建筑空间不可缺少的结构构件，现代柱式根据形态可以分为几何式、弧形式、不规则式等。柱体本身的形态设计在空间中尤为重要，应注意空间形式与柱子的形态协调性，如柱形的线条、肌理、色彩、灯光等，展现空间整体性或凸显的关系。

界面的个体呈现，应在视觉上和结构上相互衬托有一定秩序，使地下空间给人以整体感。所以在设计的过程中，不宜把界面单独分开设计直至最后拼合成成品空间环境，应在明确设计主题的前提下，根据主题概念构成的设计要素，在保证整体空间装置统一性的同时，兼顾局部的个性化设计。通过个性与共性设计元素在立体空间中的相互呼应，最终使得立体环境变得整体柔和。

3. 色彩设计

地下空间内的色彩对人的心理有很大的影响，对于塑造良好的空间感、气氛、舒适度和提高空间使用效率有重要作用。良好的色彩搭配，能引起不同的心理感受，影响人的情绪。色彩设计既有科学性，又有很强的艺术性。从室内空间的色彩构成而言，主要分为背景色彩、主体色彩和强调色彩。背景色彩主要是指顶面、侧面、地面等界面的色彩，一般常常采用彩度较低的沉静色彩，发挥烘托的作用；主体色彩主要是指家具、陈设中的中等面积的色彩，是表现室内空间色彩效果的主要载体；强调色彩主要指小面积的色彩，起到画龙点睛的作用，一般用于重要的陈设物品。

物体的色彩包括了明度、色相和纯度三个属性，在这三个属性中，明度是最重要的一个属性。明度高的色彩搭配会让人产生活泼、轻快的感受，明度低的色彩搭配会让人产生稳重、厚重、压抑的感觉。色彩搭配明度差比较小的色彩互相搭配，可以塑造出优雅、稳定的室内氛围，让人感觉舒适、温馨。反之，明度差异较大的色彩互相搭配，会得到明快而富有活力的视觉效果。地下空间适合选择明度高一些的色彩，既能起到色彩更多的反射光线，增加光照，减少照明能耗，也能减少人们在地下空间中的压抑、沉闷的感受，让人产生愉快、轻松的心情。

人们基于对物理世界的感受和经验积累，会对色彩产生冷、暖等感受，比如红、橙、黄等色彩会让人产生与火焰、阳光的关联而产生温暖的感受，这样的色彩划分为暖色；而蓝、青等色彩会与水、冰等产生心理关联，会让人产生凉爽、冰冷的心理感受，这类色彩称之为冷色。在进行地下空间的色彩设计时要充分考虑地下空间所在的气候区域、地理位置，选择适合的主色调。例如在寒冷的地方，室内空气温度低，适合选择暖色调，这让人心理上感觉到温暖，甚至一定程度上能起到节能减排的作用。色彩对人的心理影响的运用还有很多深入的研究，比如蓝色、绿色让人感觉干净整洁，橙色、红色让人感觉活力等。

4. 材质选择

空间设计、界面设计的效果最终都离不开材料，选择恰当的材料是获得良好空间效果的必要一环。材料的外观质感往往与人的视觉感受、触觉感受有关，同时也与视觉距离有关。材料给人们的质感常常体现为粗糙和光滑、软与硬、冷与暖、光泽感、透明度、弹性、肌理等。在三维空间中，合理材质材料的运用常会比线条和图案的运用产生更高的视觉趣味性，例如天然粗糙材质的表面可以产生复杂的光影效果和由于触觉所带来的温暖感等。有时，局部暴露的岩石墙壁与由木材装饰的天花、墙壁结合使用，加上间接光源的使用，会产生一种特殊的效果。

围合地下建筑内部空间的表面处理，可以结合色彩、线条、图案以及材质进行灵活运用，这些要素的合理组合有助于强化空间的宽敞感，丰富视觉感受，创造一种高质量的室内空间环境。

5. 室内家具与陈设设计

地下空间的室内设计还包括家具、陈设、织物和绿化等“软装设计”，它有助于帮助实现内部空间的功能、提升内部空间的品质、营造内部空间的氛围，是室内设计整体的一个重要部分。

（1）家具。家具是人的活动必需的器具，也是满足室内空间使用功能的重要部分。

家具的种类繁多，按照风格来分，可以分为中式家具、欧式家具等；按照材质来分，可以分为木制家具、金属家具、藤编家具、塑料家具等；按照使用人的类别来分，可以分为公共家具、家居家具等。在选择地下空间室内家具时要考虑使用功能、安全、室内空间的大小、色彩、表面肌理以及耐久度等因素。例如对于地铁站厅的家具，一般采用简洁大方、安全、方便清洁、耐久的金属、木制、高分子塑料家具。家具的设计、选择和摆放，对室内空间来讲也是再一次的空间组织、空间分割和空间丰富的过程。

（2）织物。织物包括地毯、窗帘、台布、工艺品等，在室内环境中除了实用价值还具有较强的功能性、装饰性，是室内设计重要的设计元素。用于室内空间的织物可以分为实用性织物和装饰性织物两大类。

（3）陈设。室内的陈设的定义界限很模糊，大致分为功能性陈设和装饰性陈设两类。功能性陈设具有一定的使用价值，同时也有装饰性，如自动售货机、自动售票机、垃圾桶、饮水机等；装饰性陈设主要以满足审美需求为主，具有较强的精神功能，如绘画、雕塑、壁画、各类装饰工艺品等。陈设的种类很多，总体而言，在陈设的选择时，需要满足空间功能的需要、考虑所处室内空间对陈设品的要求以及周边环境的需要。

6. 绿植、水体

绿化、水体等自然景观元素是自然环境中最普遍、最重要的要素之一。人在地下空间活动时，只有感觉到与外部世界保持着联系，人们才能感到安心。把绿化、水体等自然景观元素引入地下空间中，是实现地下空间自然化的不可缺少的手段，可以让人联想到外部自然空间，消除潜意识中不良的心理状态，具有生态、心理、美学等方面的意义，而且对于改善地下空间环境质量有显著的效果。

在地下空间内部布置绿植，有利于环境的美化，满足人们亲近自然的心理需求。随着种植技术、采光技术的发展，越来越多的绿色植物进入到地下空间中，为地下空间带来了生机。在地下空间布置绿植，可以提供部分的氧气，吸收部分的二氧化碳，改善空气质量；可以吸收部分的噪声，在提高声学效果上起到一定的作用；可以起到空间限定的作用，丰富了空间层次；植被轮廓线条的多样性是增加空间趣味性的方法之一。

构成地下空间室内庭院景观效果的元素中，除了绿化外，山石、水体一样是建筑空间的重要组成部分，具有美化空间、组织空间、改善室内小气候等作用。水体不仅具有动感、富于变化，更能够使空间充满活力。它在改善人们的空间感受、增强空间的意境、美化空间造型等方面，都具有极其重要的作用。设计中常用的水体有瀑布、喷泉、水池、溪流等，这些水体与水生植物、石叠山、观赏鱼等共同组景，除了能带来视觉上的吸引力，将无形的水赋予人为的美的形式，还能够唤起人们各种各样的情感和联想。

研究表明，创造能直接欣赏水景、接近水面的亲水环境，可以使人们在视觉、触觉、听觉上都能感受水的魅力，以增强人们与自然的联系。同时，在地下空间环境设计中，绿化和水体山石常常相互组合搭配，共同创造出和谐、舒适的自然环境。同时，地下空间水体的营造也要注意避免其负面的影响，如地下水体的营造、运维需要不菲的资金投入，地下水体会增加地下空间空气的湿度等。

7. 照明设计

光是建筑设计和室内设计中非常重要的元素，除了满足物理要求（视觉、健康、安全等方面）外，还需要充分考虑人的心理和情绪要求。室内空间的照明，可以起到装饰元素的表达、空间环境氛围渲染、空间环境内容丰富、基于地域文化的归属感共鸣等作用，对于创造良好的室内环境和心理舒适性营造具有重要的作用。

（1）光线的种类

光线包括自然光和人工光。太阳光经大气层过滤后到达地球表面，并在地面产生漫反射，这种直射的阳光和经过漫反射的光线混合后，就形成了自然光。与自然光相对应的是“人工光源”，主要是指我们平时用的各种照明设备。

（2）采光方式

①天然采光。在地下建筑中，应尽可能透过侧窗与天窗，为建筑物提供自然光线。天然采光不仅仅是为了满足照度和节约采光能耗的要求，更重要的是满足人们对自然阳光、空间方向感、白昼交替、阴晴变化、季节气候等自然信息感知的心理要求。同时，在地下建筑中，天然采光的形式可使空间更加开敞，并在一定程度上改善通风效果，而且在视觉心理上大大减少了地下空间的封闭、压抑、单调、方向不明、与世隔绝等不良心理感受和负面影响。此外，由于太阳光中紫外线等的照射作用，天然采光对维护人体健康也是有益的。因此，天然采光对于改善地下建筑空间环境具有多方面的作用。常见的天然采光的地下建筑形式有半地下室及地下室采光井、天窗式地下建筑、下沉庭院式（天井式）、下沉广场、地下中庭共享空间式等。此外，目前也发展出了主动太阳光系统，将自然光通过孔道、导管、光纤等传递到隔绝的地下空间中。

②人工照明。在地下建筑中，很难完全依靠天然采光，即使可以通过天然采光，也很难使自然光到达建筑内部的所有空间。因此，人工照明作为自然光的补充是必不可少的，也是地下空间中最主要的采光方式。在本书的 6.2.1 小节中已经对人工照明的一些技术要求做了说明。

（3）照明环境设计

在进行室内人工照明设计时，应综合考虑照度、均匀度、色彩的适宜度以及具有视觉心理作用的光环境艺术等，从整体考虑确定光的基调及灯具的选择（包括发光效果、布置上的要求、自身形态），争取创造出符合人的视觉特点的光照环境。

照明的设计需要符合室内空间的功能需求。不同的用途、不同的功能、不同的空间、不同的对象要选择适合的照度、适合的灯具和照明方式。会议室的照明设计要求亮度均匀、明亮，避免出现眩光，一般适合采用全面性照明；商业展示的照明设计，为了突出商品，吸引顾客，适宜采用高照度的聚光灯重点照射商品，突出显示商品来提高商品的感染力，以强调商品的形象。

同时，照明设计也是室内设计所运用的重要手段，起到了装饰美化环境和营造艺术气氛的作用。灯具的造型可以对室内空间进行装饰，增加空间的层次、渲染空间的气氛。照明设计师通过选择灯具的造型、材质、肌理、色彩、尺度，控制灯光的照度、照明方式、色温等，采用投射、反射、折射等多种投光手段，创造出适合不同场景、不同人群需要的艺术气氛，为人们的心理需求添加丰富多彩的情趣。

（二）地下空间导向标识系统

相比于地上空间，地下空间往往比较封闭、缺少空间参照物、缺少自然元素，因此人们在地下空间中非常容易迷失方向，随之产生紧张、恐慌等不良心理感受，不利于高效使用地下建筑空间。所以，地下空间的导向就显得尤为重要，目前通过在各类地下空间内设置完善的导向标识系统来解决或改善此问题。

1. 导向标识的概念及分类

导向标识系统是设置在特定的环境中，以安全、快捷为前提，并通过各种类型的符号、文字、标识牌以一定形式或者顺序关系组成的一个视觉信息系统。在导向标识系统中，包含了多种形式的设计，如标志、标识牌、告示板、图形、符号等，是环境信息的载体，将空间信息传递给地下空间内的人群，使他们安全、顺利地完成各项活动及行为。

根据导向标识系统中不同标识牌的具体功能，可将导向标识系统分为五类。

（1）引导类标识。此类标识是将地下空间中组织人流进出以及引导人们行为发生的最直接要素。它一般通过箭头等指示来实现其引导的手法，通常标识方向（进、出）及特定场所信息等。此类信息在内容的表现形式上，除了惯用的文字信息外，通常还会运用到象征性的图形符号以及色彩系列标识等。

（2）确认类标识。此类标识一般用于对空间功能、位置等的确认。在地下空间功能分区中，需要有明确的信息指引与确认。对此类标识通常采用识别性高、简单明快的方式表现，此外还需要结合具体的结构形式从而表现出整体的统一性。

（3）信息资讯类标识。此类标识一般用于提供出行必要的相关信息，如路线、站点、周边信息等。标识放置的位置会根据需要有所不同，但在流线设计的节点部位都会设置。这类标识信息的内容应满足大多数人群的多样化需求，同时在设计的编排上应简单明了并结合多种形式表现，如示意图、文字等的综合表达。

（4）宣传说明类标识。此类标识旨在说明相关事物主题的内容、操作方法以及在地下空间环境中所需遵守的相关法律法规，或者有关活动内容等。

（5）安全警示类标识。为方便人们安全、快捷地活动于地下空间场所中，通常会设置不同项目的安全警示标识，用以提醒人们对地下空间中诸多设施及设备的使用方法及注意事项，从而提高便利与安全保障。

2. 导向标识系统布置原则

设置导向标识系统要达到的效果是：在标识系统完善的情况下，标识系统能“主动”地指挥人群的合理流动，而不是“被动”地等待人们来寻找、发现。要达到这样的要求，对于导向标识系统的布置应当遵循以下的一些原则：

（1）位置适当。标识系统应该设置在能够被预测和容易看到的位置，以及人们需要做出方向决定比较集中的地方，如出入口、交叉口、楼梯等人流密集之处，以及通道对面的墙壁、容易迷路的地方等。

（2）连续性原则。连续性作为形式的重复与延续，加强了人的知觉认知记忆的程度和深度，所以标识系统应连续地进行设置，使之成为序列，直到人们到达目的地，其间不能出现标识视觉盲区。但要注意的是，标识之间距离要适当，过长则视线缺乏连贯及序列感，过小会造成视觉过度紧张，可视性差。

（3）一致性原则。标识设置在一致的位置上，这样人们不需要搜寻整个空间，而只需注视特定部分固定的区域即可找到方向标识。

（4）特殊处理。一般的出口标识可设置在出口的上方，但是如果考虑到出现意外的情况，如火灾、烟雾向天花板聚集，出口上方的标识可能被挡住，则需要在主要疏散线路的出口附近的较低的位置处，设置出口标识。例如疏散指示灯的安装位置，一般设在距离地面不超过 1m 的墙上。

3. 导向标识系统设计原则

导向标识系统具有较强的专业性，一般由视觉传达设计或相关专业的人士负责设计。建筑设计及室内设计人员应该与之配合，提出相应的要求，使之既符合标识物的要求，又符合室内空间的需求，取得完整的整体效果。此处仅简要介绍相关的设计原则。

（1）醒目性。标识系统在视觉上一定要醒目，重要的标识要能达到对人的视觉有强烈的冲击效果。如简单的标识图形和大面积的背景色，突出了标识的强烈视觉效果，有效地、快速地抓住了人们的注意力，使人们印象深刻。醒目的另外一个方面是标识上的文字、符号等要足够大，以便人们能从一定的距离以外就能看到。但需要指出的是，不能只强调一个“大”而忽视标识自身尺寸与所在空间尺度的协调，因为标识另外的一个功能是对地下空间环境起着美化和点缀作用。另外，标识及其所用文字、符号的大小要与人们的阅读距离相协调，还要考虑人们是处于静止还是运动的识别状态，视具体情况而定。

（2）规范性和国际化。标识系统设计的规范性是指用以表达方向诱导标识信息内容的媒体，如文字、语言、符号等，必须采用国家的规范、标准以及国际惯用的符号等，使人们易于理解和接受。另外，对同一类型的地下空间设施，其方向诱导标识的设计风格也应保持一致，形成一个较为稳定一致的体系，以免引起人们的误解。对于可能有外国人出入的地下空间，还应考虑到采用外文作为信息传递的媒介。

（3）区别性。方向诱导标识必须和其他类型的标识，诸如广告、告示、宣传品、商业标志和其他识别标志等区别开来，以免人们混淆而影响到方位、方向的判断。

（4）简单便利。简单是指方向标识上的词句必须简洁明确，尽可能地去掉可有可无的文字，让人一目了然。便利是指人们在正常流动的情况下就能方便地阅读和理解标识上的内容，而不必停下来驻足细看，从而影响人流的连续移动，造成不必要的人流阻塞。

（5）内容明确性。内容的确切性是指方向诱导标识上的内容应该采用众所周知的专门用语和正确的内容，所指内容尽可能具有唯一的理解性，以免引起人们的误会。

（6）满足无障碍需求。无障碍导向标识是一种专用的方向诱导标识，它采用专门的方式和特定的符号，以特殊的布局要求进行设计，完善无障碍的导向标识不仅为残障人士出行、活动提供了保障，同时也是一个城市精神文明与现代化的具体体现。

4. 导向标识系统色彩

标识色彩应该按照统一的规定制作，做到设置醒目、容易识别，迅速指示危险，加强安全和预防事故的发生。根据相关规范的规定，采用红色、蓝色、黄色、绿色作为基本安全色，

其含义和用途如下：

红色——禁止、停止，用于禁止标志、停止信号、车辆上的紧急制动手柄等；蓝色——指令、必须遵守的规定，一般用于指令标志；黄色——警告、注意，用于警告警戒标志、行车道中线等；绿色——提示安全状态、通行，用于提示标志、行人和车辆通行标志等。

地下公共空间的标识设计一般委托专门的视觉设计部门，提供系统的视觉识别设计，包括造型和色彩设计。

5. 导向标识系统布置形式

按布置形式和设置位置，导向标识系统可以分为如下几种：

三、城市地下空间的心理环境设计

（1）吊挂式（吸顶式）标识。地下空间中的吊挂式标识多采用灯箱式。这种标识的特点是能够用在光线较弱的环境中使用，尤其是吊挂的“紧急出口”标识，在非常状态下，断电时仍可清晰、明显地为乘客指出逃生方向。这类标识系统主要悬挂于室内，如商场、超市或一些规模较大的办公场所等，其特点决定了它能够满足使用者处于运动识别状态中的瞬间认知。

（2）看板式（地图）标识。看板式标识系统主要置于室内建筑物内的交叉口处，

如商场、超市或一些规模较庞大的办公场所等。看板式标识系统在地下空间（超市、商场等）中多安置于交叉口处，是为了满足使用者处于静态识别的认知需求。这种地下空间中的人流聚集点，人们在此处需要进行方向选择决定，希望标识系统能够提供相对比较详细的信息，多嵌有地下空间的地图。

（3）墙壁式（粘贴式）标识。墙壁式标识也称作平面式或粘贴式标识。从人体物理学角度来看，粘贴式标识视觉范围小，适合近距离查看，但可以拥有大的信息量，使用者在此类标识上一般目光滞留时间相对较长。墙壁式标识系统主要用于车站、码头等候车（船）区，也用于超市、商场等室内建筑物内出口处。在地下环境中，墙壁式标识系统多用于地下与地上的衔接点，也就是地下空间的出口位置。如果使用者在陌生的地下空间能够看到比较熟悉的地上空间的标志性建筑，找到正确的出口也就变成很轻松的事情。

（4）屏幕标识。屏幕标识的设计最能够体现信息现代化、自动化的水平。屏幕标识多用于站台上显示等待列车所需时间。个别的屏幕标识还播放一些服务信息，为使用者提供更多的方便。新型的屏幕信息标识基于计算机技术的发展，用触摸系统实现了人与查询平台间的互动，使用者可以根据查询平台的提示，选择自己需要的信息。

（5）卷柱式标识。在站台上、柱子上的标识可以补充悬挂标识显示不足的位置。在狭长或面积很大的地下空间中，利用柱子来张贴标识，直观明确，易于实施。

第四节　城市地下空间综合防灾规划

近年来，地下空间灾害呈现多发性和突发性、多样化和严重化等特点和趋势。随着城市地下空间大规模、深层化的开发利用，地下空间的内部环境日趋复杂，需要重视地下空间开发利用中的防灾减灾工作。此外，城市地下空间综合防灾也是城市综合防灾体系的重要组成部分，通过地下空间综合防灾能力的提升，推动现代化城市综合防灾减灾体系的完善，提升城市整体的防灾减灾能力。

一、城市地下空间防灾概述

（一）地下空间的灾害类型

在成因上，地下空间灾害分自然灾害和人为灾害两类。自然灾害是以自然变异为主而产生的并表现为自然态的灾害，又可以分为气象灾害、地质灾害及生物灾害，通常包括地震、洪水、风暴、海啸等。人为灾害是人为因素给人和自然社会带来的危害，又可分为主动灾害和被动灾害，包括火灾、恐怖袭击、战争灾害等。实际上，有些灾害是自然界客观事物本身发展与演化叠加人类开发活动负面作用而形成的，有时很难准确地划清两者之间的界限。此外，有些灾害产生的原因可能是自然原因，也可能是人为原因，也有可能是自然原因与人为原因共同作用而引发的。

一方面，由于地下空间对外部灾害具有先天的防灾优势，如对地震、风灾、雪灾、战争空袭等城市灾害都有很强的防护特性，构成了城市地下空间防灾设施。但另外一方面，地下空间对内部灾害则具有明显的易灾劣势，如火灾、内涝、恐怖袭击、空气污染等。由于地下环境的特点，使城市地下空间内部防灾问题更为复杂、更加困难，因防灾不当所造成的危害也更加严重。因此，城市地下空间规划应综合考虑外部和内部灾害的影响，建立城市地下空间的综合防灾体系。

在地下空间各种灾害中，火灾发生频率是最大的。内涝灾害则因为地下空间的天然地势缺陷，在地下空间灾害中所造成的损失也是尤为突出。虽然地下比地上的抗震性能好，但因地震灾害破坏性大，施救困难，也被作为地下防灾的重要部分。

（二）地下空间的防灾特性

发生在地下空间内部的灾害多是人为灾害，具有较强的突发性和复合性。地下空间内部环境的特点使得因防灾不当造成的危害更为严重。但同时，地下空间也具有一些抗灾优势，妥善加以利用，则可以综合提高城市的整体防灾能力。

1. 地下空间的易灾性

（1）地下空间的封闭性

地下环境的最大特点是封闭性，除有窗的半地下室外，一般只能通过少量出入口与外部空间取得联系，给防灾救灾造成许多困难。在封闭的室内空间中，容易使人失去方向感，极易迷路。在这种情况下发生灾害时，心理上的惊恐程度和行动上的混乱程度要比在地面建筑中严重得多。内部空间越大，布置越复杂，这种危险就越大。在封闭空间中保持正常的空气质量要比有窗空间困难得多，进、排风只能通过少量风口，在机械通风系统发生故障时很难依靠自然通风补救。此外，封闭的环境使物质不容易充分燃烧，在发生火灾后可燃物发烟量大，对烟的控制和排除相当复杂，不利于内部人员疏散和外部人员进行救援。

（2）地下空间处于地面高程以下

地下环境的另一个特点就是处于城市地面高程以下，人从楼层中向室外的行走方向与在地面建筑中相反，这就使得从地下空间到开敞的地面空间的疏散和避难都要有一个垂直上行的过程，比下行要消耗体力，从而影响人员的疏散速度。同时，自下而上的疏散路线，与内部的烟和热气流的自然流动方向一致，因而人员的疏散必须在烟和热气流的扩散速度超过步行速度之前进行完毕。由于这个时间差很短暂，又难以控制，所以给人员疏散造成很大困难。此外，这个特点使地面上的积水容易灌入地下空间，难以依靠重力自流排水，容易造成内涝；如果地下建筑物处在地下水的包围之中，还存在工程渗漏水和地下建筑物上浮的可能。还有，地下结构中的钢筋网及周围的土或岩体对电磁波有一定的屏蔽作用，妨碍无线通信，如果接收天线在灾害初期遭到破坏，将影响内部防灾中心的指挥和通信工作。

2. 地下空间的防灾性

由于地下空间相对封闭、周围有岩土体介质隔离等特点，对一些灾害尤其是外部灾害又具有天然的防灾优势。

（1）对于抗爆来说，覆盖在地下空间结构上部和周围的岩土介质发挥了重要的消波作用。核爆炸产生空气冲击波遇到地面建筑时，迎爆面将会形成比人射超高压提高2～8倍的反射压力峰值，而对地下结构来说，经过一定深度的覆盖层后，冲击波的动荷效应会被大大减弱。岩土的覆盖层对核爆的光辐射、早期的核辐射、放射性污染等杀伤因素也都具有屏蔽功效。

（2）地下空间具有抗震特性，在同一震级下，跨度小于5m的地下建筑物的抗震能力一般要比地上建筑物提高2～3个烈度等级。在发生地震时，地下建筑被岩土介质所包围，对其结构自振具有阻尼作用，并为结构提供了弹性抗力以限制其位移的发展。因而，地下建筑埋设越深，抗震性能越高，只要通往地面的出入口不被破坏或堵塞，人员在这样的地下空间内是安全的。

（3）有毒化学物泄露及核事故造成的放射性物质的泄露，对城市居民的危害十分严重。在现代的战争中，如果有核袭击和大规模使用化学和生物武器的情况，对于地面上的人员防护非常困难，但对于地下封闭的空间，只要采取必要的措施防止有毒气体的进人，其中的人员是安全的。

（4）地下空间的介质具有一定厚度，地下建筑结构的覆土具有一定的热绝缘，具有天然的防火性能，地下建筑的防护设计满足早期核辐射的要求以后，城市大火对其内部人员基本没有伤害。

（5）地下空间由于有地面覆盖物的保护，风只能从地下空间吹过对地下空间影响极小，很明显，地下空间具有极强的防风能力。

（6）地下空间在自然状态下并不具有防洪的能力，遇到城市局部或者全部遭到水淹时，时常有向地下空间灌水的现象发生，成为地下空间内部的一种灾害。因而，地下空间防内涝能力差是其防灾特征的缺陷，但是可以利用地下空间进行储水或者修建水库来调节水势和用水，减少城市内涝和缺水的问题。

（三）地下空间灾害的防护方法

地下空间灾害防护的基本方法主要可分为单灾种防护、多灾种防护、主动防灾、综合防灾。

1. 单灾种防护

单灾种防护，是指对自然灾害或人为灾害中的单一灾害类型进行的灾害防护。单灾种防护通常是根据防护范围内孤立灾害的单一性或根据灾害发生种类、特点、频次及规模等，对其中的主导灾害进行的一种防护，其特点简单、功能单一，对并发灾害防护的适应性差。

2. 多灾种防护

多灾种防护，是指同时对多种自然灾害进行防护。其特点是可在防护范围内同时对多个灾种或主要灾种进行防护，能满足灾害链式演化系统的需要，是综合防灾的初级形式。

3. 主动防灾

主动防灾，是指在灾害发生前，采取一定的技术措施对灾害进行预防以减少灾害发生，变被动抗灾为主动防御的一种方法。在地下空间灾害防护中，主动防灾还包括另外两方面的含义：一是为了满足平时需要，开发利用地下空间要主动兼顾防灾；二是将地下空间作为防灾工程的重要和必要组成部分，主动利用地下空间防灾。其特点是能充分发挥主观能动性，在充分利用地下空间防灾特性的同时，对地下空间自身的潜在灾害进行预防。

4. 综合防灾

综合防灾，是指在防护范围内将地面、地下各潜在灾种综合考虑，采用的一种融主动防灾、救灾为一体的灾害防御方法。综合防灾的特点是能对多灾种进行综合考虑，形成统一的防灾系统，共享防灾资源。通过综合防灾，可实现防灾组织管理、信息及资源的整合，实现防灾一体化。

综合防灾通常包括：①防灾贯穿于灾前预防、灾中救助和灾后恢复重建的全过程；②包括防护范围内潜在的各灾种；③防灾有实体机构实行统一的组织管理，有完善、畅通的灾害信息共享机制、灾害评估及辅助决策系统。它要求建立大安全观，在制定各单项防灾减灾规划时，从大系统出发，考虑城市全局及灾害的多发性与连锁效应，实现各类灾害的应急预案、应急管理与防灾规划的综合，全过程优化，信息共享，社会与政府防灾行为联动，防灾规划与城市总体发展规划相结合，防灾救灾硬件与软件结合。

二、城市综合防灾体系的实施

（一）城市综合防灾体系的组成

1. 城市综合防灾的范畴

城市综合防灾是为应对地震、洪涝、火灾及地质灾害、极端天气灾害等各种灾害，增强事故灾难和重大危险源防范能力，并考虑人民防空、地下空间安全、公共安全、公共卫生安全等要求而开展的城市防灾安全布局统筹完善、防灾资源统筹整合协调、防灾体系优化健全和防灾设施建设整治等综合防御部署和行动。城市综合防灾主要包含两层含义：一是为了应对自然灾害与人为灾害、原生灾害与次生灾害，要全面规划，制定综合对策；二是要针对灾害发生前、发生时、发生后的避灾、防灾、减灾、救灾等各种情况，采取配套措施。因此，灾种、多手段和全过程。

可以将城市综合防灾的特点概括为三点：多针对灾害各阶段，所采取的综合防灾措施的目的为：

（1）防灾：防御灾害的发生和防止灾害带来更大的损失和危害。

（2）减灾：减少或减轻灾害的损失。

（3）抗灾：为了抵御、控制、减轻或降低灾害的影响，最大限度地减轻或减少损失而采取的措施。

（4）救灾：运用经济技术手段，通过有效的组织和管理，减少灾害的经济损失和人员伤亡，尽快恢复生产及社会活动的正常秩序。

（5）灾后重建：包括重建家园和恢复生产

以往的城市防灾工作比较倚重工程手段，随着人们对灾害规律认识的深入，现在已越来越认识到非工程性手段的重要作用。目前对城市综合防灾的认识来说，可以将城市防灾的手段概括为三种：工程防灾、规划防灾和管理防灾。所谓城市综合防灾应是这三种手段的综合应用。

2. 城市综合防灾体系的构成

城市综合防灾体系是人类社会为了消除和减轻自然灾害对生命财产的威胁，增强抵御、承受灾害的能力，为灾后尽快恢复生产生活秩序而建立的灾害管理、防御、救援等组织体系与防灾工程、技术设施体系，包括灾害研究、检测、信息处理、预报、预警、防灾、抗灾、救灾、灾后援建等系统，是社会、经济可持续发展所必不可少的安全保障体系。城市综合防灾涉及的灾害种类多，因此城市综合防灾体系是一个综合的管理系统，应该包括软件系统和硬件系统两个部分。软件系统包括城市灾害危险性评估及区划、综合防灾减灾规划、灾害应急预案、防灾减灾宣传和培训、减灾立法以及综合减灾示范系统。硬件系统包括城市综合减灾管理系统、各单灾种（如地震、洪涝、台风等）检测和预报系统、建筑抗震加固工程、火灾监视与消防系统、医疗紧急救护系统、市政工程抢修系统、交通安全管理系统以及应急通信、运输、救济等后勤保障系统等。

一般而言，城市综合防灾体系的主要系统包括：

（1）防灾研究、监测与预警系统：是城市综合防灾体系的根基，是基础也是最重要的组成部分。该系统是全社会科研精英，运用最先进的科技，研究灾害发生、发展的客观规律，掌握监测灾害、预报灾害的基本技术，为组织指挥、防灾设施、生命线工程与防灾支持等顺利开展提供理论支撑与科学指导。该系统一般以国家级研究中心、研究机构为核心，联合大学团队与高科技企业协同攻关，产学研一体化。

（2）防灾组织指挥系统：是城市综合防灾体系的灵魂和大脑，是其他体系得以正常运转的指挥棒，包括领导机构、咨询机构和指挥设施。防灾组织指挥系统是灾害应对的组织、协调中枢，对防灾专业设施与防灾生命线系统做出决策，并对防灾支持系统提出要求。对应不同政体与政府组织形式，组织指挥系统亦有不同的架构方式。

（3）防灾专业设施系统：是城市综合防灾体系中最直接的防灾专业设施，其他系统通过该系统来发挥防灾救灾的直接效用，包括消防、防洪防涝、抗震防灾、防风防潮、人防等专业设施。由于灾害的不同类型，该系统对应着不同的实施主体，由不同的部门分头负责实施。

（4）防灾生命线系统：是城市综合防灾体系中与防灾专业设施并重的防灾专业支持设施，包括交通运输系统、水供应系统、能源供应系统和信息情报系统。其对于救灾、灾后安置与恢复具有重要作用，一方面支持组织指挥系统的实施，另外一方面支持防灾专业设施效能的发挥，还是灾民生活的必备生存物质。

（5）防灾支持系统：是以上各大系统得以正常运转的催化剂，包括治安系统、储运系统、社会保障与福利系统、医疗救护系统、市政工程抢修系统、法律体系及宣传教育系统等。在城市综合防灾体系中，将不属于以上四方面的所有部分纳人该系统，在经济、社会、法律、教育等领域进行与综合防灾相关的建设，统筹城市全力，完善防灾体系。

（二）城市综合防灾规划的体系

1. 城市综合防灾规划与城市规划的关系

城市综合防灾规划是指城市在面临多样化、复杂化的灾害类型时，通过风险评估明确城市的主要灾种和高风险地区，针对灾害发生的灾前预防、灾时应急、灾后重建等不同阶段，制定包括政策法规、管理、经济金融保险、教育、空间、工程技术等全方位对策，对城市灾害管理体制进行整合，全社会共同参与规划的编制与实施过程，并对单灾种城市防灾规划提出规划的基本目标和原则的纲领性计划。因此，城市综合防灾规划体现出全社会、全过程、多灾种、多风险、多手段的特征。

从体系范畴角度，城市综合防灾规划可以分为全方位的城市综合防灾规划和城市规划中的城市综合防灾规划两个类型，两者的规划内容和侧重点各有不同。全方位的城市综合防灾规划是城市范围内防灾工作的综合安排，一般由城市政府防灾应急管理部门为主体组织编制。城市规划中的城市综合防灾规划是城市规划领域内要考虑的城市防灾问题，一般由城市规划管理部门为主体组织编制，是城市规划与城市综合防灾规划的交集。

2. 全方位的城市综合防灾规划

全方位的城市综合防灾规划是在单灾种城市防灾规划基础上编制的，是一种覆盖不同灾种、不同防灾阶段、不同防灾手段的防灾规划形式。全方位的城市综合防灾规划，可以看作是城市规划体系外的城市综合防灾规划，也就是城市综合防灾专项规划，一般由所在城市具有统一权威的政府防灾应急管理部门牵头，开展组织编制工作。

城市中各灾种防灾规划主要针对各单项灾种制定相应的对策，而全方位的城市综合防灾规划主要针对城市中的主要灾害类型，提出全方位的系统性对策措施。全方位的城市综合防灾规划与各单项城市防灾规划的交集体现在目标、对策、资源整合和实施保障方面。

全方位的城市综合防灾规划的编制体系包括：目标系统、监测预警系统、指挥管理系统、专业设施系统、生命线系统、支持系统、防灾空间系统、专业队伍系统、教育宣传、实施行动等。从空间层面讲，全方位的城市综合防灾规划中的防灾空间系统又包括市域综合防灾规划、城市综合防灾规划、各企事业单位的防灾业务规划、防灾空间与设施的紧急运营规划、防灾社区规划，以及家庭的防灾计划等。

3. 城市规划中的城市综合防灾规划

城市规划中的城市综合防灾规划，可以称为是城市规划体系内的城市综合防灾规划，是指在一定时期内，对有关城市防灾安全的土地使用、空间布局，以及各项防灾工程、空间与设施进行综合部署、具体安排和实施管理。城市规划中的城市综合防灾规划，一般由该城市的城市规划主管部门牵头，开展组织编制工作。其规划内容体现出明显的规划防灾和空间策略的特征，例如重视土地使用、空间布局、设施规划、灾前预防，体现出城市规划法规体系与防灾法规体系的良好结合。

从城市规划的法定规划体系和空间层面来分，城市综合防灾规划可以分为总体规划层面和详细规划层面两个层次，分别对应城市规划体系中的城市总体规划和城市详细规划。其中，城市综合防灾总体规划包括针对市域的综合防灾规划和针对中心城区范围的城市综合防灾规划；城市综合防灾详细规划包括城市综合防灾控制引导和防灾设计与空间规划设计。

（三）城市综合防灾规划的内容

1. 全方位的城市综合防灾规划编制内容

对全方位的城市综合防灾规划而言，其规划内容体现出工程性措施和非工程性措施并重的特征。

在工程性措施方面，与单灾种规划相同，同样都很重视各专业领域内的工程防灾技术标准，但是全方位的城市综合防灾规划更加注重宏观、全局性的关键性指标参数的设定。在非工程性措施方面，其侧重点体现在制定综合性防灾的法规政策，完善综合防灾管理体制，建立区域防灾协调联动机制，实施灾害观测与预警，制定综合防灾研究计划、新技术开发应用计划，开展综合防灾的宣传教育、志愿者培训、专业防灾队伍的建设，各单位企业和基层社区的防灾要求，灾前、灾中、灾后的衔接，与各单灾种规划的协调，重点项目优先计划、规划实施策略和年度推进计划等方面。

2. 城市规划中的城市综合防灾规划编制内容

城市规划中的城市综合防灾规划包括城市综合防灾总体规划和城市综合防灾详细规划两个层次。

（1）总体规划

城市综合防灾总体规划的主要任务是通过收集大量城市现状资料，对灾害风险形式进行科学分析，找出城市综合防灾工作中的问题和不足，通过调整土地利用、空间和设施布局，形成良好的城市防灾空间设施网络，制定工程性和非工程性防灾措施，提升城市的综合防灾能力，以降低灾害风险，减少潜在灾害对城市造成的损害。其规划范围是城市行政管辖的地域范围，与城市总体规划的规划范围一致。

①市域综合防灾规划

市域综合防灾规划是从市域范围考虑市域、流域的防灾问题的解决，防灾空间设施的布局以及市域防灾管理联动机制的建立，其规划更具有宏观性、战略性和政策性。其任务是结合市域的自然环境特点、行政区划、空间形态与结构、道路交通系统、重大基础设施布局等要素，科学布局市域性防灾空间和设施据点，形成高效的市域综合防灾网络，建立市域防灾快速联动与支援机制，提升市域的综合防灾能力。

市域综合防灾规划包括市域交通网络、市域避难设施系统、市域供水系统、市域供电系统、市域通信系统、市域救灾物资储存网络、市域防灾快速联动机制等。其中重点内容包括：

a. 形成市域防灾交通网络：以区域的空间结构为基础，规划区域交通轴，联系各防灾据点，保证防灾据点对外界多样化的交通联系手段，以及通往受灾核心区域的灵活多样的交通手段。

b. 规划设置市域防灾轴：在区域范围内形成高效的防灾轴线网络，划分规模较大的防灾单元区块，由区域性交通网络、区域性绿带、河流等要素组成。

c.规划设置市域防灾据点：指能够开展重要防救灾活动的市域性城市公园等场所，功能包括救灾物资的转运、分配，支援部队的集结、宿营，器材储备，日常休憩等，一般在人口稠密的市区周边、交通枢纽地区布置。

②中心城区综合防灾规划

在中心城区，综合防灾规划的主要任务是通过收集大量城市现状资料，对灾害风险形势进行科学分析，找出城市综合防灾工作中的问题和不足，通过调整土地利用、空间和设施布局，形成良好的城市防灾空间设施网络，采取工程性和非工程性防灾措施，提升城市综合的防灾能力，以降低灾害风险，减少潜在灾害对城市造成的损害。

在城市总体规划层面，中心城区的城市综合防灾规划主要内容包括：现状调查与问题研究、城市现状综合防灾能力评估、城市灾害综合风险评估与潜在损失预测、规划目标与原则、政基础设施系统防灾规划、重大危险源和次生灾害防治规划、特定地区的综合防灾规划、实施建议等。其中部分内容的相关概念和要求介绍如下：

a.城市总体防灾空间结构：是指城市中各类各级防灾空间和防救灾设施布局的形态与结构形式，主要由“点、线、面”构成。“点”指避难场所、防灾据点、重大基础设施、重大危险源、重大次生灾害源、防灾安全街区、防灾公园绿地系统、开发空间系统等；“线”主要指防灾安全轴、避难道路与救灾通道以及河岸、海岸等线状地区等；“面”主要指防灾分区、土地利用防灾计划、土地利用方式调整、各类防灾社区防灾性能的提升，以及城市旧区的防灾计划等。

b.城市总体防灾分区：合理划分城市区域为各等级防灾分区，有利于城市防灾资源整合和分配，可分为一级、二级、三级防灾分区，总体规划层面重点是一级防灾分区。一级防灾分区：分区隔离带不低于50m，利用隔离带或天然屏障（如河流、山川）防止次生灾害，具备功能齐全的中心避难场所、综合性医疗救援机构、消防救援机构、物资储备、对外畅通的救灾干道。二级防灾分区：分区隔离带不低于30m，以自然边界、城市快速路作为主要边界，具备固定的避难场所、物资供应、医疗消防等救灾设施。三级防灾分区：分区隔离带不低于15m，以自然边界、绿化带、城市主次干道为主要边界，以社区为单位，紧急避难场所的半径约为500m。

c.城市防灾轴：在灾前，防灾轴能提供灾害防护空间和生态调节空间；在灾时，能提供多种应急空间，例如灾时紧急避难场所、指挥中心、信息中心、应急医疗救护、物资储备、交通干道、救援通道、疏散通道、外援中转空间等。城市防灾轴可以分为防灾主轴和防灾次轴：防灾主轴宽度在30m以上，连接区域性避难中心和区域性防灾据点，是城市、城际的主要交通联络通道，以重要河川、主要道路为轴心；防灾次轴宽度在24m以上，依靠城市次干道设置，支撑在中等规模街区层次上开展避难、消防等应急活动。城市防灾轴实例如图7-5所示。

d.城市疏散通道系统：分为救灾干道、疏散主通道、疏散次通道、一般疏散通道，在总体规划阶段以前三项为主。救灾干道是指在大灾、巨灾下需保障城市救灾安全通行的道路，主要用于城市对内对外的救援运输，有效宽度不小于15m。疏散主干道是指在大灾下保障城市救灾疏散安全通行的城市道路，主要用于城市内部运送救灾物资、器材和人员的道路，有效宽度不小于7m。疏散次干道是指在中灾下保障城市救灾疏散安全通行的城市道路，主要用于人员通往固定疏散场所，有效宽度不小于4m。一般疏散通道指用于居民通往紧急疏散场所的道路，有效宽度不小于4m。每个二级防灾分区至少有一条救灾干道，绝大多数二级防灾分区至少有一条疏散主干道，每个防灾分区在各个方向至少保证有2条防灾疏散通道。

e. 城市避难场所系统：包括中心避难场所、组团避难场所、紧急避难场所。中心避难场所面积在50×101m^{2}以上、人均有效避难面积不小于4m^2，疏散半径为3km左右，是功能较全的固定疏散场所，主要包括全市性公园、大型开放广场等，由城市抗震救灾指挥部集中掌握使用。组团避难场所面积在10000m^{2}以上，人均有效避难面积不小于2m^2，疏散半径为2～3km，主要包括人员容量较多的较大型公园、广场、中高等院校操场、大型露天停车场、空地、绿化隔离带等。紧急避难场所面积在1000m^{2}以上，人均有效避难面积不小于1m^2，疏散半径为500m左右，主要作为附近居民的紧急避难场所或到中心避难场所去的中转地点。

f. 城市危险源：是指在城市中长期或临时生产、搬运、使用或贮存危险物品，且危险物品的数量等于或超过临界量的场所和设施，可以分为生产场所危险源和贮存区危险源两种。

（2）详细规划

①城市控制性详细规划的综合防灾控制引导

在控制性详细规划层面，城市综合防灾规划的规划范围是城市局部地区，用地规模从十几公顷到几千公顷不等，小到城市街区、大到城市分区。需要重点解决的问题是在局部地区，对城市综合防灾总体规划中确定的重要防灾空间和设施项目落到具体地块上，规划社区级的防灾空间和设施，对各防灾分区中存在的问题进行深入研究，提出解决办法，并为下阶段的城市规划和项目建设提供防灾依据。

城市控制性详细规划的综合防灾控制引导的主要内容包括如下四个方面：

a. 明确规划目标与策略。充分分析规划地区现状存在的综合防灾问题，确定该地区的综合防灾规划目标，确定该地区的防灾策略。

b. 防灾空间结构的优化。落实上位规划，将第一层级、第二层级防灾分区的界线进行明确，将总体规划中确定的防灾空间设施进行落地和细化，并划分第三层级防灾分区。

c. 防灾分区的规划对策。在合理确定防灾规划第三层级分区的基础上，确定各防灾分区的控制内容和指标，提出分地块的控制指标，完成规划管理图则，便于规划管理。制定土地利用防灾计划，特别是特定地区的防灾规划，需要提出土地利用调整和空间布局的规划控制措施，使规划更有针对性。在第三级防灾分区中继续进一步细分地块，判断每个地块的风险程度，制定规划策略。

d.划定防灾安全线。

②防灾设施与空间规划设计

城市防灾设施与空间规划设计的规划对象主要是具体的空间、地段、街区和场地，侧重各类防空空间的规划与设计，其规划的地域空间范围更小、内容更具体、任务更明确。规划任务主要解决具体空间地段上的综合防灾问题，提高该地段的综合防灾能力，进行具体空间地段的防灾规划设计等。根据空间的功能性质来分，综合防灾规划的类型包括：避难场所详细规划、疏散通道详细规划、防灾公园规划设计、防灾安全街区规划与防灾社区规划等。

（四）城市综合防灾规划与地下空间的结合

在城市综合防灾规划中，应结合地下空间的开发利用，因地制宜地设置相应的地下防灾设施，综合提高城市的防灾能力。

（1）城市应急避难场所规划与地下空间相结合。设置位于地下空间内的应急避难场所，可以解决地面应急避难场所防灾配套设施空间不足以及地面场地条件不适宜建设的情况。此外，由于地下空间具有比地面空间更好的防灾掩蔽效果，对一些严酷自然灾害、高危人群宜采用地下空间进行掩蔽。

（2）城市抗震规划与地下空间相结合。城市地下公共防灾工程一般选址于城市公共绿地、广场等区域，容易结合城市避震规划疏散场所进行规划设置。城市主要的避震疏散通道，宜主要考虑地下化立体交通设施。

（3）城市消防规划与地下空间相结合。城市消防规划的任务是对城市总体消防安全布局和消防站、消防给水、消防通信、消防车通道等城市公共消防设施和消防装备进行统筹规划。加强地下空间规划与城市消防规划的衔接，强化对地下空间建设的指导，完善地下空间的防灾设计。

（4）城市防洪规划与地下空间相结合。要充分考虑地下空间的防洪、防涝功能，结合城市防洪规划从防洪规划的原则、防洪规划标准及城市防洪体系确定等方面，与城市防洪规划协调。此外，可以在城市地下修建深层排水隧道等排水蓄洪设施，缓解城市丰水期内涝和枯水期缺水的问题。

三、城市地下空间防灾规划

城市地下空间综合防灾应贯彻“平战结合、平灾结合、以防为主和防、抗、避、救相结合”的原则，在提升地下空间自防灾能力的基础上，完善现代化城市综合防灾减灾体系。本节主要结合城市地下空间灾害的发生频次和损失程度，主要介绍城市下空间防火灾、内涝、震灾的相关规划要求。

（一）地下空间防火灾规划

由于地下空间封闭性的环境特点，地下空间的防火应以预防为主，火灾救援以内部消防自救为主。

1. 地下空间火灾的特点

地下空间建筑发生火灾时，具有以下特点：

（1）烟气量大，高温且散热难。地下空间具有密闭性，空气流通不畅，燃烧不充分，会产生大量烟气，不易扩散，温度达800℃甚至超过1000℃。

（2）换气受制约，烟气控制难。在地下空间，自然补风受到限制，需依赖风机强制性换气和排风，且易形成负压，造成烟气无法排出，导致疏散门开启困难。

（3）易形成烟囱效应，高温烟气迅速扩散蔓延。

（4）人员疏散难。一方面，烟气量大、高温、有毒气体使人易缺氧、窒息和灼伤，且能见度低，刺激性气体使人无法睁眼，找不到方向；另一方面，人流方向与烟气方向一致，人群疏散速度低于烟气扩散速度，若烟气得不到控制，无法疏散，容易造成混乱。

（5）灭火救援困难。救援人员无法直接观察到火灾的具体位置和情况，难以进行有效阻止，只能通过有限的出入口进入火场，难以迅速到达发火位置；信号受屏蔽效应干扰，难以与地面及时联络。

2. 地下空间防火灾的技术对策

常用的地下空间防火技术对策如下：

（1）设置防火防烟分区及防火隔断装置。为防止火灾的扩大和蔓延，使火灾控制在一定的范围内，地下建筑必须严格划分防火及防烟分区，相对于地面建筑要求更严格，并根据使用性质不同加以区别对待。防烟分区不大于、不跨越防火分区，且必须设置烟气控制系统控制烟气蔓延，排烟口应设在走道、楼梯间及较大的房间内。当地下空间室内外高差大于10m时，应设置防烟楼梯间，在其中安置独立的进风排烟系统。

（2）设置火灾自动报警和自动喷水灭火系统等消防设施。地下空间火灾主要依靠其自身的消防设施控制并扑灭，应全面设置火灾报警系统，并利用联动响应的灭火设施和排烟设备，控制火势蔓延和烟气扩散。

（3）保证人员安全疏散。地下商业空间安全疏散时间不超过3min，因此必须设置数量足够、布置均匀的出入口。地下商业空间内任何一点到最近的安全出口的距离不应超过30m，每个出入口所服务的面积大致相当。出入口宽度要与最大人流强度相适应，以保证快速通过能力。地下空间布局要尽可能简单、清晰、规则，避免过多的曲折。同时，发挥消防电梯在地下空间尤其是相对深层地下空间的疏散作用。结合残疾人无障碍出入口的设置，做好消防机器人和轻型消防装备及灭火救援通道的预留。

（4）设置可靠的应急照明装置和疏散指示标志。可靠的应急照明装置和完整的疏散指示标志能够大大提高火灾时人员的安全逃生系数，并应采用自发光和带电源相结合的疏散标志。应急照明装置除有保障电源外，还应使用穿透烟气能力强的光源。此外还应配有完善的广播系统。

（5）内部建设与装修选用阻燃材料及新型防火材料。城市地下空间装修材料应选用阻燃、无毒材料，禁止在其中生产或储存易燃、易爆物品和着火后燃烧迅速而猛烈的物品，严禁使用液化石油气和闪点低于60℃的可燃液体。

3. 地下空间防火灾规划的主要内容

（1）确定地下空间分层功能布局。地下商业设施不得设置在地下三层及以下，地下文化娱乐设施不得设置在地下二层及以下。当位于地下一层时，地下文化娱乐设施的最大开发深度不得深于地面下 10m。具有明火的餐饮店铺应集中布置，重点防范。

（2）防火防烟分区。每个防火防烟分区范围不大于 2000m ，不少于 2 个通向地面的出入口，其中不少于 1 个直接通往室外的出入口。各防火分区之间连通部分设置防火门、防火闸门等设施。即使预计疏散时间最长的分区，其疏散时间也须短于烟雾下降的时间。

（3）地下空间出入口布置。地下空间应布置均匀、足够的通往地面的出入口。地下商业空间内任何一点到最近安全出口的距离不得超过 30m。每个出入口的服务面积大致相当，出入口宽度应与最大人流强度相适应，保证快速通过能力。

（4）核定优化地下空间布局。地下空间布局尽可能简洁、规整，每条通道的折弯处不宜超过 3 处，弯折角度大于 90°，便于连接和辨认，连接通道力求直、短，避免不必要的高低错落和变化。

（5）照明、疏散等各类设施设置。依据相关规范，设置地下空间应急照明系统、疏散指示标志系统、火灾自动报警系统、应急广播视频系统，确保灾时正常使用，保证人员安全疏散。

（二）地下空间防内涝规划

由于地下空间的地势特点，内涝的防治一直是重点和难点。地下空间内涝主要由地下水、地表水及气象降雨造成，严重时将会引起洪水倒灌进入并淹没地下空间形成内涝。一般性洪涝灾害具有季节性和地域性，虽然很少造成人员伤亡，但一旦发生，就会波及整个连通的地下空间，造成巨大的财产损失。

1. 地下空间内涝的特点

我国城市中不少过去修建的民防工程，由于缺乏必要的规划设计，加上建筑防水质量很差，在一些地下水位高的地区，不少工程平时就浸在水中，不但不能使用，而且对附近的环境卫生也有很大影响。一到雨季，或遇地下水管破裂，则灌水现象更为普遍，严重的会造成地面沉陷，使地面上的房屋倒塌。

随着城市地下空间规模的扩大，功能、结构和相邻的环境呈现多样性和复杂性，导致地下空间的内涝呈现风险大、不确定性、难预见性和弱规律性等成灾特性。

（1）成灾风险大。地下空间具有一定的埋置深度，通常处在城市建筑层面的最低部位，对于地面低于洪水位的城市地区，由洪涝灾害引起的地下空间内涝成灾风险高。

（2）灾害发生具有不确定性和难预见性。根据已发生的地下空间受内涝的众多案例进行分析，其受灾因素多样化，有自然因素也有人为因素，灾害原因具有多样性，灾害发生前难以预料。

（3）灾害损失大、灾后恢复时间长。随着大型地下综合体和大型城市公用设施（如地下变电站、城市综合管廊等）的出现，加上地下空间规划的连通性，以及地下空间自身防御洪涝灾害的脆弱性，一旦内涝灾害发生，地下空间内的人员、车辆及其他物资难以在短时间内快速转移和疏散，导致损失严重，甚至产生相关联的次生灾害。同时，一些日常运行管理的配套设备淹水后造成损坏，进一步加剧灾害的损害程度和恢复难度。为排出地下空间内的积水，往往需要临时调集排水设备或等外围洪水退去方可救援，造成灾损无法控制和灾后恢复时间延长。

2. 地下空间防内涝的技术对策

地下空间防内涝可采取下列对策：

（1）地下空间的出入口、进排风口和排烟口都应设置在地势较高的位置，出入口的标高应高于当地最高洪水位。

（2）出入口安设防淹门，在发生事故时快速关闭，堵截暴雨洪水或防止洪水倒灌。另外，一般在地铁车站出入口门洞内预留门槽，在暴雨时临时插入叠梁式防水挡板，阻挡雨水进入；在大洪水时可减少进入地下空间的水量。

（3）在地下空间人口外设置排水沟、台阶或使人口附近地面具有一定坡度，直通地面的竖井、采光窗、通风口，都应做好防洪处理，有效减少进水量。

（4）设置泵站或集水井。侵入地下空间的雨水、洪水和触发火警时的消防水等都会聚集到地下空间的最低处。因此，应设置排水泵站，将水量及时排出，或设集水井暂时存蓄洪水。

（5）通常采用双层墙结构等措施，并在其底部设排水沟、槽，减少渗人地下空间的水量。

（6）在深层地下空间内建成大规模地下储水系统，不但可将地面洪水导人地下，有效减轻地面洪水压力，而且还可将多余的水储存起来，综合解决城市在丰水期洪涝而在枯水期缺水的问题。

（7）及时做好洪水预报与抢险预案。根据天气预报及时做好地下空间的临时防洪措施，对于地铁隧道遇到地震或特殊灾害性天气，及时采取关闭防淹门、中断地铁运营、疏散乘客等措施，从而使灾害的危害程度降到最低。

3. 地下空间防内涝规划的主要内容

（1）确定地下空间防洪排涝设防标准。城市地下空间防洪排涝设防标准应在所在城市防洪排涝设防标准的基础上，根据城市地下空间所在地区可能遭遇的最大洪水淹没情况，来确定各区段地下空间的防洪排涝设防标准，确保该地区遭遇最大洪水淹没时，洪（雨）水不会从出入口倒灌入地下空间。

（2）布置确定地下空间各类室外洞孔的位置与孔底标高。地下空间防水灾规划应首先确定所有室外出入口、采光窗、进排风口、排烟口的位置，然后根据该地下空间所在地区的最大洪（雨）水淹没标高，确定室外出入口的地坪标高和采光窗、进排风口、排烟口等洞孔的底部标高。室外出入口的地坪标高应高于该地区最大洪（雨）水淹没标高 50cm 以上，采光窗、进排风口、排烟口等洞孔底部标高应高于室外出入口地坪标高 50cm 以上。

（3）核查地下空间通往地下建筑物的地面出入口地坪标高和防洪涝标准。地下空间还应确保与之连通的地上建筑的出入口不进水，因此需要核查与其相连的地上建筑地面出入口地坪是否符合防洪排涝标准，避免因地上建筑的地面出入口进水漫流造成地下空间水灾。

（4）地下空间排水设施设置。为将地下空间内部积水及时排出，尤其及时排出室外洪（雨）水进入地下空间产生的积水，通常在地下空间最低处设置排水沟槽、集水井和大功率排水泵等设施。

（5）地下储水设施设置。可在深层地下空间内建设大规模地下储水系统，或结合地面道路、广场、运动场、公共绿地建设地下储水调节池，综合解决城市丰水期洪涝和枯水期缺水的问题，确保城市地下空间不受洪涝侵害。

（6）地下空间防内涝防护措施制定。为确保水灾时地下空间出入口不进水，在出入口处安置防淹门或出入口门洞内预留门槽，以便遭遇难以预测的洪水时及时插入防水挡板。此外，还需加强地下空间照明、排水泵站、电气设施等的防水保护措施。

（三）地下空间防震灾规划

地下空间结构包围在围岩介质中，地震发生时地下结构随围岩一起运动，受到的破坏小，人们普遍认为地震对于地下空间的威胁较小。但由于城市地下空间主要位于浅层地下位置，受到震害的影响仍然不可忽视，因此需要重视地下空间的抗震防灾。

1. 地下空间震灾的特点

（1）地下空间周围岩土可以减轻地震强度。地下空间建筑处于岩层或土层包围中，岩石或土体结构提供了弹性抗力，阻止了结构位移的发展，对结构自振起到了很好的阻尼效果，减小了振幅。因此，相比于地上建筑来说，灾害强度小，破坏性小。

（2）地下空间深度越深震害越小。地震发生时，地下空间周围土体会受到竖直和水平两个方向的压力作用产生破坏，这种压力会随着深度的加大其强度和烈度会逐渐减弱。基于国内外诸多隧道和地下工程震害的调研分析结果，也证实了这一规律。

（3）地下结构在震动中各点相位差别明显。地下空间结构振动形态受地震波入射方向的变化影响很大，在震动中各个点的相位差别十分明显，因此会造成结构关键受力部位的弯曲破坏、剪切破坏及弯剪联合破坏。

2. 地下空间防震灾的技术对策

地下结构抗震的技术对策主要包括以下方面：

（1）结构抗震设计。地震区地下结构的抗震设计应贯穿设计的整个过程，首先应在场地选择上避开对结构抗震不利的地段，其次是在结构设计上应根据抗震设防标准采取合适的设防措施。常见的抗震设计主要包括抗震设防部位的确定、结构抗震设计和结构抗震构造设计等方面的内容。

（2）结构减震措施。地下结构在地震作用下主要是追随周围土层的运动，其自身的振动特性表现不明显，周围地层的变形大小和结构变形能力是决定地下结构抗震安全性的关键因素。目前常用的地下结构减震措施主要包括以下几类：第一类是通过地基加固等手段降低周围地基变形的大小；第二类是通过调整结构参数降低结构的刚度，增强其变形能力；第三类是设置减震装置，在结构中设置特殊构造来降低地震时的结构内力。

3. 地下空间防震灾规划的主要内容

（1）场地选择应合理。需要避开对地下结构抗震不利的地段，如易液化土等，当无法避开时，应采取适当的抗震设防措施。不应建造在危险地段，即地震时可能发生地陷、地裂，以及基本烈度为 8 度和 8 度以上、地震时可能发生地表错位的发震断裂带地段。

（2）确定合理的抗震设防标准。地下建筑物结构设计应按所在地区的地震烈度进行设防，选择对应的设计地震动参数进行结构的设计。对防护级别较高的地下结构，应相应提高其抗震设防标准。在进行地下结构设计时，还应考虑由于建筑物的倒塌而增加的超载。

（3）地下空间的口部设计应满足防堵塞的要求。地下空间通往室外的出入口应满足防震的要求，其位置与周围建筑物应按规范设定一定的安全距离，防止震害发生时出入口的堵塞。

（4）设置防治次生灾害的设施。地震时，地下空间内部的供电、供热、易燃物容器易遭受破坏引起火灾等次生灾害，因此应在地下空间内部设置消防、滤毒等防次生灾害的设施。

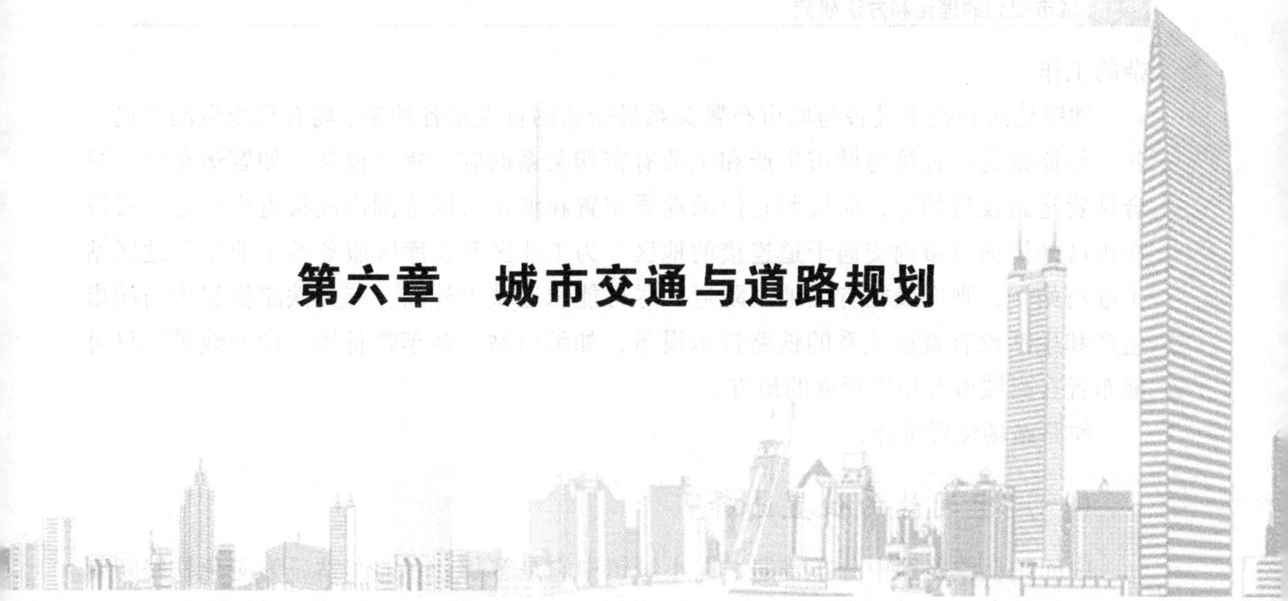

第六章 城市交通与道路规划

第一节 城市交通规划

现代化城市的发展，离不开发达的对外交通运输。城市对外交通运输包括铁路、公路、水路（包括海路）、航空和管道等多种方式。它对工农业生产和人民生活，对城市布局、发展和土地的合理使用有很大影响，是城市的重要组成部分。

城市对外交通运输的各种方式都有其各自的特点。铁路运输的特点是比较安全、运输量大、运价相对较低、有较高的行车速度、连续性强、一般不受季节和气候的影响，适用于中、长途运输，但占地较多、投资较大；水路运输成本最低、运量也大、投资少、对城市干扰少，但速度慢，受河流洪、枯水季节影响较大；公路运输速度也比较快、投资相对较少且容易修建，也可保证不间断运输，并能深入城乡各处及工矿企业装卸点，但运输量较小，适用于中、短途运输；航空运输的速度最快，但运输成本最高，一般适用于急需的少量设备、器材等；管道运输连续性强、干扰少，但只适用于少数液、气态物质。

一、铁路运输规划

铁路是城市对外交通的主要工具。城市的生产、生活都需要铁路运输，但由于铁路运输技术设备深入城市，又给城市带来了干扰。如何使铁路既方便城市，又能够合理地布置铁路车站线路设备，充分发挥运输效能，互不干扰，这是城市规划中一项复杂的工作。

铁路建筑和技术设备与城市布置关系最密切的首先是各种站、场有机配合的布局。其一般原则是：直接与城市生产和生活有密切关系的客、货运设备，如客运车站、综合性货运站及货场等，应按照它们的性质布置在城市市区范围内或接近市中心；或设在市区外围而有市内交通干道连接的地区。为工业区和仓库区服务的工业站和地区站（港湾站），则应设在有关地区附近，尽可能靠近城市外围。有关铁路枢纽中与城市生产和生活没有直接关系的铁路技术设备，如编组站、客车整备场、迂回线等，尽可能布置在离城市有相当距离的地方。

铁路站场位置选择：

（一）中间站的位置选择

中间站在铁路网中分布普遍，在小城镇中它是客货合一的车站。为避免铁路切割城市，最好使铁路从城市边缘通过。图 3-1 为客站与货场布置在铁路两侧的示例。中间站的作用主要是办理列车的接发、通过和会让，客货运输业务，零挂列车的调车业务；个别的还有列车给水和折返业务。

（二）客运站

客运站的主要作用是：组织旅客安全、迅速、准确、方便地上下车及行包、邮件的装卸、搬运；保证旅客迅速、方便地办理一切旅行手续和候车；负责车辆的技术检查、机车摘挂、客车上水等作业。

1. 客运站的位置

客运站的服务对象是旅客。为方便旅客，位置要适中，靠近市中心。中小城市可以位于市区边缘，大城市则必须在市中心区边缘。针对我国一些城市客运站的调查，客运站的位置布置离城市中心 1 ~ 3km 是比较方便的。

2. 客运站的数量

我国绝大多数城市只设一个客运站，管理使用都比较方便。大城市或特大城市范围大且旅客多，有设两个或两个以上客运站的。另外，受自然地形（如山、河）影响，城市布局呈狭长带形时，也宜设两个客运站，如南站、北站，或东站、西站等。

3. 客运站与城市道路交通的关系

对旅客来说，客运站仅是对外交通与市内交通的衔接点，而到达旅行的最终目的地还必须由市内交通来完成。因此，客运站必须与城市主要干道连接，便捷地通达市中心以及其他联运点（长途汽车站、码头等）。有地铁的城市，在客运站附近一定要有地铁站。

4. 设立站前广场

客运站是城市的大门，为给各地旅客留下美好的印象，一般站前都应设有广场。广场周围要有代表本城市建筑风格的建筑群体。大、中型城市广场一般有 2000m^2 左右。广场中心宜设有代表本城市特色的醒目艺术标志。

5. 混合式客运站场的布置

郊区列车较多的城市，客运站有时布置成尽头式与通过式结合的混合式客运站形式。

（三）货运站

货运站专门办理货物的装卸业务。在小城市一般设置一个综合性货运站或货场即可。大城市可设置若干个综合性和专业性货运站。货运站根据货物性质分别设于其服务地区。如以到发为主的综合性货运站（特别是零提货物），应伸入市区接近货源或消费地区；以某种大宗货物为主的专业性货运站，应接近其供应的工业区、仓库区等大宗货物集散点，一般应在市区外围；不为本市需用的中转货物，应设在郊区，接近编组站或水陆联运码头；危险品（易爆、易燃、有毒）及有碍卫生（如牧畜货场）的货运站应设在市郊，并有一定安全隔离地带 3

（四）编组站

编组站的作用是将大量货物列车解体，并按编组计划所规定的编组去向组成直达列车、直通列车、区段列车、零摘列车和小运转列车等，同时还承担通过列车的到发和成组甩挂作业。

1. 妥善处理与城市的关系

编组站占地面积大，由于昼夜不断作业，对环境的污染与干扰也较大，再考虑到今后发展需要，因此一般把它布置在城市郊区。

2. 编组站位置应便利集纳车辆

对担任各铁路线间大量车流改编的路网性编组站，应位于主要铁路干线汇合处；兼负干线与地方运输双重任务的区域性编组站，还要注意靠近城市车流产生的地点，如工业区和仓库区等；主要为地区服务的工业或港湾编组站，则应设在车辆集散的地点附近。

3. 选择编组站的位置

选择编组站的位置还要结合当地地形、地质和水文等自然条件，尽量节省土石方工程数量并尽量少占农田。设计时要保证建筑物基础稳固，注意排水流畅，防止内涝与洪水的侵害，并预留将来发展的地段。

（五）港口铁路布置

港口铁路布置包括港湾站与港区车场布置等。港湾站主要办理列车到发、编解、选分车组和向港区车场装卸地点取送车辆等作业。它的运输特点是要求在短时间内将大量货物装船或卸船，以加速车船周转。

（六）铁路枢纽的布置

随着铁路网以及城市建设的发展，在铁路网的交叉点或铁路网的尽端，有几个协同作业的专业车站与线路组成统一管理调度的整体，叫做铁路枢纽。在制作新城市规划时，要统一研究各站场的有机配合与布置；在对老城市改造时，应注意尽量对原有站场的利用。

二、港口的布置

对于沿海、沿河城市而言，港口是其一个重要组成部分，在城市总体规划中需要全面综合考虑。要合理地布置港口及其各种辅助设施在城市中的位置，妥善解决港口与城市其他组成部分的联系。

（一）海港的组成及平面布置

海港由水域与陆域组成。水域是供船舶航行、转运、锚泊和船舶装卸用的水面；水域分港外、港内两部分。港外包括进港航道和港外锚地；港内包括港内航道、转头水域、港内锚地和码头前水域或港池。

1. 海港水域要求

（1）设计低水位及水深

受潮汐影响的海港，其设计低水位一般采用低潮累积频率 90% 的水位，或多年历时累积频率 98% 的潮位。港口设计水深 H 为

$$H=T+h \tag{6-1}$$

式中：T——设计船舶满载时最大吃水深，m；

h——总的富余水深，m。

不同吨位船舶满载吃水深见表 6-1。

（2）进港航道

大型船舶航道宽度一般为 80 ~ 300m，小型船舶航道宽度一般为 50 ~ 60m。港外航道要求宽些，港内航道可以窄些。

表 6-1 不同吨位船舶满载吃水深

设计船舶吨位（104t）	1	2	4	5	10	15	20	25	30
满载吃水深（m）	10	11	13	15	16	18	20	22	25

（3）锚地

每个水上泊位所需的面积，由船舶大小及船舶系泊方式决定。如 150m 长、18m 宽的船舶，单锚系泊所需水域面积约为 20 万 m^2。

（4）港内航行水域

港口口门至码头（泊位）的水域距离，一般采用最大船舶长度的 3 ~ 3.5 倍。

（5）港内转头水域

船只凭借拖轮或本身的车、舵、锚等设备进行转头时，其内接圆直径可采用最大船只长度的 2.5 倍。船只在港内自航转头时，其内接圆直径可采用最大船只长度的 3.5 倍。

（6）码头前港池

顺岸式码头前港池宽度，当船只需要在码头前调头靠岸时，港池前沿有效水域宽度可采用 1.5 ~ 2 倍的船只长度。突堤式码头或凹入式码头间港池宽度，当考虑船只在内转头时可采用船只长度的 1.5 ~ 2 倍。当不考虑船只在内转头时，其宽度不应小于船只宽度的 4 倍。港内两侧为双泊位时，其宽度不应小于船只宽度的 6 倍。港内两侧为多泊位时，其宽度不应小于船只宽度的 8 倍。

2. 海港陆域要求

海港陆域是供旅客上下船、装卸货物、堆存货物和转运用的陆地。

陆域由码头前沿作业区、库场区和辅助生产设备区三部分组成。由港口库场至码头前沿称为码头前沿作业区，包括码头及通往港外的道路、铁路、装卸及运输机械等。库场区供货物在装船前或卸船后短期存放用，设置仓库、堆场、铁路线和道路等。当港口有大量货物需火车运输时，可设置港口车站和调车场。为辅助生产工作，完成水陆联运，设有各种辅助生产设备。

（1）码头泊位数及码头泊位长度

码头的泊位数主要根据货物年吞吐量（即一年间经由水运输出、输入港区并经过装卸作业的货物总量）决定。而一个码头泊位的通过能力（一年间既定的设备条件下，按合理操作过程、先进的装卸工艺和生产组织所允许通过的货运量）又与货种、装卸工艺与合理调度有关。一般可用下式计算：

$$n = \frac{Q_m}{P} \tag{6-2}$$

式中：n—— 码头泊位数；

Q_m—— 货物最大月吞吐量，t；

P——一个码头泊位的月通过能力，t。

顺岸式码头与突堤式码头泊位，其单个泊位的长度为

$$l = l_c + d \tag{6-3}$$

式中：l_c——设计最大船舶总长度，m；

d——沿码头线相邻两船间距，m，一般采用 $0.1 \sim 0.15l_c$。

所谓顺岸式码头即码头沿海岸平行布置，形式简单，船舶靠岸方便，一般用于河口港及具有狭长的海岸港。突堤式码头又称直码头，码头自岸边伸入水中。这种码头占用岸线较少，使港口布置紧凑，多在海港中采用。突堤式码头宽度以满足布置各种设备需要为宜，码头长度应满足铁路布置的要求。还有一种挖入式港池可以在很短的岸线范围内获得较长的码头线，不受风浪影响。但这种港池工程量大，造价高，没有较好的地形和地质条件，不宜选用。

（2）各类码头的间距

装卸有粉尘的货物（如煤、矿石、石灰等）码头，应位于其他各类码头常风向下方，应与食盐、粮食、杂货、木材加工码头保持不小于100m的距离。表6-2为各专业码头之间要求的最小间距。

表 6-2　各专业码头最小间距　单位：m

编号	货物名称	1	2	3	4	5	6	7	8	9	10	11
1	件货	0	0	0	0	100	100	100	200	0	50	0
2	五金机器	0	0	0	0	0	100	0	0	0	50	0
3	木材	0	0	0	0	0	100	0	0	0	100	0
4	砂石、矿渣	0	0	0	0	0	0	0	0	50	50	100
5	水泥	100	0	0	0	0	0	0	0	100	100	200
6	生石灰	100	100	100	0	0	0	0	50	100	100	100
7	矿石	100	0	0	0	0	0	0	0	50	50	100
8	煤	200	0	0	0	0	50	0	0	150	100	200
9	散装粮食	0	0	0	50	100	100	50	150	0	50	50
10	棉花	50	50	100	50	100	100	50	100	50	0	100
11	客运	0	0	0	100	200	100	100	200	50	100	0

（3）码头前沿作业区宽度

码头前沿作业区宽度与码头形式、装卸工艺流程、道路宽度、铁路股道数以及仓库布置有关。

仓库的容量和面积是库场布置、设计的基本依据，关系到库场能否有效地发挥其功能。要求前方库场的容量与泊位的通过能力相适应，保证装卸作业连续不断地进行。

前方仓库（货场）通常与码头泊位相对布置。仓库长度 $L=(l_c+d)-a$，式中 a 为仓库间距（考虑道路布置与安全距离），如图6-1所示。

（4）库场区

库场区面积大小应根据货物种类、货物多少、储存期限、运输条件等决定。

库场容量可按下式计算：

$$E=\frac{QK_r}{30}t_d \tag{6-4}$$

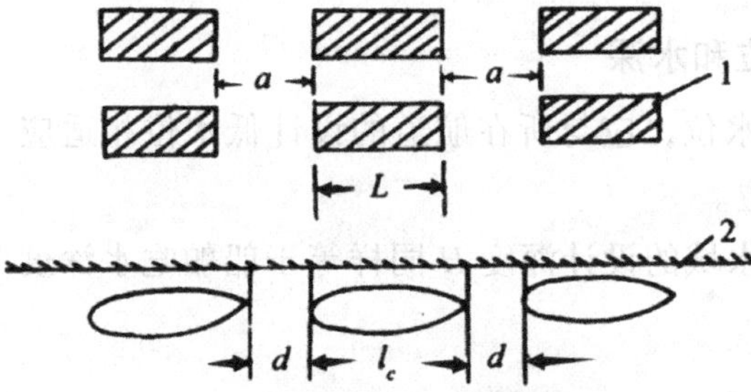

1- 仓库货场；2 - 码头前沿线

图 6-1 前方仓库布置图示

式中：E—— 库场容量，t；

Q—— 月最大货物吞吐量，t；

K_r—— 设计最大入库百分比，一般在 80% ~ 95%；

t_d—— 货物在库场内平均存放天数。

库场面积可按下式计算：

$$A=\frac{E}{qk} \tag{6-5}$$

式中：A—— 库场总面积，m^2；

E—— 所需库场容量，t；

q—— 单位堆货面积上的货物存放量，t/m^2；

k—— 库场总面积利用系数，为有效面积与总面积之比。

二、河港平面布置

河港建筑在天然河道、人工运河、湖泊和水库沿岸。它是内河船舶停靠、装卸货物、旅客来往、编解船队、补给和修理船只的场所，也是水陆联运的枢纽。

河港港口也由水域和陆域组成。水域包括航道、码头前水域或港池、锚地等。陆域包括码头、库场及用来布置各种运输、装卸机械和港口辅助生产设施所占的陆地。

（一）河港水域要求

1. 码头前沿高程

码头前沿高程应根据港口吞吐量大小、河流水文特征、地形地势、装卸工艺、货种、铁路与公路的连接条件，特别是防洪水位等因素决定。根据码头等级（一般分一等至三等）和河流水文特性，码头的设计高水位按洪水位频率 10% ~ 1%（即重现期 10 年遇到 100 年遇）来选定。

2. 码头设计低水位和水深

港口水域的设计低水位，应与所在航道的设计低水位相适应，一般采用多年历时保证率 90%–98% 的水位。

进港航道和码头前水域的设计深度 H 同样等于船舶吃水深度 T 加上最小富余水深 h（一般为 0.2 ~ 0.5m）。

3. 航道宽度

单向航行时，航道宽度应不小于设计标准船型（或船队）宽度的 1.5 倍。双向航行时，航道宽度应不小于设计标准船型（或船队）宽度的 2.6 倍。

4. 码头前沿水域及港池

顺岸式码头前沿供船舶停靠和装卸所需的水域，不得占用主航道，其宽度一般为 3 ~ 4 倍设计标准船型的宽度。前沿水域一般自船位端部与码头前沿线成 30° ~ 45° 交角向外扩张，扩张部分应达到设计水深，如图 6–2 所示。

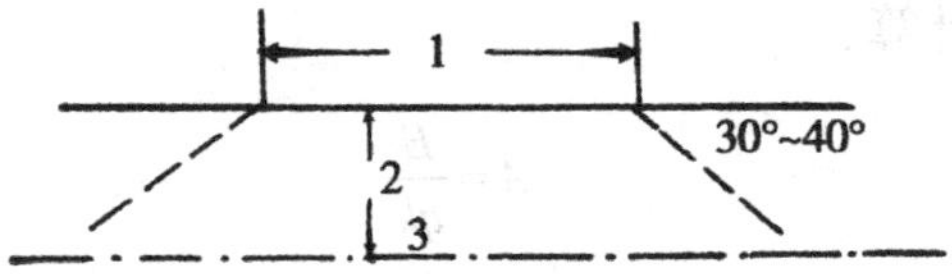

1 - 泊位长度；6–3 ~ 4 倍船宽；3- 主航道

图 6–2　顺岸式码头前沿水域

船舶靠岸时必须逆水流方向，船舶和硬绑顶推船队转头所需水域的长度（沿水流方向）一般为 2.5 ~ 4.0 倍的设计标准船型或船队总长，其宽度（沿垂直水流方向）一般不小于 1.5 倍的设计标准船型或船队总长。软拖船队转头时，需要的长度、宽度可适当减少。船型为单车单舵时，水域宽度一般不小于 2.5 倍的设计标准船型或船队总长。

当河道狭窄、码头前水域满足不了转头需要时，可在港口区附近的上下游河段选择调头水域或采用挖入式港池。

当港池两侧布置泊位，驳船由拖轮拖带进出港池，驳船在港池内自行转头时，港池宽度可按下式计算：

$$B = 1.2l_c + nB_c \tag{6-6}$$

当港池一侧布置泊位，驳船由拖轮带进出港池，驳船在港池内自行转头时，港池宽度按下式计算：

$$B = 1.2l_c + (n-2)B_c \tag{6-7}$$

式中：B——挖入式港池宽度，m。

l_c——设计标准船型长度，m。

B_c——设计标准船型宽度，m。

n——与港池同一侧船位数有关的系数，同一侧船位数为 1 ~ 2 时，$n=2$；同一侧船位数为 3 ~ 5 时，$n=4$；同一侧船位数为 6 ~ 10 时，$n=6$。

5. 锚地

锚地宜选在作业区附近，能避风、浪小、水深、流速较缓、与主航道及其他水上设施干扰少的水域。锚地底质以砂质黏土为宜，不要占用捕鱼区或设在过江电缆区。油船锚地应单独设置并位于港区下游。

（二）河港陆域要求

一般河港陆域宽度在 120 ~ 160m 范围内，即每米码头线需陆域面积 120 ~ 160m²。

1. 码头型式的选择

河港码头最常见的有斜坡式和直立式两种。它们总的特点是：斜坡与自然地形吻合，码头修建简单，造价较低，便于维修。但起重运输条件较差，码头前沿水深不足时，必须使用囤船、墩座等，并根据水位涨落经常移泊。这种型式码头的适用条件是：码头面至设计低水位的高差大于 15m 或小于 15m 而岸坡平缓的货运码头；码头面至设计低水位的高差大于 5m 的客运码头和以客运为主的客货码头。

直立式重力式结构码头型式的特点是便于配备各种型式起重设备，以提高码头机械化程度，船舶停靠及装卸作业方便。但造价高，施工期长，低水位作业时控制起吊不便。它适用于码头面至设计低水位的高差在 12m 以下，河床稳定岸坡较陡且有条件采用起重机构的货运码头。此外，还有突堤式码头，其特点是能停泊较多的船舶，占用岸线长度较少，但造价高。适用于江面较宽的大型码头，还有建造更简便的浮码头，适用于水位变化小于 5 ~ 6m 的情况，沿岸靠船墩，适用于输送液体的码头。

2. 货运码头线长度的估算

货运码头线长度可按下式估算：

$$L_{cw} = n_{cw} \times L, n_{cv} = \frac{Q}{P_{zh}}, Q = \bar{Q}K_b \tag{6-8}$$

式中：L_{cv}——港口码头线长度，m；

n_{cw}—— 船泊位数；

L—— 船的泊位长度，m；

Q—— 根据设计任务，按码头专业分工确定的月最大货物吞吐量，t；

P_{zh} 个船位的月综合通过能力，t；

$\overline{Q}$—— 月平均吞吐量，t；

K_b—— 货物的月不平衡系数，取 1.20 ~ 2.00（年吞吐量小取小值，年吞吐量大取大值）。

3. 客运站

河港客运站站址选择应满足河港港址选择的一般要求。客运站的布置首先应考虑便利旅客并与城市规划布局相协调，同时应考虑与铁路、公路的联运及与城市交通的衔接问题。如有沿江道路时，客运站应尽量建于沿江道路的外侧。进港、离港的旅客出入口应分开设置。候船室离客运码头较远时，应在码头入口处设置带有雨棚的廊道供旅客临时休息之用。客运站的建筑标准应与当地建筑标准相适应。大型客运站在建筑装修、设备条件及建筑标准方面应适当提高。此外，客运站还应根据有关规定考虑设置防火及人防工程设施。

三、机场的规划

随着民用航空事业的发展与普及，机场已成为每个城市的重要组成部分。而现代飞机飞行速度越来越快，运载量也越来越大，在城市对外交通运输中的比重越来越大，对城市影响也越来越大。在城市规划工作中，必须妥善地考虑机场位置的选定，以及机场与城市的距离和交通联系等问题。

（一）机场位置选择

①机场用地应当平坦，并有一定排水坡度（但一般机场跑道的最大纵坡也不要大于 10‰），要有良好的工程地质、水文地质条件，不应位于有矿藏和山体滑坡地区以及洪水易淹地区，当然还要避免占用大量良田。

②按机场的级别要求，保证足够的机场用地面积，保证净空限制区内没有障碍物。

③气象条件对飞机起飞、降落有较大影响，特别是风向、风速和气温等。尽量使机场跑道轴线与本地区主导风向具有较小的夹角。争取逆向起飞降落，不受横向风速干扰，有利安全。

④为避免飞机起飞、降落时越过城市市区上空而产生骚扰，机场位置宜在城市两侧且跑道轴线不穿过城市区。由于受自然地形等条件限制，一定要穿过城市上空时，也要争取将机场设于离城市较远的郊区，保证其端净空面不在城市市区范围内。

⑤为满足机场通信联络方面的要求，选择机场位置时应避免附近有电波、磁场对

机场导航、通信系统的干扰；同时还要注意对机场周围高压线、变电站、电讯台以及有高频或X光设备的工厂、企业、科研和医疗单位的影响。此外，还要注意不要选在有大量飞鸟活动的地区，避免飞机升降时，飞鸟被吸入造成飞机失事。最后，城市中有两个以上机场时要注意避免两者干扰；选择机场位置时还要为今后发展留有余地。

（二）机场内的布置

机场由空区和陆区两部分组成。空区是指机场内飞机起降、装卸、调动、停机以及飞机起飞后或降落前在机场及其上空活动的范围，包括等待空区、进近净空区、机场飞行区（升降带、滑行道和停机坪）等。陆区是服务区，也称航站区，包括技术服务区和行政服务区。技术服务区是为指导飞行、通信联络、信号标志、飞机的技术保养和修配等服务的建、构筑物和设备所占的区域。行政服务区是为机场工作人员、旅客、邮件、货物服务的建、构筑物所占的区域。陆区还包括职工生活区域、商业区及与机场有关的小型工业企业设施等。

1. 跑道

跑道布置与机场容量、基地风向有关。飞机应在逆风下升降，逆风风速越大，起飞时所需滑跑距离越短，逆风降落既可以缩短滑跑距离，又能增加安全性。横风（指侧向有一定强度的风）时，飞机起飞降落均较危险。跑道布置形式有带形、平行形、交叉形、V形和集中形等。跑道的长度与宽度和飞机特性、跑道有效纵坡等因素有关。机场海拔高度每升高100m，长度增长2.5%；温度超高1℃，长度增长1%；坡度增大0.1%，跑道增长1%。

2. 滑行道

滑行道的作用是使飞机在跑道上降落后，很快滑行离开跑道，以免影响其他飞机使用跑道，以及飞机起飞前从滑行道可以迅速进入跑道。

3. 停机坪

停机坪有登机口停机坪、整备停机坪、试运转停机坪、防磁停机坪、机库停机坪等。一般说的停机坪是指登机口停机坪飞机在此载卸旅客、货物、行李，装载燃料、水、食物和清洁机舱等。

停机坪的规划与布置应根据机坪类别，停放飞机的类型、数量、停放方式和自滑式牵引等因素确定。

（三）机场与城市距离和交通的联系

机场并不是航空运输的终点，而是地—空运输的一个衔接点，航空运输的全过程必须有地面交通的配合才能最后完成。目前，世界各国机场—城市的地面交通联系的速度与效率已成为发展现代空运的主要矛盾。随着飞机航速的不断提高，飞行所花的时间将越来越短，地面交通所占的比重就会越来越高，这是非常不合理的。因此，在城市规划中，必须很好地解决这个问题。

1. 机场与城市距离

前面谈到从机场本身的使用和建设，以及对城市的干扰、人防、安全等方面考虑，机场与城市的距离远些为好，但从机场为城市服务、更好地发挥高速的航空交通优越性来说，则要求机场接近城市为便利。我国机场与城市中心距离最远的是兰州中川机场（52km）、重庆白市驿机场（40km）；中等距离的有：北京首都机场（27km）、长沙大托铺机场（26km）、南宁的吴圩机场（27.8km）和哈尔滨的阎家岗机场（32km）；较近的有：武汉南湖机场（5km）、广州白云机场（6km）、南京大校场机场（6km）和昆明巫家坝机场（6.5km）。城市规划总的原则是：必须努力争取在满足机场选址要求的前提下，尽量缩短机场与城市的距离。

2. 机场与城市的交通联系

为了发挥航空运输的快速特点，与城市联系的地面交通越快越好，一般希望机场到城市所花的时间在30分钟以内。目前，国内外采用的方式主要有专用高速公路、高速列车、地下铁道等。地下铁道、高速列车运量大、速度快，但要多一次转乘，增添了麻烦，而且投资较大、灵活性差；采用汽车比较方便、灵活、直接；但随着小汽车的增加，常常出现交通堵塞、停车场地不够等情况。最好是设专用高速公路和城市环道系统相联结，可望达到快速、通畅的要求。

四、公路的规划

（一）公路线路与城市的联结

我国一些城市往往是沿着公路两边逐渐发展形成的，有些中小城市公路则是沿着城门向外伸展。在旧城中，公路与城镇道路并不分设，它既是城镇的对外公路，又是城镇的主要道路，两边商业、服务设施很集中，行人密集，车辆往来频繁，相互干扰很大。由于过境交通穿越，分割居住区不利于交通安全，影响居民生活。

为充分发挥汽车运输的特点，国内外高速公路发展很快。它在断面组成上，中央设分隔带，使车辆分向安全行驶；与其他线路交叉时，全部采用立体交叉，并控制出入口；有完善的安全防护设施，专供高速（一般为80 ~ 120km/h）车辆行驶。高速公路布置一般远离城市，与城市的联系必须采用专用的支路，并采用有控制的互通式立体交叉。

随着国家的改革开放，我国各地高速公路大量建成，它们对提高运输效率起了巨大的作用。

（二）站场的位置选择

公路车站又称为长途汽车站，按其使用性质不同，可分为客运站、货运站和技术站；按车站所处的地位不同，可分为起点站、终点站、中间站和区段站。

长途汽车站场的位置选择对城市规划布局影响很大。在城市总体规划中考虑功能分区和干道系统布置的同时，还要合理布置汽车站场的位置。布置原则是使用方便，不影响城市生产和生活，与火车和轮船码头要有较好联系，便于组织联运。大城市客运量大，线路方向多，车辆也多，可采用分路线方向在城市设两个或几个客运站；中小城市铁路交通量不大时，可以将长途汽车站与火车站结合布置。

货运站场的位置选择与货主的位置和货物的性质有关。如果为供应城市人民的日常生活用品，宜布置在市中心区边缘，可与市内仓库有便捷的联系；若货物性质对居民区有影响或中转货物，则不宜布置在市中心或居住区内，应布置在仓库区、工业区货物较为集中的地区，亦可设在铁路货运站、货运码头附近，便于组织水陆联运；并注意与城市交通干道的联系。技术站主要负责对汽车进行清洗、检修（保养）等工作，它的用地要求较大，对居住区有一定干扰，因此一般应布置在市区外围公路附近，与客、货站有方便的联系，与居住区有一定的距离。

第二节　城市道路的分类与布局

城市是工业生产、商业、科技、教育、文化等人口集中的地区，城市居民为了从事正常的生产、服务、生活活动，就产生了大量的、经常性的各种出行：如居民上下班、生活物资购买以及教育、文化需要的经常性出行往返等；此外，为了适应工业生产和城市生活物资供应的需要，在城市内外与各区之间就必然产生大量复杂的货物流动。各种出行及货物运输往来是通过选择相应经济合理的交通方式，采用不同的运输工具来进行的。各类车辆（包括步行）在城市道路系统上行驶往来，以完成各种性质的客、货运输任务，称为城市交通。它包括动态交通（车辆、行人流动）与静态交通（车辆、行人停驻）。

城市道路系统的定义是指城市范围内由不同功能、等级、区位的道路，以及不同形式的交叉口和停车场设施，以一定方式组成的有机整体。

城市道路系统中的道路一般包括主干道（指全市性的干道）、次干道（指地区性或分区干道）和支路（指居住区道路和连通路），它们共同构成了城市道路网。城市道路网特别是干道网的规划是否合理，不仅直接影响城市对外、对内的交通运输、生产和人们生活的正常进行，而且也影响所有城市地上、地下管道和道路两侧建筑的兴建。

城市干道走向一旦确定，道路网一经形成就很难改变，因此城市道路规划可以说是城市建设的百年大计。

一、城市道路规划的要求

城市道路规划必须结合城市性质与规模、用地功能分区布置、交通运输要求、自然地形、工程地质水文条件、城市环境保护和建筑布局等要求进行综合分析，反复比较来确定。这样才能建成一个系统完整、功能分明、线形平顺、交通便捷通畅、布局经济合理的城市道路网。其具体要求如下。

（一）道路建设、运输要经济

道路建设、运输要经济，包括道路建设时工程投资费用要经济和道路运行时维护费用要经济；同时还包括运行时交通运输成本费用和时间要节省等几个方面。道路规划设计的总目标就是以最少的建设投资和正常的维护费用，获得最大的服务效果与交通运输成本的节省。规划时要注意把道路、居住区建筑和公用设施有机结合起来考虑；要根据交通性质、流向、流量的特点，结合地形和城市现状，合理布置线路及其断面大小；对交通量大、车速高的干道路线要平顺布置，次要干道可着重地形、现状，不一定强求线形平顺，以达到节省投资的目的。

（二）区分不同功能道路性质，分流交通

尽量考虑区分不同功能道路性质进行分流，是使交通流畅、安全与迅速的有效措施。随着城市工农业生产和各项事业的兴旺发达，城市客、货运交通量和汽车、自行车的迅速增长，很多城市的交通拥挤状况日趋严重。在市场经济中，流通是第一位的。从人流来看，人的流通不仅是上下班的范畴，已扩大到社会交往、信息交流。因此，在城市干道和交叉口就经常发生拥挤和堵塞，引起交通事故。解决的办法除积极新建和扩建道路外，按客、货流不同特性，交通工具不同性能和交通速度的差异进行分流，即将道路区分不同功能，妥善组织平交道口交通，布置必要的立体交叉、人流与车流分隔，是有效的措施。做到车辆、行人“各从其类，各行其道”，从而保证交通流畅与安全。

（三）道路网规划应注意城市环境的保护

城市主要道路走向一般应平行于夏季主导风向，这样有利于城市通风。北方城市冬季严寒且多风沙，道路宜布置与主导风向成直角或一定角度，可以减少大风直接侵袭城市。为减少机动车行驶排出的废气和噪声的污染，布置干道时应注意采用交通分隔带，加强绿化，道路两侧建筑宜后退红线，特别要注意保持居住区与交通干道之间

有足够的消声距离。

（四）城市道路规划应注意道路与建筑整体造型的协调

城市道路不仅是城市的交通地带，通过路线的柔顺、曲折、起伏，两旁建筑的进退、高低错落和绿化配置，以及沿街公用设施、照明安排等有机协调配合，将对城市面貌起到重要的作用，可以给城市居民和外地旅客以整洁、舒适、美观和富有朝气的感受。

二、城市道路的分类及布局

（一）城市道路的分类

前述我国城市道路一般分为主干道、次干道与支路。但城市规模、性质不同，道路分类也不尽相同。特大城市、大城市道路功能分得较细，类别等级也较复杂。大城市归纳划分为六类，即快速交通干道（要求设计行车速度在 60 ~ 80km/h 之间，与同级道路相交需采用立交），主要交通干道和一般交通干道（要求设计行车速度为 60km/h 和 40km/h），以上交通干道的两侧，均不宜布置能吸引大量人流的大型商业、文化娱乐设施。还有就是区干道、支路及专用性道路（即独立的自行车道、步行街道等）。

（二）城市道路网的布局形式

城市范围内由不同功能、等级、区位的道路，以一定密度和适当的形式组成的网络结构称城市道路网。

城市道路网的布局形式，大体上可归纳为方格形、放射形、放射环形、自由式等路网。

1. 方格形路网

在平原地区，一般中小城市常采用方格形路网，我国一些历史悠久的古城道路系统也往往是在严整的方格形路网基础上发展起来的。其特点是道路系统简洁、明确，划分的街区比较方整，在路网密度较高的情况下，有利于组织单向交通，如西安市等。

2. 放射形路网

城市道路从中心地区向外沿不同方向伸展，形成放射形路网。其特点是中心地区与外围地区交通联系便捷，也较易适应各种地形条件，但道路往往形成锐角形相交，不利于组织交通运输，城市外围地区之间联系也较困难。实际上目前已很少有单纯的放射形路网，往往是放射形路和方格形路或环形路结合起来。

（三）放射环形路网

放射环形路网是当今世界非常流行的一种城市道路网形式，我国许多城市也都采用了这种形式。这是由于一些大城市和特大城市在不断向外扩展的过程中，逐步形成了放射路和几条围绕中心区的环路组成的形式。其优点是中心区和外围地区、外围地区之间都有便捷的联系，其运行方式是市内大区域交通由射线及其他道路将车流引导到环线上，在环线上车流重新组合选择方向，再由射线及其他道路将流量疏散。这种交通单向选择性很强，如出市交通，车辆由就近射线驶向环线，在环线上选择出市道路，出市道路几乎均为射线道路。入市交通车流流向则与出市正相反。其缺点是在这种流量分布规律中，环线需承担各个方向射线及其他道路传输来的车流，同时环线还需承担所处地区的交通组织任务，它的负荷强度比射线大得多，因此环线比射线“老化”速度快。

在放射环形路网中，绝大多数路口的车流转弯流向比重很高，这也是放射环形路交通流的一个特点。这些交叉口基本上是环线与射线相交的交叉口。实践证明，只要能够保证这些交叉口的安全与畅通，就基本保障了城市动脉的循环和正常运转。这就要求对重要的枢纽性质的交叉口必须处理成为立体交叉，而且应采用定向立交一环线跨射线为宜。

（四）自由式路网

在山区、丘陵地带、水网或海湾地形条件比较复杂的城市，道路结合地形变化，多起伏弯曲，形成自由式道路网。

三、城市道路规划经济指标

城市道路规划经济指标如下。

（一）道路网密度

道路网密度表示城市建成区域或城市某一地区内平均每 km^2 城市用地上拥有的道路长度，单位为 km/km^2。它是城市道路网规划的一个重要经济指标，它标志着城市道路分布的合理程度，一般以 6 ~ 8km/km^2 较为合理。一般认为城市干道间距以 700 ~ 1100m 为宜，相应干道密度为 2.8 ~ 1.8km/km^2。

（二）交通量

交通量是指道路上某一断面在单位时间内所通过的车辆或行人的数量。因此，交通量分为车流量和人流量，它们的单位是辆 /d 或辆 /h 和人 /d 或人 /h。一天 24 小时车辆或行人的数量是不同的，交通量最大的那个小时，称高峰小时。交通量是规划城市道路交通系统、确定道路等级、车行道、人行道宽度和横断面组成的主要依据。交通量观测目前我国大多采用人工与计数器相结合的方式进行，即选择抽样日期和时间进行观测。有些国家现已采用自动观测记录装置，进行长期的连续观测，能够取得更加完整的各种交通现状资料。

（三）道路通行能力

道路通行能力，是指一条道路在单位时间内，在正常气候和交通条件下，保证一定速度安全行驶时，可能通过的车辆或行人数量。它是检验一条道路是否充分发挥了作用和是否发生阻塞的理论依据。

一条道路上的车辆通行能力，以一条车道为单位来计算。理论上计算一条车道的通行能力，是假定车辆保证一定车速，车辆与车辆之间有最小的安全距离，一辆随着一辆连续行驶，每小时能通过的最大车辆数，即一条车道的理论通行能力。一列连续行驶的车辆，假定每一个车辆的长度均为 l 米，车辆间最小安全距离为 S 米，两者之和称车头间距 L 米。最小安全距离 s 由以下三项距离组成：①司机看到前方障碍物到动手制动，这段时间为 t，时段 t 内车辆已行驶的距离为优；②车辆开始制动到车辆完全停住的距离 kv^2；；③车制动停住后与障碍物之间应有的安全距离 L_0，则 L 表达式为

$$L=l+s=l+vt+kv^2+l_0 \quad \text{(式 6-9)}$$

式中：v—— 行车速度，m/s。

t—— 司机反应时间，一般为 1.0 ~ 1.5s。

k—— 制动系数，等于 $\frac{1}{2g\varphi}k_1$，k_1 为制动安全系数，取 1.2 ~ 1.7；φ 为摩擦系数，各种类型路面不同状态下的 φ 值见表 6-3。

L_0—— 制动后的安全距离，m。

表 6-3 摩擦系数 φ 值

路面类型	路面状况			
水泥混凝土路面	干燥	潮湿	泥泞	冰滑
沥青混凝土路面	0.7	0.5		
表面处治	0.6	0.4		
中级或低级路面	0.4	0.2		
路面类型	0.5	0.3	0.2	0.1

根据通行能力定义，一条车道的理论通行能力（或称可能通行能力）N_p（辆 /h）可写成

$$N_p=\frac{3600v}{L}=\frac{3600}{L/v}=\frac{3600}{t_i} \quad (6\text{-}10)$$

式中：L—— 车头间距，m；

v——车行速度，m/s；

t_i——行车“时间间隔”，等于 L/v，单位为 s。

4. 道路通行能力的规定

道路通行能力分为可能通行能力与设计通行能力。

在城市一般道路与一般交通的条件下，在不受平面交叉口影响时，一条机动车车道的可能通行能力按下式计算：

$$N_p = 3600 / t_i$$

式中：N_p——一条机动车车道的路段可能通行能力，pcu/h；

t_i——连续车流平均车头间隔时间，s/pcu。

当本市没有 t_i 的观测值时，可能通行能力可按表 6-4 选取。

表 6-4　一条车道的可能通行能力

计算行车速度（km/h）	50	40	30	20
可能通行能力（pcu/h）	1690	1640	1550	1380

对不受平面交叉口影响的机动车车道设计通行能力计算公式如下：

$$N_m = a_c N_p \quad \text{（式 6-11）}$$

式中：N_m——一条机动车道的设计通行能力，pcu/h；

a_c——机动车道通行能力的道路分类系数，见表 6-5。

表 6-5　机动车道的道路分类系数

道路分类	快速路	主干路	次干路	支路
a_c	0.75	0.80	0.85	0.90

注：快速路指城市道路中设有中央分隔带，具有 4 条以上机动车道，全部或部分采用主体立交与控制出入，供汽车以较高速度行驶的道路，又称汽车专用道。

5. 道路设计小时交通量的规定

为了设计路面宽度（即确定车道数），必须掌握规划设计年限的设计小时交通量 N_h，具体可用下列计算公式：

$$N_h = N_{da} k \delta \quad (6\text{-}12)$$

式中：N_h——设计年限的设计小时交通量，pcu/h；

N_{da}——设计年限的年平均日交通量，pcu/d；

k——设计高峰小时交通量与年平均日交通量的比值；

δ——主要方向交通量与断面交通量的比值。

年平均日交通量与 k、δ 值均应由各城市观测取值，或参照性质相近同类型道路数值选用。初估还可选 k=11%,δ=0.6。。

第三节　城市道路的设计规划

一、道路断面的规划

（一）道路横断面红线宽度

沿着道路宽度方向，垂直于道路中心线所做的剖面，称为道路横断面。道路横断面由车行道、人行道和绿化带等部分组成。根据道路等级、功能不同，可有各种不同断面形式，但其宽度不得超过城市规划的控制线（通常称道路红线）宽度。道路红线宽度内的道路总宽简称路幅。

（二）道路横断面设计原则与基本要求

道路横断面设计应在城市规划的红线宽度范围内进行。横断面形式、布置、各组成部分尺寸及比重应根据道路类别、级别、计算行车速度、设计年限的机动车道与非机动车道交通量和人流量、交通特性、交通组织、交通设施、地面杆线、地下管线、绿化和地形等因素统一安排。其具体要求如下：

①保证车辆和行人交通的安全与通畅；

②横断面布置应与道路功能、沿街建筑物性质、沿线地形相协调；

③减少由于交通运输所产生的噪声，减少灰尘和废气等对大气的污染；

④满足路面排水及绿化、地面杆线、地下管线等公用设施布置的工程技术要求；

⑤节约城市用地、节省工程费用、兼顾城防要求；

⑥考虑远近期规划与建设的结合及过渡。

（三）城市道路横断面典型类型及基本尺寸

1. 单幅路横断面

单幅路适用于机动车交通量不大，非机动车较少的次干路、支路以及用地不足、拆迁困难的旧城市道路。

2. 双幅路横断面

双幅路适用于单向两条以上机动车车道、非机动车较少的道路。有平行道路可供非机动车通行的快速路和郊区道路以及横向高差大或地形特殊的路段，亦可采用双幅路。其特点是路面中心设置中间分隔带。

3. 三幅路横断面

三幅路适用于机动车交通量大、非机动车多、红线宽度大于或等于 40m 的道路。其特点是中间机动车大道外设有非机动车道，且中间设有两侧分车带。

4. 四幅路横断面

四幅路适用于机动车速度高、单向两条以上机动车车道、非机动车多的快速路与主干路。其特点是三幅路中间设中间分隔带。

（四）城市道路宽度的计算及各部分尺寸的决定

1. 机动车车道宽度计算

通常城市干道上每个方向都不止一条车道。当几条同向车道上的车流成分一样，彼此之间又无分隔带时，由于驾驶员惯于选择干扰较少的车道行驶，故靠近中线的车道通行能力最高，估算机动车道一个方向的通行能力，以各条车道的通行能力相加即得。根据前述式（6–12）算得设计年限的设计小时交通量 N_h 及式（6–11）算得的一条机动车车道的设计通行能力 N_m，即可按下式求得机动车道宽度为

$$\text{机动车道宽度} = \frac{N_h}{N_m} \times \text{一条机动车道宽度} \tag{6-13}$$

表 6–6 给出了一条机动车车道宽度值。

表 6–6　一条机动车车道宽度

车型及行驶状态	计算行车速度（km/h）	车道宽度（m）
大型汽车或大、小型汽车混行	≥ 40	3.75
	＜ 40	3.50
小型汽车专用线		3.50
公共汽车停靠站		3.00

注：（1）大型汽车包括普通汽车及铰接车；

（2）小型车包括 2t 以下载货车、小型旅行车、吉普车、小客车及摩托车等；

（3）交叉进口道宽适当加宽。

2. 非机动车车道宽度计算

非机动车车道宽度见表 6–7。现以自行车为例，求其道路总宽度。由表 6–7 可见，一条自行车道宽度为 1.0m。不受平面交叉口影响时，一条自行车车道的路段可能通行能力为

$$N_{pb} = 3600_{Nbt}/[t_f\,(W_{pb} - 0.5)] \tag{6-14}$$

式中：N_{pb}——条自行车车道的路段可能通行能力，veh/（h · m）；

t_f—— 连续车流通过观测断面的时间段，s；

N_{bt}—— 在 t 秒时段内通过观测断面的自行车辆数，veh；

W_{pb}—— 自行车车道路面宽度，m。

表 6-7 非机动车车道宽度

车辆种类	自行车	三轮车	兽力车	板车
非机动车车道宽度（m）	1.0	2.0	2.5	1.5 ~ 2.0

求得不受平面交叉口影响，一条自行车车道的路段设计通行能力为

$$N_b = a_b N_{pb} \tag{6-15}$$

式中：N_b—— 一条自行车车道的路段设计通行能力，veh/（h·m）；

a_b—— 自行车车道的道路分类系数。对快速路、主干路 a_b =0.80；次干路、支路口 a_b =0.90。

受平面交叉口影响，一条自行车车道的路段设计通行能力，有分隔设施时，推荐值为 1000 ~ 1200veh/（h·m）；以路面标线划分机动车与非机动车道时，推荐值为 800 ~ 1000veh/（h·m）。自行车交通量大的城市采用大值，小的采用小值。

同理，已知设计年限的设计小时自行车交通量 N_{bh}(veh / h)，除以 N_b 后，即得自行车道宽度（m）。

3. 人行道宽度的计算

人行道宽度必须满足行人通行的安全和顺畅，用以下公式计算，但不得小于表 6-8 所示最小宽度。

$$W_P = N_w / N_{wl} \tag{6-16}$$

式中：W_P—— 人行道宽度，m；

N_w—— 人行道高峰小时行人流量，p/h；

N_{wl} —1m 宽人行道的设计行人通行能力，p/（h·m）。

人行道应分为人行道、人行横道、人行天桥和人行地道。它们的可能通行能力见表 6-8。设计通行能力还要根据不同地点乘以相应的折减系数，见表 6-9。最小宽度见表 6-10。

表 6-8 人行道、人行横道、人行天桥、人行地道的可能通行能力

类别	人行道 p/（h·m）	人行横道 p/（tgh·m）	人行天桥、人行地道 p/（h·m）	车站、码头的人行天桥、人行地道 p/（h·m）
可能通行能力	2400	2700	2400	1850

注：电为绿灯小时（h）。

表 6-9　人行道、人行横道、人行天桥、人行地道的设计通行能力

类别	折减系数			
人行道 p/（h · m）	0.75	0.80	0.85	0.90
人行横道 p/（tgh · m）	1800	1900	2000	2100
人行天桥、人行地道 p/（h · m）	2000	2100	2300	2400
车站、码头的人行天桥、人行地道 p/（h · m）	1800	1900	2000	—
类别	1400	—	—	—

表 6-10　人行道最小宽度　单位：m

项目	人行道最小宽度	
	大城市	中、小城市
各级道路	3	2
商业或文化中心区以及大型商店或大型公共文化机构集中路段	5	3
火车站、码头附近路段	5	4
长途汽车站	4	4

4. 分车带宽度尺寸

前述分车带按其在横断面中的不同位置与功能分为中间分车带（简称中间带）及两侧分车带（简称两侧带）。分车带由分隔带及两侧路缘带组成。分隔带

缘石围砌高出路面 10 ~ 20cm。分车带最小宽度及侧向净宽度等尺寸一般规定见表 6-11。

表 6-11　分车带最小宽度

分车带类别		中间带			两侧带		
计算行车速度（km/h）		80	60，50	40	80	60，50	40
分隔带最小宽度 W_{dm}, W_{db}		2.00	1.50	1.50	1.50	1.50	1.50
路缘带宽度（m）	机动车道 W_{mc}	0.50	0.50	0.25	0.50	0.50	0.25
	非机动车道 W_{mb}	—	—	—	0.25	0.25	0.25
侧向净宽（m）	机动车道 W_1	1.00	0.75	0.50	0.75	0.75	0.50
	非机动车道 W_1	—	—	—	0.50	0.50	0.50

安全带宽度（m）	机动车道 W_{sc}	0.5	0.25	0.25	0.25	0.25	0.25
	非机动车道 W_{sc}	—	—	—	0.25	0.25	0.25
分车带最小宽度 W_{sm}，W_{sb}		3.00	2.50	2.00	2.25	2.25	2.00

注：（1）快速路及小于 40km/h 的次干路，按表中 80km/h，40km/h 规定算。
（2）支路可不设路缘带，但应保证 25cm 侧向净宽。
（3）表中分隔带最小宽度系按设施带宽度 1m 考虑的，如设施带宽度大于 1m，应增加分隔带宽度。

（五）城市道路纵断面设计基本原则

道路纵断面以及平面布置的选择与设计属于道桥专业的内容，这里只概括讲一下纵断面设计的五条基本原则。

①道路纵断面设计应根据城市规划控制标高并适应临街建筑立面布置和地面排水。

②为保证行车安全、舒适，纵坡宜缓顺，起伏不宜频繁。

③山城道路及新辟道路的纵断面应综合考虑土石方挖填的平衡、汽车运行的经济效益，合理确定标高及坡度。

④机动车与非机动车混合行驶的车行道，应按非机动车爬坡能力设计纵坡。

⑤纵断面设计应对沿线地形、地质、水文、气候、排水和地下管线要求综合考虑，机动车行道最大纵坡应按表 6-12 中规定的数值选用。

表 6-12 机动车行道最大纵坡度

计算行车速度（km/h）	80	60	50	40	30	20
最大纵坡度推荐值（%）	4	5	5.5	6	7	8
最大纵坡度限制值（%）	6	7		8	9	

注：（1）海拔 3000 ~ 4000m 高原城市道路最大纵坡推荐值均减小 1%；
（2）积雪寒冷地区最大纵坡推荐值不得超过 6%。

五、城市道路交叉设计

（一）城市道路交叉口设计原则与规定

城市道路交叉口应按城市规划道路网设置。道路相交时宜采用正交，必须斜交时交叉角应大于或等于 45°。不宜采用错位交叉、多路交叉和畸形交叉。

交叉口设计应根据相交道路的功能、性质、等级、计算行车速度、设计小时交通量、流向及自然条件等进行。前期工程应为后期扩建预留用地。

交叉口设计应与交通组织设计、交通标志、标线结合考虑。

（二）交叉口类型与适用条件

道路与道路交叉地点称道路交叉口，一般分为平面交叉和立体交叉两种。应根据技术、经济及环境效益综合分析，合理确定。

1. 平面交叉

平面交叉口的类型有十字形、T 形、Y 形、X 形及环形。应根据城市道路的布置、相交道路等级、性质和交通组织等确定。

环形交叉口适用于多条道路交汇或转弯交通量较大的交叉口。快速路或交通量大的主干路上均不应采用环形平面交叉。坡向交叉口的道路纵坡度大于或等于 3% 时，也不宜采用环形平面交叉口。

2. 立体交叉

立体交叉设计应根据交叉口设计小时交通量、流向、地形、地质等具体情况综合分析，进行技术经济和环境效益比较后确定，有分离式和互通式两大类。它们典型形式和适用条件如下。

①分离式立体交叉适用直行交通为主且附近有可供转弯车辆使用的道路。

②菱形立体交叉可保证主要道路直行交通顺畅，在次要道路上设置平面交叉口，供转弯车辆行驶，适用于主要与次要道路相交的交叉口。

③部分苜蓿叶形立体交叉可保证主要道路直行交通顺畅，在次要道路上可采用平面交叉或限制部分转弯车辆通行，适用于主要与次要道路相交的交叉口。

④苜蓿叶形立体交叉与喇叭形立体交叉适用于快速路与主干路交叉处。苜蓿叶形用于十字形交叉口，喇叭形适用于 T 形交叉口。

六、城市道路排除雨水系统

城市道路地面雨水的排除系统规划将在第六章中讲解。本节只讲述与道路有关的排水孔、沟构造。地面排雨水可分为明式、暗式和混合式三种。明式排水适用于中小城镇或大城市郊区道路，它结合道路纵坡在适当地点设置横向明沟引向邻近的河流、水沟排走。暗式系统则采用雨水沟管排水。

（一）雨水口

雨水口是设置在暗式雨水管道上汇集雨水的构筑物。它布置在居住区出入口、道路交叉口、广场以及沿道路的侧边处。根据附近排雨水的设计流量大小确定雨水口的形式、位置与间距。城市道路上的雨水口间距一般为 30 ~ 60m。雨水口布置形式可分为平式、竖式和联合式。

（二）雨水管道

雨水口进入的雨水，通过支管流入雨水管道。雨水管道多沿道路靠近人行道或绿化分隔带的一侧布置。当道路红线宽度大于 60m 时，可沿街道两侧双线布置。布置时注意与树木、杆柱和侧石保持一定横向距离。为防止淤积，最小流速常采用自清流速，一般为 0.75m/s。最小管径不宜小于 200 ~ 300mm。

雨水管道设计纵坡尽量与道路纵坡相近，但最大容许流速不宜大于 Sm/s（混凝土和砖砌管沟）。

雨水管的最小覆土深度，一般根据外部荷载、管材强度、当地冻土深度以及支管的连接要求而定。除连接临街建筑物的支管埋深可较浅外，其余管道一般不小于 0.7m。北方地区则需根据防冻要求确定覆土深度。

第七章　城市绿地系统规划

第一节　城市绿地系统的发展

一、国外城市绿地系统的发展

旧约全书中的“伊甸园”，巴比伦的空中花园（Hanging Gardens），古希腊古罗马城市中的集市、墓园和军事营地，中世纪欧洲城市的教堂广场、市场街道等，是城市游憩活动和绿地的雏形直到文艺复兴时期，欧洲各国的一些皇家园林开始定期向公众开放，如伦敦的皇家花园(Royal Park k巴黎的蒙克花园(Parc Monceau)等。1810年，伦敦的皇家摄政公园(Regent Park)一部分投入房地产开发，其余部分正式向公众开放。

工业革命和社会化大生产引起城市人口急剧增加，导致城市的卫生与健康环境严重恶化。1833年以后，英国议会颁布了一系列法案．开始准许动用税收建造城市公园和其他城市基础设施。1843年，英国利物浦市动用税收建造了公众可免费使用的伯肯海德公园（Birkinhead Park，125英亩），标志着世界上第一个城市公园的正式诞生。

这一时期，巴黎的奥斯曼（Baron Haussman）改建计划也已基本成型，该计划在大刀阔斧改建巴黎城区的同时，也开辟出了供市民使用的绿色空间。美国的第一个城市公园——纽约中央公园（Central Park of New York）于1858年在曼哈顿岛诞生。19世纪下半叶，欧洲、北美掀起了城市公园建设的第一次高潮，称之为“公园运动”(Park Movement）。据有关研究显示，1880年时的美国210个城市，九成以上已经记载建有城市公园，其中20个主要城市的公园尺度在150～4000英亩之间。在“公园运动”时期，西方各国普遍认为城市公园具有五个方面的价值，即：保障公众健康、滋养道德精神、体现浪漫主义（社会思潮）、提高劳动者工作效率、促使城市地价增值。

“公园运动”为城市居民带来了出入便利、安全清新的集中绿地。然而，它们还只是由建筑群密集包围着的一块块十分脆弱的“沙漠绿洲”。1880年，美国园林设计师奥姆斯特德（FL.Olmsted）等人设计的波士顿公园体系，突破了美国城市方格网格局的限制。该公园体系以河流、泥滩、荒草地所限定的自然空间为定界依据，利用200～1500ft宽的带状绿化，将数个公园连成一体，在波士顿中心城区形成了景观优美、环境宜人的公园体系（Park system）。

波士顿公园体系的成功对城市绿地系统发展产生了深远的影响。此后，1883年的双子城（Minneapolis，H.Cleveland）公园体系规划、1900年的华盛顿城市规划、1903年的西雅图城市规划等，均以城市中的河谷、台地、山脊等为依托，形成了城市绿地互为联系的自然框架体系。该规划思想后来在美国发展成为城市绿地系统规划的一项主要原则。

19世纪末，人们对城市普遍提出了质疑，一些有识之士对城市与自然的关系开始作系统性反思，城市绿地建设从局部的城市土地用途调整转向了重塑城市的新阶段。

1898年，霍华德出版了《明天条引向真正改革的和平道路》；1915年，格迪斯出版了《进化中的城市）（Cities in Evolution，P.Geddes），写下了人类重新审视城市与自然关系的新篇章。霍华德认为大城市是远离自然、灾害肆虐的重病号，“田园城市”（Garden City）是解决这一社会问题的方法。“田园城市”直径不应超过两公里，人们可以步行到达外围绿化带和农田。城市中心是由公共建筑环抱的中央花园，外围是宽阔的林荫大道（内设学校、教堂等），加上放射状的林间小径，整个城市鲜花盛开、绿树成荫，形成一种城市与乡村田园相融的健康环境。在这一思想指导下，英国于1903年建造了第一座“田园城市”莱奇沃斯（Letchworth），于1919年建造了第二座“田园城市”韦林。

在欧洲大陆，受《进化中的城市》的影响，芬兰建筑师沙里宁（E.Saarinen）的“有机疏散”（Organic Decentralization）理论认为.城市只能发展到一定的限度。老城周围会生长出独立的新城，老城则会衰落并需要彻底改造。他在大赫尔辛基规划方案中表达了这一思想。这是一种城区联合体，城市一改集中布局而变为既分散又联系的城市有机体。绿带网络提供城区间的隔离、交通通道，并为城市提供新鲜空气。“有机疏散”理论中的城市与自然的有机结合原则，对以后的城市绿化建设具有深远的影响。

1938年，英国议会通过了绿带法案（Green Belt Act）；1944年的大伦敦规划，环绕伦敦形成一条宽达5mi的绿带；1955年，又将该绿带宽度增加至6～10m。英国“绿带政策”的主要目的是控制大城市无限蔓延、鼓励新城发展、阻止城市与城镇连体、改善大城市环境质量。

第二次世界大战以后，欧、亚各国在废墟上开始重建城市家园。一方面许多城市开始在老城区内大力拓建绿地，如伦敦议会决定建造的13个居住小区，绿化指标由0.2h㎡/千人猛增到1，4h㎡/千人。另一方面，以英国的《新城法案》（The New Town Act，1946年）为标志，许多国家开始采取措施疏解大城市人口、创建新城。无论是大城市还是小城市，面对空前的发展机遇，城市绿地建设迈入了继“公园运动”之后的第二次历史高潮，如莫斯科规划。

从20世纪70年代起，全球兴起了保护生态环境的高潮，在日本，1970年6月的一项调查表明，市民开始把城市绿化与环境视作与物价、住宅同等重要。在美国，麦克哈格出版了《设计结合自然》（Design With Nature，1971年，I.L.Mcharg）.该书提出在尊重自然规律的基础上，建造与人共享的人造生态系统的思想。在欧洲，1970年被定为欧洲环境保护年。联合国在1971年11月召开了人类与生物圈计划（MAB）国际协调会，并于1972年6月在斯德哥尔摩召开了第一次世界环境会议，会议通过了《人类环境宣言》。同年.美国国会通过了《城市森林法》。20世纪70年代以后的城市绿地建设开始呈现出新的特点。美国马里兰州的圣查理（ST.Charles，1970年）新城，北距华盛顿30km，规划人口7.5万人，由15个邻里组成5个村，每村都有自己的绿带，且相互联系形成网状绿地系统。澳大利亚墨尔本市依托优越的土地资源条件，在生态思想的影响下，以河流、湿地为骨架的“楔向网状”结构，建成了人与生物共荣的“自然中的城市”。

20世纪80年代初，城市绿地建设进入生态园林的理论与实践摸索阶段，主张遵循生态学的规律进行城市绿地系统规划、建设与维护。在英国，伦敦中心城区进行了较成功的实践，如在海德公园湖滨建立禁猎区，在摄政公园建立苍鹭栖息区等。现在，伦敦中心区有多达40-50种鸟类自然栖息、繁衍。澳大利亚墨尔本，于20世纪80年代初全面展开了以生态保护为重点的公园整治工作。其中雅拉河谷公园，占54地1700h㎡，河流贯穿，其间有灌木丛、保护地、林地、沼泽地等生境。为保护生物多样性、保护本地物种免受外来物种干扰，有关部门采取了一系列特殊措施。目前，该公园内至少有植物841种，哺乳类动物36种，鸟类226种，爬行动物21种.两栖动物12种，鱼8种，其中本地种质资源占80%以上。

1992年6月.世界100多个国家的首脑参加了联合国环境发展大会，并签署了三项国际公约，以此为标志，世界各国、社会各界和相关学术界对人类与自然关系的探索、认识与实践进入了一个新阶段。城市绿地系统被看做为人类提供生态服务的生态基础设施。

二、中国城市绿地系统的发展

中华民族“天人合一”的文化特征在城市中表现为，擅长于在将生活环境与自然环境融为一体的同时，也将人的精神文化需要与城市中的自然相交融，从而创造了举世闻名的中国园林文化。但是与西方古代一样，中国古代的城市绿化，只能为极少数人所享用。

1868 年，上海外滩出现了近代中国境内的第一个城市公园（Public Garden），该园于 1928 年对华人开放。由于经济落后和连年战争，从 1868-1949 年的 81 年中，中国一些大城市和沿海城市中只是零星出现了一些城市公园，如北平的中央公园，南京的秦淮公园，上海的华人公园（Chinese Garden）、哈同花园，广州的中央公园，汉口的市府公园，昆明的翠湖公园，沈阳的辽垣公园，厦门的中山公园等。

1949 年新中国成立之时，中国城市人口密度极高，基础设施十分薄弱，城市绿地极为匮乏。如广州市有公园 4 处，总面积仅 25h ㎡。作为西方冒险家乐园的上海 . 全市公园也只有 15 处，人均公共绿地仅 0.18 ㎡城市绿地系统的规划思想主要在抗战胜利以后，由一些有识之士从西方引进中国，如金经昌（同济大学教授）主持的上海大都市规划（当时已经包括浦东），但民国上海政府无力实施。

新中国成立后的第一个五年计划（1957-1957 年）期间，一批新城市的总体规划明确提出了完整的绿地系统概念，许多城市开始了大规模的城市绿地建设。例如，北京 5 年内新增绿地面积达 970h ㎡，迅速改善了城市环境和人民生活质量。1958 年，中央政府提出“大地园林化”和“绿化结合生产”的方针。

1976 年 6 月国家城建总局批发了《关于加强城市园林绿化工作的意见》，规定了城市公共绿地建设的有关规划指标。1992 年，国务院颁发了《城市绿化条例》，根据其中第九条的授权，1993 年 11 月建设部在参照各地城市绿化指标现状及发展情况的基础上，制定了《城市绿化规划建设指标的规定》（城建 [1993]784 号文件）。其中规定了城市绿化指标：即到 2000 年人均公共绿地 5 ~ 7 ㎡（视人均城市用地指标而定），城市绿化覆盖率应不少于 30%，2010 年人均公共绿地 6 ~ 8 ㎡，城市绿化覆盖率不少于 35%。该规定还明确说明 . 这是根据我国目前的实际情况，经过努力可以达到的低水平标准，离满足生态环境需要的标准还相差甚远，它“只是规定了指标的低限”，特殊城市（如省会城市、沿海开放城市、风景旅游城市、历史文化名城、新开发城市和流动人口较多的城市等）“应有较高的指标”。

改革开放以后，我国的城市绿化事业取得了长足的发展。一些沿海城市开始自发地提出创建“花园城市”、“森林城市”、“园林城市”等建设目标，国内知名学者钱学森早在 1990 年就提出了建设“山水城市”的倡议 D 1992 年起，建设部在全国连续开展“国家园林城市”的评选工作，该政策有效地调动了各方面的积极性，有力地推动了我国城市绿化的建设工作，如“八五”期间（1990-1995 年），全国城市人均公共绿地由 3.9 ㎡增加到 4.6 ㎡，绿化覆盖率由 19.2% 增加到了 22.1%。经过二十几年的发展建设，截至 2008 年的统计数据，我国 660 个设市城市绿化覆盖率和绿地率平均值分别为 35.29%、31.30%，其中 110 个国家园林城市绿化覆盖率和绿地率平均值分别为 39.74%、36.84%。

国家园林城市政策有力地推动了我国城市绿化建设，建设部在此基础之上，于2004 年推出了“国家生态园林城市”的政策。

第二节　城市绿地系统规划的性质与任务

一、什么是城市绿地系统规划

城市绿地的规划设计分为多个层次。具体包括如下：

城市绿地系统专业规划，是城市总体规划阶段的专业规划之一，属城市总体规划的必要组成部分，主要涉及城市绿地在城市总体规划层次上的系统化配置与统筹安排。

城市绿地系统专项规划，也称“单独编制的专业规划”，它是对城市绿地系统专业规划的深化和专业化。该规划不仅涉及城市总体规划层面，还涉及详细规划层面的绿地统筹和市域层面的统筹安排。城市绿地系统专项规划是对城市各类绿地及其物种在类型、规模、空间、时间等方面所进行的系统化配置及相关安排。

此外，还有城市绿地的控制性详细规划、城市绿地的修建性详细规划、城市绿地设计、城市绿地的扩初设计和施工图设计。

二、城市绿地系统规划的任务

城市绿地系统规划是在深入调查研究的基础上，根据城市总体规划对城市性质、发展目标、用地布局等要求，科学制定城市绿地发展目标和指标，合理安排市域大环境绿化和城市各类绿地的空间布局，统筹安排城市绿地建设的内容和行动步骤，并不断付诸实践的过程。具体包括以下内容：

1. 根据城市的自然条件、社会经济条件、城市性质、发展目标、用地布局等要求，确定城市绿化建设的目标和规划指标。

2. 结合城乡自然、文化和社会资源条件，统筹城乡空间布局，编制市域绿地系统规划。

3. 确定城市绿地系统的规划结构，合理确定各类城市绿地的总体关系。

4. 统筹安排各类城市绿地，分别确定其位置、性质、范围和发展指标。

5. 城市绿化树种规划。

6. 城市生物多样性保护与建设的目标、任务和保护建设的措施。

7. 城市古树名木的保护与现状的统筹安排。

8. 制定分期建设规划，确定近期规划的具体项目和重点项目，提出建设规模和投资匡算。

9. 从政策、法规、行政、技术经济等方面，提出城市绿地系统规划的实施管理措施。

10. 编制城市绿地系统规划的图纸和文件。

第三节 城市绿地的分类

一、几种城市绿地分类的方法

（一）国外的城市绿地分类

国际上目前尚无统一的城市绿地分类方法。各国所采用的不同分类方法，也一直在不断地调整。

德国将城市绿地分为郊外森林公园、市民公园、运动娱乐公园、广场、分区公园、交通绿地等。美国（洛杉矶市）将公园与游憩用地（Park and Recreation）分为游戏场、邻里运动场、地区运动场、体育运动中心、城市公园、区域公园、海岸、野营地、特殊公园、文化遗迹、空地、保护地等。苏联将城市绿地划分为公共绿地、专用绿地、特殊用途绿地。

1971 年，日本建设省制定城市绿地分类标准，将城市绿地分为四大类，1976 年增加了“城市（指街头，作者增译）绿地”、“绿道”、“国家设置的公园”三类绿地。1991 年又对之作了进一步完善，新增加“城市林地”、“广场公园”两类。至此，日本城市绿地共分为九大类。

（二）我国历史上的城市绿地分类方法

中国城市绿地的分类也经历了一个逐步发展的过程。1961 年版高等学校教材《城乡规划》中将城市绿地分为公共绿地、小区和街坊绿地、专用绿地、风景游览或休疗绿地共四类。1973 年国家建委有关文件把城市绿地分为五大类：即公共绿地、庭院绿地、行道树绿地、郊区绿地、防护林带匚 1981 年版高等学校试用教材《城市园林绿地规划》（同济大学主编）将城市绿地分为六大类：即公共绿地、居住绿地、附属绿地、交通绿地、风景区绿地、生产防护绿地。1990 年国标《城市用地分类与规划建设用地标准》GBJ 137—90，将城市绿地分为三类，即公共绿地 G1. 生产防护绿地 G2 及居住用地绿地 R14、R24、R34、R44。

1992 年，国务院颁发的中华人民共和国成立以来第一部园林行业行政法规《城市绿化条例》，将城市绿地表述为："公共绿地、居住区绿地、防护林绿地、生产绿地"及"风景林地、干道绿化等"，即至少六类。1993 年建设部印发的《城市绿化规划建设指标的规定》（建城 [1993]784 号文件）中，"单位附属绿地"被列为城市绿地的重要类型之一。

二、我国现行的城市绿地分类标准

2002 年建设部颁布的《城市绿地分类标准》CJJ/T 85—2002。该分类标准将城市绿地划分为五大类，即公园绿地 G1、生产绿地 G2、防护绿地 G3、附属绿地 04、其他绿地 G5。

公园绿地（G1）是指"向公众开放，以游憩为主要功能，兼具生态、美化、防灾等作用的绿地"，包括城市中的综合公园、社区公园、专类公园、带状公园以及街旁绿地。公园绿地与城市的居住、生活密切相关，是城市绿地的重要部分

生产绿地（G2）主要是指为城市绿化提供苗木、花草、种子的苗圃、花圃、草圃等圃地。它是城市绿化材料的重要来源，对城市植物多样性保护有积极的作用。

防护绿地（G3）是指对城市具有卫生、隔离和安全防护功能的绿地，包括城市卫生隔离带、道路防护绿地、城市高压走廊绿带、防风林、城市组团隔离带等。

附属绿地（G4）是指城市建设用地（除 G1、G2、G3 之外）中的附属绿化用地。包括居住用地、公共设施用地、工业用地、仓储用地、对外交通用地、道路广场用地、市政设施用地和特殊用地中的绿地。

其他绿地（G5）是指对城市生态环境质量、居民休闲生活、城市景观和生物多样性保护有直接影响的绿地。包括风景名胜区、水源保护区、郊野公园、森林公园、自然保护区、风景林地、城市绿化隔离带、野生动植物园、湿地、垃圾填埋场恢复绿地等。

2011 年颁布的国家标准《城市用地分类与规划建设用地标准》GB 50137—2011，将"城市绿地 G"分为三个中类，即"公园绿地 G1"、"防护绿地 G2"与"广场用地 G3"，其中：

公园绿地 G1：向公众开放，以游憩为主要功能，兼具生态、美化、防灾等作用的绿地；

防护绿地 G2：城市中具有卫生、隔离和安全防护功能的绿地，包括卫生隔离带、道路防护绿地、城市高压走廊绿带等；

广场用地 G3：以硬质铺装为主的城市公共活动场地。

该新的国家标准中"公园绿地 G1"不变，增加了"广场"的内涵，剥离了"生产绿地"的内涵。新增的"广场用地 G3"单指城市公共活动的广场，而交通用途的广场应归为"综合交通枢纽用地"。原"生产绿地 G2"以及市域范围内基础设施两侧的防护绿地 G3，按照实际使用用途被纳入到城乡建设用地分类"农林用地"之中，原防护绿地 G3 的内涵不变但代号改为 G2。

2002年颁布的行业标准《城市绿地分类标准》CJJ/T 85—2002与2011年新颁布的国家标准《城市用地分类与规划建设用地标准》GB 50137—2011，二者同属城乡规划技术标准体系中的基础标准。前者为原有行标，后者为新颁国标。在实际工作中要协调二者之间的不一致性，通常后者具有优越性，可以预计，未来会呈现出修订《城市绿地分类标准》、服从于《城市用地分类与规划建设用地标准》的趋势。

第四节　城市绿地系统规划的目标与指标

一、城市绿地系统规划的目标

城市绿地系统规划是在城市总体规划的基础上完成的，绿地系统规划目标依据总体规划的要求而确定相应的近、中（远）期规划与建设目标，并合理确定规划指标。

由于城市性质、规模和自然条件等方面各不相同，城市绿地系统规划目标的确定也存在着差异。规划目标的确定，应在依据国家有关政策及住房和城乡建设部相关标准的基础上，结合城市的特点，通过优化布局和改善结构的方式，科学合理地配置城市绿地，使其尽可能地满足城市在生态环境、居住生活、产业发展等方面的需要，最大限度地发挥其生态环境效益、经济效益和社会文化效益。

城市绿地系统规划的目标分为近期目标和远期目标。近期目标一般为近5年的目标，远期目标为规划期内所要达到或最终要实现的目标，一般为20年左右或更长规划期，最近通常定为2030年。

二、城市绿地系统的常见指标°

城市绿地指标是反映城市绿化建设质量和数量的量化方式。我国城市绿地规划与管理常见的指标有：绿地占城市建设用地的比例（%）、人均公园绿地面积（㎡/人）、城市绿地率（%）和城市绿化覆盖率（%）等。

城市绿地率是一个全覆盖的概念，不仅包括狭义城市绿地概念中的三种类型，还包括狭义城市绿60地之外其他各类城市建设用地中的绿地（即附属绿地）W总和。绿地占城市建设用地的比例(%)，指城市和县人民政府所在地镇内的绿地面积(公园绿地、防护绿地、广场用地）之和除以城市建设用地总面积的百分比，单位为%。

绿化覆盖率作为一种理论概念，在实际工作中常以上述的绿地率指标为基数，加上行道树的树冠投影面积（时常被简化为5%）之和。

三、国内外城市绿地指标比较

1954 年，苏联建筑科学院城市建设研究所编著的《苏联城市绿化》是较早地试订城市绿地规划的一些指标，并对城市绿地进行分类分级．以服务半径衡量绿地的均匀布局。我国园林绿地指标在 20 世纪 50 年代后的相当长一段时间内，主要引用苏联的指标，20 世纪 70 年代后开始吸收借鉴西方国家的一些标准。

国家园林城市代表着我国城市绿化建设的领先水平。我国其他城市、中西部地区城市、特大城市的绿化建设指标仍然较低。

20 世纪 60 年代德国提出：每个居民需要 40m，高质量的绿地，才能达到人类生存所需的生态平衡，近年来提出了在新建城镇人均公园绿地应达到 68 ㎡的新标准。20 世纪 70 年代后期，联合国生物圈生态与环境组织提出城市的最佳居住环境标准是达到每人拥有 60 ㎡公园绿地指标。

四、城市绿地规划的指标

（一）城市用地标准

中国各类城市，特别是大城市，人均城市建设用地十分有限，2011 年颁布的国家标准《城市用地分类与规划建设用地标准》GB 50137—2011，要求城市总体规划编制时，城市绿地占城市建设用地的比例宜为 10.0%—15.0%。

2. 风景旅游城市、特殊城市应有其他特殊的比例。

在城市人均建设用地总量受限、各类城市建设用地相互争抢比例的条件下，我国许多城市经过不懈的努力，城市绿化建设仍然取得了可喜的成果。

（二）城市绿化规划建设指标的有关要求

1993 年，根据国务院《城市绿化条例》第九条，为加强城市绿化规划管理．提高城市绿化水平，建设部颁布了《城市绿化规划建设指标的规定》（建城 [1993]784 号），提出了根据城市人均建设用地指标确定人均公共绿地面积指标。

2011 年颁布的国家标准《城市用地分类与规划建设用地标准》GB 50137—2011 要求到 2030 年，全国城市以 8 ㎡ / 人，作为人均公园绿地控制的低限。风景旅游城市等特殊有条件的城市，应达到更高的指标，不设上限。

（三）“国家园林城市”指标（建城[2010]125号）

在国家园林城市政策 18 年经验总结的基础上，2010 年《国家园林城市标准》提出城市人均公园绿地面积的指标一般要求达到 10.0 ㎡以上。

（四）“国家生态园林城市”指标

我国《国家生态园林城市标准（暂行）》（建城[2004]98号）中对建成区绿化覆盖率、人均公园绿地及绿地率等指标作出了有关规定，其中人均公园绿地面积指标要求达到10.0 ㎡以上。

第五节 市域绿地系统规划

我国城市绿地的规划与建设管理长期以来深受城乡二元体制的影响，对于如何协调和统筹城市绿地与市域大环境内的其他非建设用地中绿地的关系，如何规划和管理市域大环境绿化，总体上仍然处在摸索阶段。

1992年联合国环境发展大会以后，协调处理人与自然的关系、建设城乡人居环境已成为解决生态危机的主要方式之一。世界各国、我国各城市出现了各种理论和实践探索，如城乡结合部的绿色空间地带，日本的大都市绿地圈，上海的环城绿带，新加坡和广东省的绿道，杭州的西溪湿地等。2002年，建设部《关于印发〈城市绿地系统规划编制纲要（试行）〉的通知》的文件中提出：“城市绿地系统规划的主要任务是科学制定各类城市绿地的发展指标，合理安排城市各类园林绿地建设和市域大环境绿化的空间布局”。

我国人均资源短缺，人均城市建设用地指标受到严格控制，城市绿地的面积总量受到限制。在此条件下，为改善城市生态环境，建构合理的城乡一体化的市域大环境绿化，意义重大。

在编制城市市域绿地系统规划时，应综合考虑以下原则：

（1）系统整合，建构城乡融合的生态网络系统，优化城乡的结构与功能。以"开敞空间优先”的原则规划城市绿地系统，完善城市空间布局和功能，适应城市产业的空间调整和功能转变，结合区域基础设施和公用设施建设、历史文化保护、生态环境培育、郊野游憩等发展和管理。世界一些主要国家的首都，在城市近郊辟有约两倍于城市建成区面积的城郊森林地带。北京市的绿化隔离带结合城市总体规划中的“分散集团式”发展模式，在中心组团与各边缘之间规划永久性的隔离绿地，隔离带内包含森林、水体与湿地、草地、城镇与居民区、高技术工业园区、交通道路、农田、果园、苗圃等。城郊一体化的大环境绿化体系，应以植树造林为主，同时须保护耕地、森林和水域绿地，限制城市“摊大饼”式地无序蔓延和无限扩张。

（2）保护与合理利用自然资源，维护区域生态环境的平衡。我国地域辽阔，地区性强，城市之间的自然条件差异很大。规划应根据城市生态适宜性要求，结合城市周围自然环境，充分发挥城郊绿化的生态环境效益。广州的市域绿地系统规划（2001-2020年），以“青山、名城、良田、碧海”为目标，充分保护和合理利用自然资源，建构起“山水城市”的框架，控制对传统农业、自然村落、水体、丘陵、林地和湿地的开发。

（3）保护国土资源的历史价值、文化价值和科学价值，落实历史遗产、自然遗产和生态敏感区的保护与规划控制。珠海市结合城市自然条件，确定了市域范围内的生态山体林地、城市郊野公园、生态敏感区、生态农田以及旅游景观岸线等。

（4）加强管理部门间的职能协调、行政合作和财政支持，优化和强化公共管理职能。市域绿地系统的用地属性为农用地和乡村居民点用地，其生产生活的需要与城市生态、游憩的需要并不一致，打破二元对立任重道远，政府主导是必由之路。

关于市域绿地的分类，我国尚处于摸索阶段，发展趋势是将城乡部分农林用地（耕地、园地、林地、牧草地、设施农用地、田坎、农村林荫路等）、部分水域（自然水域、水库、坑塘沟渠）、部分未利用地（空闲地、盐碱地、沼泽地、沙地、裸地、不用于畜牧业的草地等）纳入城市规划控制的范围，对其城市生态环境功能、游憩功能、生物多样性保护、建设与利用进行综合统筹，充分发挥国土资源的生态效益、社会效益和经济效益。

市域绿地系统的规划与管理必然涉及林地、园地、牧草地、耕地、水域、湿地及未利用土地，规划措施必须符合这些土地类型所固有的使用和管理特点。

1. 林地

林地是指生长乔木、竹类、灌木、沿海红树林的土地，不包括居民绿化用地，以及铁路、公路、河流沟渠的护路、护草林。森林生态效益是陆地生态系统中综合生态效益最高的生态系统。目前，我国林地的用地结构不合理，用材林占总面积的64.22%，占绝对优势，其他林地总共仅占总面积的35.78%。林种单一严重影响林业的生态效益和经济效益，而且．用材林中以中、幼林为主。我国人均森林面积同世界上一些发达国家相比相差甚远。市域绿地系统规划中，应结合国家生态林业工程规划．加快防护林体系建设．完善森林生态体系建设。

2. 牧草地

牧草地是指以生长草本植物为主，用于畜牧业的土地。草本植被覆盖度一般在15% 以上，干旱地区在 5% 以上，树木郁闭度在 10% 以下，牧草地包括以牧为主的疏林、灌木草地，规划应保护城郊天然牧草地资源，控制放牧强度，科学轮牧，封滩育草；合理划定宜牧地，解决农牧争坡、林牧争山的矛盾。

3. 园地

园地是指种植以采集果、叶、根茎等为主的集约经营的多年生木本和草本作物，覆盖度大于 50% 或每亩株数大于合理株数的 70% 的土地，包括果树苗圃等用地。园地包括果园、桑园、茶园、橡胶园和其他园地。我国园地栽培历史久远，分布广泛，地域特征明显。规划应根据适应性原则，考虑栽种品种，积极改造低产园地．建设稳定高产园地，适当结合发展乡村旅游，提高综合效益。

4. 水域和湿地

水域是指陆地水域和水利设施用地，不包括泄洪区和垦植3年以上的滩地、海涂中的耕地、林地、居民点、道路等。陆地水域包括江河、湖泊、池塘、水库、沼泽、沿海滩涂等。它与人类的生存、繁衍、发展息息相关，是自然界最富生物多样性的生态景观和人类最重要的生存环境之一。它不仅为人类的生产、生活提供多种资源，而且具有巨大的环境功能和效益，在抵御洪水、调节径流、蓄洪防旱、控制污染、调节气候、控制土壤侵蚀、促淤造陆、美化环境等方面有其他系统不可替代的作用。市域绿地系统规划应结合《全国湿地保护工程规划》，加强自然保护区的规划和管理，积极恢复退化的湿地’保护湿地生态系统和改善湿地的生态功能。

5. 未利用土地

未利用土地主要是指难利用的土地。它包括荒草地、盐碱地、沼泽地、沙地、裸土地、裸岩石砾地、田坎和其他等。未利用地一般需要治理才能利用或可持续利用。

第六节　城市绿地系统的结构布局

一、结构布局的基本模式

布局结构是城市绿地系统的内在结构和外在表现的综合体现．其主要目标是使各类绿地合理分布、紧密联系，组成有机的绿地系统整体。通常情况下，系统布局有点状、环状、放射状、放射环状、网状、楔状、带状、指状等8种基本模式。

我国城市绿地空间布局常用的形式有以下四种。

（一）块状绿地布局

将绿地成块状均匀地分布在城市中，方便居民使用，多应用于旧城改建中，如上海、天津、武汉、大连、青岛和佛山等城市。

（二）带状绿地布局

多数是由于利用河湖水系、城市道路、旧城墙等因素，形成纵横向绿带、放射状绿带与环状绿地交织的绿地网。带状绿地布局有利于改善和表现城市的环境艺术风貌。

(三) 楔形绿地布局

从郊区伸入市中心、由宽到窄的绿地，称为楔形绿地。楔形绿地布局有利于将新鲜空气源源不断地引入市区，能较好地改善城市的通风条件，也有利于城市艺术面貌的体现，如合肥。

(四) 混合式绿地布局

它是前三种形式的综合利用，可以做到城市绿地布局的点、线、面结合，组成较完整的体系。其优点是能够使生活居住区获得最大的绿地接触面，方便居民游憩，有利于就近地区气候与城市环境卫生条件的改善，有利于丰富城市景观的艺术面貌。

二、规划实例

(一) 伦敦

伦敦由内伦敦和外伦敦组成，又称大伦敦。早在1580年，为限制伦敦城市用地的无限扩张，伊丽莎白女王第一次提出了规划绿带的想法。霍华德在1898年提出在伦敦周围建立一条绿带；1938年英国正式颁布了《绿带法》（Green Belt Act），确定在市区周围保留2000k㎡的绿带面积，绿带宽13～24km。由于城市产业和人口规模的膨胀，1944年，大伦敦区域规划公开发表。规划以分散伦敦城区过密人口和产业为目的，在伦敦行政区周围划分了4个环形地带，即内城环、郊区环、绿带环、乡村环。在绿带内除部分可作农业用地外，不准建设工厂和住宅。

近年来，伦敦越来越重视增加绿地空间的公众可达性，提高绿地的连接性，提供花园到公园、公园到公园道、公园道到绿楔、绿楔到绿带的便利通道。绿地空间的规划从公园系统转为多功能的绿道，拓展大型绿地的影响和服务半径，增加与周边地区的内在连接，通过绿色网络的连接，形成高质量的绿色空间。此外，伦敦绿地非常重视自然保育功能，通过绿地自然化、建设生态公园、废弃地生态改造、河流管理、人工动植物栖息地创建等措施，为野生生物提供自然生境，各自治区均编制自然保育规划，执行生物多样性行动规划、进行植被管理。

(二) 上海

《上海城市绿地系统规划》(2002-2020年)的总体布局呈现出“环”、“楔”、“廊”、“园”、“林”的形式。规划以“一纵两横三环”为骨架、以“多片多园”为基础、以“绿色廊道”为网络，形成互为交融、有机联系的中心城绿地布局结构。在规划理念上，创造生态“源”林——建设城市森林，构筑“水都绿城”——让城市重回滨水，构筑城市“绿岛”——平衡城市“热岛”，构筑“绿色动感都市”——建设绿色标志性景观空间。

（三）深圳

深圳市依托自然山水条件形成了大气、连绵的城市绿地系统，令人印象深刻。

（四）江门

江门是我国第六批审批通过的“国家园林城市”。江门市城市绿地系统规划呈“三片、六廊、八心”的结构布局。

三、规划布局的原则

城市绿地系统规划布局总的目标是，保持城市生态系统的平衡，满足城市居民的户外游憩需求，满足卫生和安全防护、防灾、城市景观的要求。

（1）城市绿地应均衡分布，比例合理，满足全市居民生活、游憩需要，促进城市旅游发展。

城市公园绿地，包括全市综合性公园、社区公园、各类专类公园、带状公园绿地等，是城市居民户外游憩活动的重要载体．也是促进城市旅游发展的重要因素。城市公园绿地规划以服务半径为基本的规划依据，“点、线、面、环、楔”相结合的形式，将公园绿地和对城市生态、游憩、景观和生物多样性保护等相关的绿地有机整合为一体，形成绿色网络，按照合理的服务半径和城市生态环境改善，均匀分布各级城市公园绿地，满足城市居民生活休息所需；结合城市道路和水系规划，形成带状绿地，把各类绿地联系起来，相互衔接，组成城市绿色网络。

（2）指标先进。城市绿地规划指标制定近、中、远三期规划指标，并确定各类绿地的合理指标，有效指导规划建设。

（3）结合当地特色．因地制宜。

应从实际出发，充分利用城市自然山水地貌特征，发挥自然环境条件优势，深入挖掘城市历史文化内涵，对城市各类绿地的选择、布置方式、面积大小、规划指标进行合理规划。

（4）远近结合，合理引导城市绿化建设。

考虑城市建设规模和发展规模，合理制定分期建设目标，确保在城市发展过程中，能保持一定水平的绿地规模，使各类绿地的发展速度不低于城市发展的要求。在安排各期规划目标和重点项目时，应依城市绿地自身发展规律与特点而定。近期规划应提出规划目标与重点，具体建设项目、规模和投资估算。

（5）分割城市组团。

城市绿地系统的规划布局应与城市组团的规划布局相结合。理论上每 25 ~ 50k ㎡，宜设600～1000m宽的组团分割带。组团分割带尽量与城市自然地和生态敏感区的保护相结合。

第七节　城市绿地分类规划

一、公园绿地（G1）

根据《城市绿地分类标准》CJJZT 85-2002，公园绿地包括综合公园、社区公园、专类公园、带状公园以及街旁绿地。它是城区绿地系统的主要组成部分，对城市生态环境、市民生活质量、城市景观等具有可替代的积极作用。《城市用地分类与规划建设用地标准》GB 50137—2011要求人均公园绿地面积不应小于8.0 ㎡/人。

1. 综合公园（G11）和社区公园（G12）

各类综合公园绿地内容丰富，有相应的设施。社区公园为一定居住用地内的居民服务.具有一定的户外游憩功能和相应的设施。二者所形成的整体应相对地均匀分布，合理布局，满足城市居民的生活、户外活动所需，居民利用的公平性和可达性成为评价公园绿地布局是否合理的重要内容。

公园绿地服务半径覆盖率是国家园^1＜城市的重要评价指标。根据我国《国家园林70城市标准》（建城[2010]125号），5000 ㎡及以上公园绿地、服务半径500m的覆盖率应至少在70%及以上；在历史文化街区范围内，公园绿地在1OOO ㎡及以上、服务半径在300m的覆盖率也应至少在70%及以上。

综合性公园一般应能满足市民半天以上的游憩活动，要求公园设施完备、规模较大，公园内常设有茶室、餐馆、游艺室、溜冰场、露天剧场、儿童乐园等。全园应有较明确的功能分区，如文化娱乐区、体育活动区、儿童游戏区、安静休息区、动植物展览区、管理区等。用地选择要求服务半径适宜，土壤条件适宜，环境条件适宜，工程条件适宜（水文水利、地质地貌）。如深圳特区选择原有河道通过扩建形成荔枝公园。

2. 专类公园（G13）

除了综合性城市公园外，有条件的城市一般还设有多个专类公园，如儿童公园、植物园、动物园、科学公园、体育公园、文化与历史公园等。

儿童公园的服务对象主要是少年儿童及携带儿童的成年人，用地一般在5h ㎡左右，常与少年宫结合。公园内容应能启发心智技能、锻炼体能、培养勇敢独立精神.同时要充分考虑到少年儿童活动的安全。可根据不同年龄特点，分别设立学龄前儿童活动区、学龄儿童活动区和少年儿童活动区等。

植物园是以植物为中心的，按植物科学和游憩要求所形成的大型专类公园。它通常也是城市园林绿化的示范基地、科普基地、引种驯化和物种移地保护基地，常包括有多种植物群落样方、植物展馆、植物栽培实验室、温室等。植物园一般远离居住区，但要尽可能设在交通方便、地形多变、土壤水文条件适宜、无城市污染的下风下游地区，以利各种生态习性的植物生长。

动物园具有科普功能、教育娱乐功能，同时也是研究我国以及世界各种类型动物生态习性的基地、重要的物种移地保护基地。动物园在大城市中一般独立设置，中小城市常附设在综合性公园中。由于动物种类收集难度大，饲养与研究成本高，必须量力而行、突出种类特色与研究重点。动物园的用地选择应远离有噪声、大气污染、废弃物污染的地区%远离居住用地和公共设施用地，便于为不同生态环境（森林、草原、沙漠、淡水、海水等）、不同地带（热带、寒带、温带）的动物生存创造适宜条件，与周围用地应保持必要的防护距离。

体育公园是一种既符合一定技术标准的体育运动设施，又能供市民进行各类体育运动竞技和健身，还能提供良好的游憩环境的特殊公园，面积 15 ~ 75h ㎡。体育公园内可有运动场、体育馆、游泳池、溜冰场、射击场、跳伞塔、摩托车场、骑术车技活动场及水上活动等。体育公园选址应重视大容量的道路与交通条件。

3. 带状公园（G14）

以绿化为主的可供市民游憩的狭长形绿地，常常沿城市道路、城墙、滨河、湖、海岸设置，对缓解交通造成的环境压力、改善城市面貌、改善生态环境具有显著的作用。带状公园的宽度一般不小于 8m。

4. 街旁绿地（G15）

街旁绿地位于城市道路用地之外，相对独立成片的绿地。在历史保护区、旧城改建区，街旁绿地面积要求不小于 1000 ㎡，绿化占地比例不小于 65%。街旁绿地在历史城市、特大城市中分布最广，利用率最高。近年来，上海、天津在中心城区内建设这类绿地较多，受到市民的普遍欢迎。

二、防护绿地（G2）

防护绿地（G2）的主要特征是对自然灾害或城市公害具有一定的防护功能，不宜兼作公园使用。其功能主要体现为：①防风固沙、降低风速并减少强风对城市的侵袭；②降低大气中的 CO_2，SO_2 等有害、有毒气体的含量，减少温室效应，降温保温，增加空气湿度，发挥生态效益；③城市防护绿地有降低噪声、净化水体、净化土壤、杀灭细菌、保护农田用地等作用；④控制城市的无序发展，改善城市环境卫生和城市景观建设。具体来看，不同的防护林建设各有其特点。

1. 卫生隔离带

卫生隔离带用于阻隔有害气体、气味、噪声等不良因素对其他城市用地的骚扰，通常介于工厂、污水处理厂、垃圾处理站、殡葬场地等与居住区之间。

2. 道路防护绿带

道路防护绿地是以对道路防风沙、防水土流失、及以农田防护为辅的防护体系，是构筑城市网络化生态绿地空间的重要框架。同时，改善道路两侧景观。不同的道路防护绿地，因使用对象的差异，防护林带的结构有所差异。如城市间的主要交通枢纽，车速在 80 ~ 120km/h 或更高时，防护林可与农用地结合，起到防风防沙的作用，同时形成大尺度的景观效果。城市干道的防风林，车速在 40 ~ 80km/h 之间，车流较大，防风林以复合性的结构有效降低城市噪声、汽车尾气、减少眩光确保行车安全为主，又形成了可近观、远观的道路景观’此外，铁路防护林建设以防风、防沙、防雪、保护路基等为主，有减少对城市的噪声污染、减少垃圾污染等作用，并利于行车安全。铁路防护林应与两侧的农田防护林相结合，形成整体的铁路防护林体系，发挥林带的防护作用。

3. 城市高压走廊绿带

城市高压走廊一般与城市道路、河流、对外交通防护绿地平行布置，形成相对集中、对城市用地和景观干扰较小的高压走廊，一般不斜穿、横穿地块。高压走廊绿带是结合城市高压走廊线规划的，根据两侧情况设置一定宽度的防护绿地．以减少高压线对城市的不利影响，如安全、景观等方面，特别是对于那些沿城市主要景观道路、主要景观河道和城市中心区、风景名胜区、文物保护范围等区域内的供电线路，在改造和新建时不能采用地下电缆敷设时，宜设置一定的防护绿带。

4. 防风林带

防风林带主要用于保护城市免受风沙侵袭，或者免受 6m/s 以上的经常强风、台风的袭击。城市防风林带一般与主导风向垂直，如北京、开封于西北部设置的城市防风林带。

三、广场用地（G3）

根据国家标准《城市用地分类与规划建设用地标准》GB 50137-2011，广场用地是指以硬质铺装为主的城市公共活动场地，交通用途的广场归入“综合交通枢纽用地”之中。随着城市经济社会的发展，广场正日益成为市民户外游憩、文体健身、社区交往、休闲商务等日常性公共活动的空间。

广场用地的面积按住建部建规[2004]29 号文件的要求，小城市和镇不得超过 1h ㎡，中等城市不得超过 2h ㎡，大城市不得超过 3hm，人口规模在 200 万以上的特大城市不得超过 5h ㎡ o广场的空间布局和规划建设应遵循均利、以人为本和绿色原则，并与城市防灾工程、公交站点、公共停车设施等相结合。

四、附属绿地（G4）

根据新的国家标准《城市用地分类与规划建设用地标准》GB 50137-2011，附属绿地由以下绿地所组成。

1. 居住区绿地

居住区绿地属于居住用地的一个组成部分。居住用地中，除去居住建筑用地、居住区内道路广场用地、中小学幼托建筑用地、商业服务公共建筑用地外，就是居住区绿地。它具体包括集中绿化、组团绿地、宅旁绿地、单位专用绿地及道路绿地等。居住区绿地与居民日常的户外游憩、社区交流、健身体育、儿童游戏休戚相关，与居住区的生态环境质量、环境美化密切相关。第二次世界大战以后，欧、亚各国在居住区内大力增加绿地比例，如战后伦敦议会决定建造的 13 个居住小区，绿地指标由 0.2h ㎡ / 千人猛增到 14h ㎡ / 千人。

2. 公共管理与公共服务绿地

指公共管理设施、公共服务设施用地范围内的绿地。包括行政办公、文化设施、科研教育、体育、医疗卫生、社会福利、文物古迹、外事、宗教设施用地内的附属绿地。

3. 商业服务业设施绿地

指商业服务业设施用地范围内的绿地。包括：商业设施、商务设施、娱乐康体设施、公用设施营业网点等用地内的附属绿地。

4. 工业绿地

工业绿地是指工业用地内的绿地。工业用地在城市中占有十分重要的地位，一般城市约占到 15% ~ 30%，工业城市还会更多。工业绿化与城市绿化有共同之处，同时还有很多固有的特点。由于工业生产类型众多，生产工艺不相一致，不同的要求给工厂的绿化提出了不同的限制条件。

工业绿地应注意发挥绿化的生态效益以改善工厂环境质量，如吸收二氧化碳、有害气体、放射性物质，吸滞粉尘和烟尘，降低噪声，调节和改善工厂小环境如上海宝钢，它是我国大型钢铁企业环保型生态园林建设的典范，以生态园林为指导，以提高绿化生态目标和绿化效益质量为目的，根据生产情况和环境污染情况，选用了 360 多种具 73 有较强吸收有害气体或吸附粉尘能力较强的植物，并发展立体化绿化方式，取得了巨大的生态效益和社会效益。

工业绿地应从树立企业品牌的角度，治理脏、乱、差的环境，树立绿色的、环保的现代工业形象。

5. 物流仓储绿地

城市物流仓储用地范围内的绿地，包括一类物流仓储、二类物流仓储、三类物流仓储用地。

6. 交通设施绿地

包括城市道路、轨道交通线路、综合交通枢纽、交通场站用地范围内的绿地。

城市道路的附属绿地不包括居住用地和工业用地等内部配建的道路用地。城市道路绿地在道路红线范围以内，包括道路绿带（行道树绿带、分车绿带、路侧绿带）、交通岛绿地（中心岛绿地、导向岛绿地、立体交叉绿岛）。不包括居住区级道路以下道路范围内的绿地'城市道路绿地按《城市道路绿化规划与设计规范》CJJ 75—97规定：园林景观路的绿地率不得小于40%；红线宽度大于50m的道路绿地率不得小于30%；红线宽度在40 ~ 50m的道路绿地率不得小于25%；红线宽度小于40m的道路绿地率不得小于20%。道路绿地在城市中将各类绿地连成绿网，能改善城市生态环境、缓解热辐射、减轻交通噪声与尾气污染、确保交通安全与效率、美化城市风貌。

此外，交通设施绿地还包括：轨道交通地面以上部分的线路用地，铁路客货运站、公路长途客货运站、港口客运码头用地，公共汽车、出租汽车、轨道交通（地面部分）车辆段、地面站、首末站、停车场（库）、保养场，公共使用的停车场库、教练场等用地范围内的绿地。

7. 公用设施绿地

公用设施绿地是指供应设施用地、环境设施用地、安全设施用地等范围内的绿地。包括供水、供电、供气、供热、邮政、广播电视通信、排水、环卫、环保、消防、防洪等设施用地内的附属绿地。

五、其他绿地（G5）

其他绿地（G5）是指城市建设用地以外，但对城市生态环境质量、居民休闲生活、城市景观和生物多样性保护有显著影响的绿地。包括风景名胜区、水源保护区、郊野公园、森林公园、自然保护区、风景林地、城市绿化隔离带、野生动植物园、湿地、垃圾填埋场恢复绿地等。

1. 风景名胜区

也称风景区，是指风景资源集中、环境优美，具有一定规模和游览条件，可供人们游览欣赏、休憩娱乐或进行科学文化活动的地域。我国风景名胜区体系由市县级、省级、国家重点风景名胜区组成，是不可再生的自然和文化遗产。

2. 水源保护区

水源涵养林建设不仅可以固土护堤，涵养水源，改善水文状况，而且可以利用涵养林带，控制污染或有害物质进入水体，保护市民饮用水水源。一般水源涵养林可划分为核心林带、缓冲林带和延绵林带三个层面。核心林带为生态重点区，以建设生态林、74 景观林为主；缓冲林带为生态敏感区，可纳久农业结构调整范畴；延绵林带为生态保护区，以生态林、景观林为主，可结合种植业结构调整。

涵养林树种应选择树形高大、枝叶繁茂、树冠稠密、落叶量大、根系发达的乡土树种，以利于截留降水、缓和地表径流和增强土壤蓄水能力。同时，要求选择的树种寿命较长，具有中性偏阳的习性，这样就可形成比较稳定的森林群落，维持较长期的涵养水源效益。为了增强涵养水源的效能，水源涵养林要营造成为多树种组成、多层次结构的常绿阔叶林群落。在营林措施上，只需配置两层乔木树种，待上层覆盖建成后，林下的灌木层和草本层就会自然出现，从而形成多种类、多层次的森林群落。

3. 自然保护区

自然保护区是指对有代表性的自然生态系统、珍稀濒危野生动植物物种的天然集中分布区、有特殊意义的自然遗迹等保护对象所在的陆地、陆地水体或者海域，依法划出一定面积予以特殊保护和管理的区域。

4. 湿地

湿地是生物多样性丰富的生态系统，在抵御洪水、调节径流、控制污染、改善气候、美化环境等方面起着重要作用，它既是天然蓄水库，又是众多野生动物，特别是珍稀水禽的繁殖和越冬地，它还可以给人类提供水和食物，与人类生存息息相关，被称为“生命的摇篮”、“地球之肾”和“鸟的乐园”。凡符合下列任一标准的湿地须严格保护。

（1）一个生物地理区湿地类型的典型代表或特有类型湿地。

（2）面积不小于 10000h ㎡的单块湿地或多块湿地复合体并具有重要生态学或水文学作用的湿地系统。

（3）具有濒危或渐危保护物种的湿地。

（4）具有中国特有植物或动物种分布的湿地。

（5）20000 只以上水鸟度过其生活史重要阶段的湿地，或者一种或一亚种水鸟总数的 1% 终生或生活史的某一阶段栖息的湿地。

（6）它是动物生活史特殊阶段赖以生存的生境。

（7）具有显著的历史或文化意义的湿地。

第八节　城市树种规划

一、我国城市（园林）植物区划及其主要特征

植被区划，或称植被分区，是根据植被空间分布及其组合，结合它们的形成因素而划分的不同地域，它着重于植被空间分布的规律性，强调地域分异性原则。植被区划可以显示植被类型的形成与一定环境条件互为因果的规律。我国植被区划划分为8大植被区域（包括16个植被亚区域）、18个植被地带（8个植被亚地带）和85个植被区，而城市园林植物区划在植被区划的基础之上结合主要城市分布情况，划分为11个大区。

Ⅰ区：植被区划属于寒温带针叶林区，是欧亚大陆北方针叶林的最南端.属于东西伯利亚的南部落叶针叶林沿山地向南的延续部分。本区域地带性植被为兴安落叶松林，有明显的垂直分带现象，地带性植被群落有杜鹃－兴安落叶松林、樟子松林、藓类－兴安落叶松林、偃松矮曲林等，区域代表城市为漠河和黑河。

Ⅱ区：植被区划属于温带针阔叶混交林区，是“长白植物区系”的中心部分。本区域地带性植被为温带针阔叶混交林，最主要特征是以红松为主构成的针阔叶混交林，还有沙冷杉、紫杉、朝鲜崖柏、落叶松、冷杉、云杉；同时生长一些大型阔叶乔木，如紫椴、风桦、水曲柳、花曲柳、黄壁、糠椴、千金榆、核桃楸、春榆及多种械树等；林下层生长有毛榛、刺五加、暴马丁香；藤本植物有软枣捞猴桃、狗枣傍猴桃、葛枣獄猴桃、山葡萄、北五味子、刺苞南蛇藤、木通马兜铃及红藤子等。本区域植被随海拔高度的变化有较明显的垂直分布带，区域代表城市如哈尔滨。

Ⅴ区、Ⅵ区：植被区划属于暖温带落叶阔叶林区。在整个区系中，以菊科、禾本科、豆科和蔷薇科种类最多；其次是百合科、莎草科、伞形科、毛茛科、十字花科及石竹科。组成本区域植被的建群种颇为丰富.森林植被以松科的松属和壳斗科的株属为主；此外，还有桦木科、杨柳科、榆科、械树科等落叶阔叶林。其中，Ⅴ区为北部暖温带落叶阔叶林区，区域代表城市为沈阳、大连、太原、石家庄、秦皇岛、济南等；Ⅵ区为南部暖温带落叶阔叶林区，区域代表城市为青岛、烟台、郑州、洛阳、西安、徐州等。

Ⅴ区、Ⅵ区及Ⅶ区：植被区划属于亚热带常绿阔叶林区。本区域是我国植物资源最丰富的地带，是亚洲东部“温带－亚热带植物区系”的主要集散地和许多东亚植物的发源地。地带性典型植被为亚热带常绿阔叶林，壳斗科中的常绿种类、樟科、山茶科和竹亚科的植物，是其植被的重要组成Ⅶ成分。其中：

a.东部（湿润）常绿阔叶林亚区域。地带性植被以亚热带常绿阔叶林为主，北部

为常绿、落叶阔叶混交林，南部为季风常绿阔叶林。其中，常绿阔叶林乔木层以栲属、青冈属、石栎属、润楠属、木荷属为优势种或建群种，次为樟树、山茶科、金缕梅科、木兰科、杜英科、冬青科、山矾科等，灌木层以桧木属、红淡属、冬青属、杜鹃属、乌饭树属、紫金牛属、黄楠、乌药、黄栀子、粗叶木、箭竹、箸竹、小檗科、蔷薇科，草本层以蕨类、莎草科、姜科、禾本科为主；常绿、落叶阔叶混交林的乔木层主要由青冈属、润楠属的常绿种和栎属、水青冈属的落叶种为优势种，灌木层主要由桧木属、山矾属、杜鹃属组成，草本层常见的有苔草属、淡竹叶、沿阶草和狗脊等；季风常绿阔叶林乔木层以栲属、青冈属、厚壳桂属、琼楠属、润楠属、樟属、石栎属为优势种，次为桃金娘科、桑科、山茶科、木兰科、大戟科、金缕梅科、梧桐科、杜英科、蝶形花科、苏木科、紫金牛科、棕榈科，灌木层以茜草科、紫金牛科、野牡丹科、番荔枝科、棕榈科、罄竹、蕨类为主，灌木层有树蕨，层外植物较为发达，附生植物较丰富。本区系包括了北亚热带阔叶混交林区（Ⅴ区）、中亚热带阔叶林区（Ⅵ区主要地区）及南亚热带常绿阔叶林区（Ⅶ区主要地区），代表性城市分别为南京、无锡、合肥、襄樊；上海、武汉、南昌、株洲、成都、贵阳；广州、厦门、福州、台北等。

b. 西部（半湿润）常绿阔叶林亚区域。该区域地带性植被以壳斗科的常绿树种为主组成常绿阔叶林。再向南部低海拔地区延伸，青冈属逐渐消失，代以樹属中一些喜暖的树种；向北分布还是青冈属的树种占优势，与石栎属共同组成森林上层。本区系包括中亚热带阔叶林区（Ⅵ区西部）及南亚热带常绿阔叶林区（训区西部），代表性城市主要为昆明、大理。

Ⅷ区：植被区划属于热带季雨林、雨林区。本区以热带植被类型为主，山地具有76 垂直植被类型，随海拔的升高而逐渐向亚热带性质和温带性质的类型过渡，地带性典型植被为热带半常绿季雨林，主要组成种类有重阳木、肥牛树、核果木、黄桐、觐木、海南槭、细子龙、山楝、割舌树、米杨噎、白颜树、朴、酸枣、南酸枣、岭南酸枣、油楠、铁力木、厚壳桂、琼楠、苹婆、紫荆木，下层主要有茜草科、芸香科、紫金牛科、柿树科、苏木科、番荔枝科、樟科、大戟科、核桃金娘科等，落叶类的主要有木棉、厚皮科、槟榔青、合欢、火把花、猫尾木、千张纸、菜豆树、榄仁树、楝、麻楝、割舌树、五槌果、白头树、鹊鸠麻、火绳树、紫薇、八角枫等。此外，棕榈科和丛生型竹类、仙人掌科植物在植被的各种群落类型中占有重要地位，是其特点之一。代表性城市主要为海口、深圳、珠海、澳门、香港、南宁等。

X：植被区划属于温带草原区。本区域是欧亚草原的重要组成部分，植物种类相当贫乏，单属科、单种属及少种属所占比例高。在草原区植物中.菊科、禾本科、蔷薇科、豆科种数最多，再次为毛莫科、莎草科、百合科、藜科、十字花科、唇形科、玄参科、石竹科、伞形科、龙胆科、杨柳科、忍冬科等均有分布。本区一些重要的属大部分是北温带分布的，如针茅属、冰草属、蒿属、葱属、鸢尾属、拂子茅属、松属、栋属、桦属、杨属等。代表性城市主要有兰州、满洲里、齐齐哈尔、大庆、银川、锡兰浩特等。

Ⅺ区：植被区划属于温带荒漠区。本区域植物区系与植被向着强度旱生的荒漠类型发展，种类组成趋于贫乏，多单属科、单种属与寡种属，重要的科有菊科、禾本科、蝶形花科、十字花科、藜科、蔷薇科、毛莨科、唇形科、莎草科、玄参科、百合科、石竹科、伞形科、蓼科、紫草科等，木本植物和裸子植物较少，但半木本（半灌木）种类占较大比例，是荒漠地区特有的现象。代表性城市主要有乌鲁木齐、克拉玛依、嘉峪关、库尔勒等。

XI区：植被区划属于青藏高原高寒植被区。青藏高原由东南往西北，随地势逐渐升高，地貌显著不同，其后由冷到暖、湿到干，依次分布常绿阔叶林、寒温针叶林—高寒灌丛、高寒草甸—高寒草原—高寒荒漠，植被区系成分有显著的地区差异。代表性城市为拉萨、日喀则。

城市园林植物的选择应根据当地的植被区系特点，结合城市所在地的特殊气候、土壤、绿化建设情况、经济基础和地域文化特征，通过一定的实验、管理和观测总结，逐步建立起有地方特色的城市人工生态系统。

二、树种选择原则

合理选择树种利于城市的自然再生产、城市生物多样性的保护、城市特色的塑造以及城市绿化的养护管理。城市绿化树种选择应遵循以下原则。

1. 尊重自然规律，以地带性植物树种为主

城市绿化树种选择应借鉴地带性植物群落的组成、结构特征和演替规律，顺应自然规律，选择对当地土壤和气候条件适应性强、有地方特色的植物作为城市绿化的主体，利用生物修复技术，构建多层次、功能多样性的植物群落，提高绿地稳定性和抗逆性。同时，可考虑选用一部分多年驯化的外来引进树种。

2. 选择抗性强的树种

所谓抗性强是指对城市环境中工业设施、交通工具排出的“三废”，对酸、碱、旱、涝、沙性及坚硬土壤、气候、病虫等不利因素适应性强的植物品种。

3. 既有观赏价值又有经济效益

城市绿化要求发挥绿地生态功能的同时，还要扩大观叶、观花、观形、观果、遮荫等树种的应用，发挥城市绿化的观赏、游憩价值乃至经济价值和健康保健价值。

4. 速生树种与慢生树种相结合

植物生长需要一定的成形期，为减少城市绿化的成形时间和维持较长的观赏期，应充分利用速生树与慢生树的混合种植。速生树种（如悬铃木、泡桐、杨树等）成形时间较短，容易成荫，但寿命较短，影响城市绿地的质量与景观。慢生树种早期生长较慢，绿化成荫较迟．但树龄寿命长，树木价值也高。所以，城市绿化的主要树种选

择必须注意速生树种和慢生树种的更替衔接问题，分期分批逐步过渡。

5. 城市绿化应保护和培育生物多样性

保护生物多样性是我国签署国际公约、向世界作出的承诺。根据生态学原理，它有利于城市系统的整体稳定性。城市绿化应保护地方物种；丰富物种、品种资源，改善物种多样性的整体效能；注意乔、灌、藤、草本植物的综合利用，形成疏密有致、高低错落、季相变化丰富的城市人工植物群落。

我国的城市绿化资源丰富，在城市绿化树的选用中应依据其分类、经济价值、观赏特性及生长习性，适地适树，科学选用与合理配置自然植物群落。

三、树种规划的技术经济指标

1. 树种规划的基本方法

（1）调查。对地带性和外来引进驯化的树种，以及它们的生态习性、对环境的适应性、对有害污染物的抗性进行调查。调查中要注意不同立地条件下植物的生长情况，如城市不同小气候区、各种土壤条件的适应，以及污染源附近不同距离内的生长情况。

（2）骨干树种的选择。确定城市绿化中的基调树种、骨干树种和一般树种。

（3）根据“适地适树”原理，合理选择各类绿地绿化树种。

（4）制定主要的技术经济指标。

2. 主要技术经济指标的确定

合理确定城市绿化树种的比例，根据各类绿地的性质和要求，主要安排好以下几方面的比例。

（1）裸子植物与被子植物的比例。如在上海植物群落结构中，常绿针叶、落叶针叶、落叶针阔混交林分别占 6.49%、5.84%、2.60%。

（2）常绿树种与落叶树种的比例。有关资料显示：一般南方城市公园的常绿树比例较高，约为 60% 以上（50% ~ 70%），中原地区为 5：5. 北方地区的比例略低些，4：6 为好。对上海城市园林植物群落生态结构的研究发现，常绿阔叶、落叶阔叶、常绿落叶阔叶混交林的比例分别为 24.03%、17.53%、14.29%，即阔叶树占 55.85%；在新建住区中，落叶乔木和常绿乔木的比例一般要求 1：（1 ~ 2）。

（3）乔木与灌木的比例。城市绿化建设应提倡以乔木为主；通常乔灌比以 7：3 左右较好；在上海，乔灌比约为 1：（3 ~ 6），草坪面积不高于总面积的 30%。

（4）木本植物与草本植物的比例。

（5）乡土树种与外来树种的比例。有关研究指出：北京的速生树与慢长树之比，旧城区为 4：6，新建区为 5：5。

（6）速生与中生和慢生树种的比例。

第九节　生物多样性与古树名木保护

生物多样性（Biodiversity 或 Biological diversity）是指所有来源的活的生物体中的变异性，这些来源除包括陆地、海洋和其他水生生态系统及其所构成的生态综合体外．还包括物种内、物种之间和生态系统的多样性，也可以指地球上所有的生物体及其所构成的综合体。

生物多样性由三个层次组成：即遗传多样性、物种多样性和生态系统多样性，它是个相当宏观的生态概念。其中，遗传多样性是指统一物种内遗传构成上的差异或变异；物种多样性是指物种富集的程度；生态系统多样性则是指生态系统本身的多样性和生态系统之间的差异性。

生物多样性是人类赖以生存和发展的基础。加强城市生物多样性的保护工作．对于维护生态安全和生态平衡、改善人居环境等具有重要的意义。1992 年 6 月在联合国环境与发展大会上，通过了《生物多样性公约爲我国国务院批准的《中国生物多样性保护行动计划》中指出："建设部主要负责建设和维护城市与风景名胜区的生物多样性保护设施"。此外，建设部在全国开展的园林城市活动中，将"改善城市生态，组成城市良性的气流循环，促使物种多样性趋于丰富"列入评选标准。

当前，我国一些城市对本土化、乡土化的物种的保护和利用不够，城市和城郊的自然生态环境破坏严重，"大草坪"、"大广场"、"大树移植"等不恰当的建设行为导致城市园林绿化植物物种减少、品种单一或大量引进外来物种，严重影响了城市生态环境的质量。因此，在城乡各级建设部门开展和加强生物多样性保护工作具有实际性的意义，应成为其一项重要的部门职能工作。

一、我国的生物多样性特点

我国具有丰富和独特的生物多样性，其特点如下：

1. 物种高度丰富。中国有高等植物 3 万余种，其中裸子植物 15 科约 250 种，是世界上裸子植物最多的国家；脊椎动物 6347 种，占世界总种数的 13.97%。

2. 特有属、种繁多。复杂多样的生境为我国特有属、种的发展和保存创造了条件。在高等植物中特有种最多，约 17300 种，占中国高等植物总种数的 57% 以上；脊椎动物中特有种 667 种，占 10.5%。物种丰富度是生物多样性的一个重要标志，但同时，特有性反映一个地区的分类多样性、独特性，在评价生物多样性时应综合考虑物种的丰富度和特有性。

3. 区系起源古老。由于中生代末中国大部分地区已上升为陆地，第四纪冰期又未遭受大陆冰川的影响，许多地区都不同程度地保留了白垩纪、第三纪的古老残遗部分。如，松杉类世界现存 7 个科中，中国有 6 个科；被子植物中有许多古老的科属 . 如木兰科的鹅掌楸、木兰、木莲、含笑，金缕梅科的蕈树、假蚊母树、马蹄荷、红花荷，山茶科，樟科，八角茴香科，五味子科，腊梅科，昆栏树科 . 水青树科及伯乐树科等。

4. 栽培植物、家养动物及其野生亲缘的种质资源异常丰富。中国 7000 年以上的农业开垦历史，使得在栽培植物和家养动物方面的丰富程度是世界上独一无二的。中国是水稻和大豆的原产地，品种分别达 5 万和 2 万之多；在药用植物方面有 11000 多种，牧草 4215 种，原产于中国的重要观赏花卉超过 30 属 2238 种；中国是世界上家养动物品种和类群最丰富的国家，共有 1938 种品种和类群。

5. 生态系统丰富多彩。中国具有地球陆生生态系统的各种类型，如森林、灌丛、草原和稀疏草原、草甸、荒漠、高山冰原等，由于气候和土壤条件不同，又分各种亚类型 599 种。海洋和淡水生态系统类型也很齐全，但目前尚无确切的统计数据。

6. 空间格局繁复多样。中国地域辽阔，地势起伏多山，气候复杂多变。从北到南，气候跨寒温带、温带、暖温带、亚热带和北热带，生物群域包括寒温带针叶林、温带针阔叶混交林、暖温带落叶阔叶林、亚热带常绿阔叶林、热带季风雨林。从东到西，在北方，针阔叶混交林和落叶阔叶林向西依次更替为草甸草原、典型草原、荒漠草原、草原化荒漠、典型荒漠和极旱荒漠；在南方，东部亚热带常绿阔叶林和西部亚热带常绿阔叶林发生不同属不同种的物种替代。此外，纵横交错、高低各异的山地形成了极其繁杂多样的生境。这些决定了我国生物多样性空间格局的繁复多样性。

尽管我国幅员辽阔，横跨寒带至热带多个气候带，具有丰富的生物多样性资源。但是，土壤流失、大面积森林的采伐、林火和垦殖农作、草地过度放牧和垦殖、荒漠化、生物资源的不正确或过分利用、工业化和城市化发展的负面影响、外来物种大量的引进和侵入，以及无控制的旅游影响等成为威胁我国生物多样性的主要原因。

城市是经济、政治和人民精神生活的中心，是人口密集，工商、交通、文教事业发达，人类活动频繁的地方。城市地区，除在一些特殊的自然保护区里还能保持较为原始的生物多样性以外，大部分的城镇建成区以人工生态环境为主。我国的城市生物多样性体现出以下一些特征。

（1）绿化木本植物丰富多彩。据我国 37 个城市的调查，应用的城市园林木本植物达 5000 多种。

（2）城市中的动、植物园为生物多样性保护作出了重要贡献。动、植物园是珍稀、濒危物种的迁地保护的重要基地，40 多年的大量工作对中国生物多样性保护作出了重要贡献。

（3）野生动植物种类少。

（4）外来物种（主要指植物）成分增加。

（5）由于对城市生物多样性保护的理解和重视不够，产生了不少问题。

（6）概念上曲解带来的问题。生物多样性保护是综合的生态概念，而不仅仅是指-个地区（域）的植物物种的数量。不正确的理解在实践中十分普遍。

（7）工作中的衔接问题。引种筛选物种（植物）需要花费大量的人力、物力，由于工作衔接中出现的问题，一些引种成功的物种推广应用跟不上要求。

（8）城市绿地设计和管理的不足。在城市绿地设计和管理中，由于对植物生态性缺乏了解，片面追求设计.忽视对当地特有生态系统和原生动、植物的保护；不恰当地引进大量的外来物种、过多地使用农药等现象，给城市环境带来了一系列的

二、生物多样性保护与建设的目标与指标

城市绿地系统规划应加强生物多样性保护，促进本地区生物多样性趋向丰富。原建设部在《城市绿地系统规划编制纲要（试行）》中指出：在城市绿地系统规划编制中制订生物多样性保护计划。保护计划制订应包括以下内容。

1. 对城市规划区内的生物多样性物种资源保护和利用进行调查，组织和编制《生物多样性保护规划》，协调生物多样性规划与城市总体规划和其他相关规划之间的关系，并制订实施计划。

2. 合理规划布局城市绿地系统，建立城市生态绿色网络，疏通瓶颈、完善生境；加强城市自然植物群落和生态群落的保护，划定生态敏感区和景观保护区，划定绿线，严格保护以永续利用。

3. 构筑地域植被特征的城市生物多样性格局，加强地带性植物的保护与可持续利用，保护地带性生态系统。

4. 在城区和郊区合理划定保护区，保护城市的生物多样性和景观的多样性。

5. 对引进物种负面影响的预防。一些外来引进物种侵害性极强，可能引起其他植物难有栖息之地，导致一些本地物种的减少，甚至导致灭种：

6. 划定国家生物多样性保护区。从区域的角度出发，将生物多样性丰富和生态系统多样化的地区、稀有濒危物种自然分布的地区、物种多样性受到严重影响的地区、有独特的多样性生态系统的地区，以及跨地区生物多样性重点地区等列入生物多样性保护区。

生物多样性是在不同地理的自然条件中，不同生物物种彼此聚集生存，相互依赖、相互促进、相互制约的生态系统。对于生物多样性是否存在量化标准，有学者提出长江流域以南的100万以上人口的大城市，在城市人工生态系统中应至少具有1000个以上的植物种，以植物多样性带来生物多样性（施奠东、应求是，2004）；也有学者认为不同的地区其生物多样性是不一样的，数量也不同，不能以量化指标来衡量.而应该强调物种间的长期稳定性（董保华，2004）o 2001年通过的《上海市新建住宅环境绿化建设导则》中，对新建住宅环境绿化中的植物种类作出了以下规定：绿地面积小

于3000 ㎡的，种类不低于40种；绿地面积在3000 ~ 10000 ㎡的.种类不低于60种；绿地面积在10000 ~ 20000 ㎡的，种类不低于80种；绿地面积在20000 ㎡的，种类不低于100种。

三、保护的层次

生物多样性保护包括三个层次：生态系统多样性、物种多样性和基因多样性，此外，景观多样性也应纳入保护层面考虑。

1. 生态系统多样性保护

我国生态系统类自然保护区由5种类型组成，即森林生态系统、草原与草甸生态系统、荒漠生态系统、内陆湿地与水域生态系统和海洋与海岸生态系统。1993年年底，全国已建各种以自然生态系统为主要保护对象的自然保护区433个，占自然保护区总数和总面积的56.7%和71.1%。

风景名胜区和森林公园也是生态系统保护的重要措施。近年来，森林公园建设发展迅速，客观上保护了大批森林生态系统。在城市中如何展开生态系统多样性保护，该课题正在探索之中。

2. 物种多样性保护

物种多样性保护主要有就地保护和迁地保护两种方式。城市的科技力量集中，可充分依托动物园、动物展区和植物园，进行迁地保护。目前，物种迁地保护存在一定的不足，一是迁地保护偏重于大型动、植物种；二是迁地后繁育的种群尚未得到充分的利用，特别是绝大多数迁地繁育物种尚未实施野化引种试验。

3. 基因多样性保护

也称遗传多样性保护.主要是进行离体保存。

4. 景观多样性保护

我国地域辽阔.丰富多变的自然环境不仅构成了繁复的生物多样性空间格局，同时也形成了多样的自然景观。在绿地建设中，应根据城市环境情况，结合生物多样性保护，建设多样化的城市自然景观。

四、保护措施

1.按照《生物多样性公约》的定义，就地保护（in situ conservation）是指保护生态系统和自然生境以及在物种的自然环境中维护和恢复其可存活种群，对于驯化和栽培的物种而言，是在发展它们独特性状的环境中维护和恢复其可存活种群。

目前就地保护的最主要方法是在受保护物种分布的地区建设保护区，将有价值的自然生态系统和野生生物及其生态环境保护起来，这样不仅保护受保护物种，同时也保护同域分布的其他物种，保证生态系统的完整，为物种间的协同进化提供空间。

在保护区外对物种实施就地保护，通常都是针对濒危的原因采取具体的保护措施，改善物种的生存条件；在保护区周围地带对濒危动植物种类和生物资源的保护，也是属于保护区外的就地保护。此外，还有一种就地保护就是农田保存，它是对农家品种的重要保护方式。

2. 迁地保护（ex situ conservation）是指生物多样性的组成部分移到它们的自然环境之外进行保护。移地保护主要包括以下几种形式：植物园、动物园、种质圃及试管苗库、超低温库、植物种子库、动物细胞库等各种引种繁殖设施。我国截至 1996 年已建成 41 个动物园和 100 多个植物园及树木园 . 保存着 600 种脊椎动物和 1.3 万种植物，在植物的迁地保护中，植物园（或树木园）是主要机构，同时还有田间基因库、种子库、离体保存库等设施进行迁地保护。

在动物迁地保存中，动物园是传统的实施动物迁地保护机构。动物的迁地保护应保证动物的正常生存和繁衍需要，并能够重新适应原来自然生存的环境。因此，开放式的饲养方式取代了传统的笼养方式。同时，尽管离体保存是迁地保护的一种重要手段，但是在动物保护中还没有得到广泛的应用。

微生物的迁地保护中，针对已发现并分离出来的特定微生物以迁地培养储藏方法进行保护是切实可行的。另外，应提倡对自然生境就地保护的同时也保护其中生存的多种微生物。

生物多样性保护是一个系统工程，详细的保护措施可从以下方面入手。

（1）根据国家生物多样性保护纲要（策略）制定本地区的保护纲要，确定具体、有效的行动计划。

（2）正确认识生物多样性的价值，全面评价生物多样性。

（3）开展生物资源生态系统的调查、生态环境及物种变化的监测；建立健全城市绿地系统中生物多样性的调查、分类和编目，建立信息管理系统，以及自然保护区与风景名胜区的自然生态环境和物种资源的保护和观察监测，加强生物多样性的科学研究。

（4）可持续地利用生物资源。

尽量保护城市自然遗留地和自然植被，加强地带性植物生态型和变种的筛选和驯化，构筑具有区域特色和城市个性的绿色景观；同时，慎重引进国外特色物种，重点发展我国的优良品种。

（5）加强就地保护和迁地保护的建设和管理。

恢复和重建遭到破坏或退化的生态系统，选定一批关系全局的项目，投资一些重大生态建设项目，推动全国建设系统的生物多样性保护工作。

（6）健全管理法规，完善管理体系，加强管理部门之间的协调。

（7）建立可靠的财政机制，开展生态旅游开发，开拓多资金保护的渠道来源。

（8）加强专职干部培训和专业人才培养。

（9）扩大科学普及与宣传教育，促进全面深入的生物多样性保护，鼓励公众参与保护。

加强科普教育，发挥城市绿地的能动功能。加大宣传力度，提高公众环境意识，增强公众参与建设和保护的意识是城市绿地的一项重要功能，将公众与自然生态环境之间有机联系起来，为生物多样性的保护和持续利用创造条件。

（10）加强国际交流与合作，进一步用好对外开放的政策大力开展国际合作。

五、珍稀、濒危植物与古树名木保护

1. 珍稀、濒危植物

珍稀、濒危植物（rare&endangered plant）是指与人类的关系更密切、具有重要途径、数量十分稀少或极容易引起直接利用和生态环境的变化而处于受严重威胁（tenderheartedness）状态的植物。

造成植物濒危的原因主要有两大方面：一是外界的因素，即人类活动的干扰破坏；二是植物本身的原因，即濒危植物的生物学特性。人类对森林的乱砍滥伐、毁林开荒，及对植物资源的掠夺式开发利用是造成植物濒危的最主要和直接的原因。一些植物由于自身的生物学特性使其生存竞争力降低而导致濒危状态；一些种类虽能正常开花但成熟种子少、结实率低；还有些则因种子寿命短或休眠期长、发芽率低或幼苗成长率低等因素阻碍其繁殖。此外，由于森林植被受到严重破坏，水土流失严重，持水性差，使许多种类天然更新困难，也造成了植物的濒危。利用植物园和树木园实施迁地保护，是抢救珍稀、濒危植物的重要措施。

2. 古树名木

古树名木，一般是指在人类历史过程中保存下来的年代久远或具有重要科研、历史、文化价值的树木。古树指树龄在100年以上的树木；名木指在历史上或社会上有重大影响的中外历代名人、领袖人物所植或者具有极其重要的历史、文化价值、纪念意义的树木。我国古树通常分为三种级别：国家一级古树树龄在500年以上，国家二级古树树龄在300～499年，国家三级古树树龄在100～299年。国家级名木不受年龄限制，不分级（《关于开展古树名木普查建档工作的通知》（全绿字[2001]15号））。古树名木是中华民族悠久历史与文化的象征，是绿色文物，活的化石，是自然界和前人留给我们的无价珍宝。在编制古树名木保护规划时，基本的工作步骤如下：

（1）确定调查方案，并对参加调查的工作人员进行技术培训，使其掌握正确的调查方法以统一普查方法和技术标准。

（2）对古树名木进行现场测量调查，并填写调查表内容。应用拍摄工具对树木的全貌和树干进行记录。调查树木的种类、位置、树龄、树高、胸围（地围）、冠幅、生长势、立地条件、权属、管护责任单位或个人、传说记载，并对树木的特殊状况进行描述，包括奇特、怪异性状描述，如树体连生、基部分杈、雷击断梢、根干腐等。

（3）收集整理调查资料，进行必要性的信息化技术处理，分析城市古树名木保护的现状，提出保护建议。

（4）组织有关专家对调查结果进行论证，并建立动态的信息化管理。古树名木的现状调查是制订其具体保护措施的重要基础，国家林业局和全国绿化委员会对古树名木的现状调查提出应包括：位置、树龄、树高、立地条件、生长势、权属及树木特殊状况的描述等多方面的情况，扎实做好保护工作的第一步。

第十节　规划实施与管理

城市绿地系统规划的实施管理主要是按照经法定程序编制和批准的绿地系统规划，依据国家和各级政府颁布的城市绿化法规和具体规定，采取行政的、法制的、经济的、科学的管理办法，对城市各类绿地和有关建设活动进行统一的安排和控制，引导和调节城市绿地系统规划的有计划、有秩序、有步骤地实施。

一、城市绿化的相关法律法规

城市绿地系统规划作为法定规划，具有综合性和严肃性，必须“依法规划”、“依法管理”。国家及各级政府颁布的有关法律、法规和规章是绿地系统规划编制和实施管理的依据。

我国城市绿化法规体系主要由全国人大常委会、国务院、住建部等颁布的全国性法律、规章、规范和省、市人大、政府颁布的地方性法律、规章、规范等组成，其中，与城市绿地系统规划、建设、管理直接相关的法律法规如下。

（1）《中华人民共和国城乡规划法》（2008 年 1 月 1 日起施行）

（2）《中华人民共和国土地管理法）（1998 年 8 月 29 日起施行）

（3）《中华人民共和国环境保护法》（1989 年 12 月 26 日起施行）

（4）《中华人民共和国森林法》（1998 年 4 月 9 日起施行）

（5）《中华人民共和国农业法》（1993 年 7 月 2 日起施行）

（6）《中华人民共和国野生动物保护法》（1989 年 3 月 1 日起施行）

（7）国务院：《城市绿化条例》（1992 年 8 月 1 日起施行）

（8）国务院：《中华人民共和国野生植物保护条例》（1997 年 1 月 1 日起施行）

（9）国务院：《中华人民共和国自然保护区条例》（1994 年 12 月 1 日起施行）

（10）国务院：《中华人民共和国森林法实施条例》（2000 年 1 月 29 日起发布施行）

（11）国务院：《中华人民共和国陆生野生动物保护实施条例》（1992 年 3 月 1 日起发布施行）

（12）国务院：《风景名胜区条例》（2006 年 12 月 1 日起施行）

（13）国务院：《关于加强城市绿化建设的通知》（国发［2001］20 号，2001 年 5 月 31）

（14）建设部：《城市规划编制办法》（2006 年 4 月 1 日起施行）

（15）建设部：《城市古树名木保护管理办法》（建城［2000］192 号，2000 年 9 月 1 日发布实施）

（16）建设部：《城市绿线管理办法》（2002 年 9 月 9 日发布实施）

（17）建设部：《城市绿地系统规划编制纲要（试行）》（2002 年 12 月 19 日发布实施）

（18）建设部：《国家园林城市标准》（建城［2010］125 号）

（19）建设部：《关于加强城市绿地系统建设提高城市防灾避险能力的意见》（建城［2008］171 号）

（20）国家标准：《城市用地分类与规划建设用地标准》GB 50137-2011

（21）国家标准：《城市居住区规划设计规范》GB 50180—93（1994 年 2 月 1 日起施行）（2002 年版）

（22）国家标准：《风景名胜区规划规范》GB 50298—1999（2000 年 1 月［日起施行）

（23）国家标准：《城市绿地设计规范》GB 50402—2007（2007 年 10 月 1 日起施行）

（24）行业标准：《城市绿地分类标准》CJJfT 85—2002

（25）行业标准：《园林基本术语标准》CJJfT 91—2002

（26）行业标准：《城市规划制图标准》CJJ/T 97—2003

（27）行业标准：《公园设计规范》CJJ 48-92

（28）行业标准：《城市道路绿化规划与设计规定》CJJ 75-97

（29）行业标准：《森林公园总体设计规范》LYfT 5132-95

此外，省（区）、市人大及其常委会、省（区）、市人民政府及其业务行政主管部门所制定的有关城市绿化的条例、规章、规范，以及经批准的《城市总体规划》、《土地利用总体规划》等规划文本和图则．也是城市绿地系统规划编制和建设管理须遵循的法规依据。

二、城市绿线管理

城市绿线，是指依法规划、建设的城市绿地边界控制线。城市绿线管理的对象是城市规划区内的各类绿地。

1. 城市绿线管理的基本要求

城市绿线由城市政府有关行政主管部门根据城市总体规划、城市绿地系统规划和土地利用规划予以界定，主要包括以下用地类型：

（1）规划和建成的城市公园绿地、防护绿地、广场用地等；

（2）城市规划区内规划和现有具有生态服务或景观游憩功能的、特殊的农林用地、特殊的水域用地或特殊的其他非建设用地，如区域交通设施防护绿地、区域公用设施防护绿地、城市组团隔离带、城郊苗圃、湿地、生态修复地、郊野公园、城郊绿道等；

（3）城市行政辖区范围内的古树名木及其依法规定的保护范围、风景名胜区、自然保护区等。

城市绿线管理应依照国家有关法律法规的要求，结合本地的实际情况进行，基本要求如下：

（1）城市绿线所界定的绿化用地性质，任何单位、个人不得改变。

（2）严禁移植、砍伐、侵占和损坏城市绿线范围内的绿化及其设施。

（3）城市绿线内现有的建筑、构筑物及其设施应有计划地迁出；不得新建与绿化维护管理无关的各类建筑；绿化维护管理的配套设施建设，须经城市绿化行政主管部门和城市规划行政主管部门依法批准。

（4）各类改造、改建、扩建、新建建设项目，不得占用绿地，不得损坏绿化及其设施，不得改变绿化用地性质。行政主管部门不得违法违章办理土地手续、规划许可手续、施工手续、验收手续、经营许可手续。

（5）城市人民政府对城市绿线执行情况每年进行一次检查，检查结果应向上一级城市行政机关和同级人大常务委员会作出报告。

在城市绿线管理范围内，禁止下列行为：

（1）违章侵占城市绿地或擅自改变绿地性质；

（2）乱扔乱倒废物，

（3）钉栓刻划树木，

（4）违法违章盖房、

（5）挖山钻井取水，

（6）其他有害活动。

在城市绿线内、尚未迁出的房屋，不得出售，房产、房改部门不得办理房产、房改等有关手续。绿线管理范围内各类改造、改建、扩建、新建的建设事项，经城市园林绿化行政主管部门审查后方可开工。

因特殊需要，确需占用城市绿线内的绿地、损坏绿化及其设施、移植和砍伐树木花草或改变其用地性质的，城市人民政府应进行审查、充分征求当地居民和人民团体意见、组织专家进行论证，并向同级人民代表大会常务委员会作出说明。

因规划调整等原因，需要在城市绿线范围内进行树木抚育更新、绿地改造扩建等项目的，应经城市园林绿化行政主管部门审查后，报市人民政府批准。

2. 绿线的划定

城市绿线管理，是建设部根据2001年5月《国务院关于加强城市绿化工作的通知》（国发[2001]20号）提出的一项新举措，并于2002年9月颁布实施了《城市绿线管理办法》，对绿地系统规划编制过程中绿线的划定作出了相关规定。

城市绿线的划定按照规划层次分为总体规划阶段与详细设计阶段两部分。绿地系统规划作为城市总体规划的专项组成部分，在总体规划层面确定城市绿化目标和布局时，应按照规定标准对面积较大的公园绿地、防护绿地和广场用地划定绿线，在1/10000-1/25000的城市总体规划图纸比例上划定，确定其形状、走向和规模。其他面积较小、分布较广的街头绿地，不能划定绿线范围的，需要在规划文本中作出说明；对于居住绿地、道路绿地等，绿线的划定职能是示范性的，具体的规划指标在规划文本中作出说明。

详细规划阶段主要为控制性详细规划。在1/2000的规划图纸比例上对各类绿地划定界线、规定绿地率控制指标和绿地界线的具体坐标。控制性详细规划阶段划定的绿线应注意几方面的问题：一是绿地界线标识的准确性；二是用地的权属；三是用地落实的可操作性。

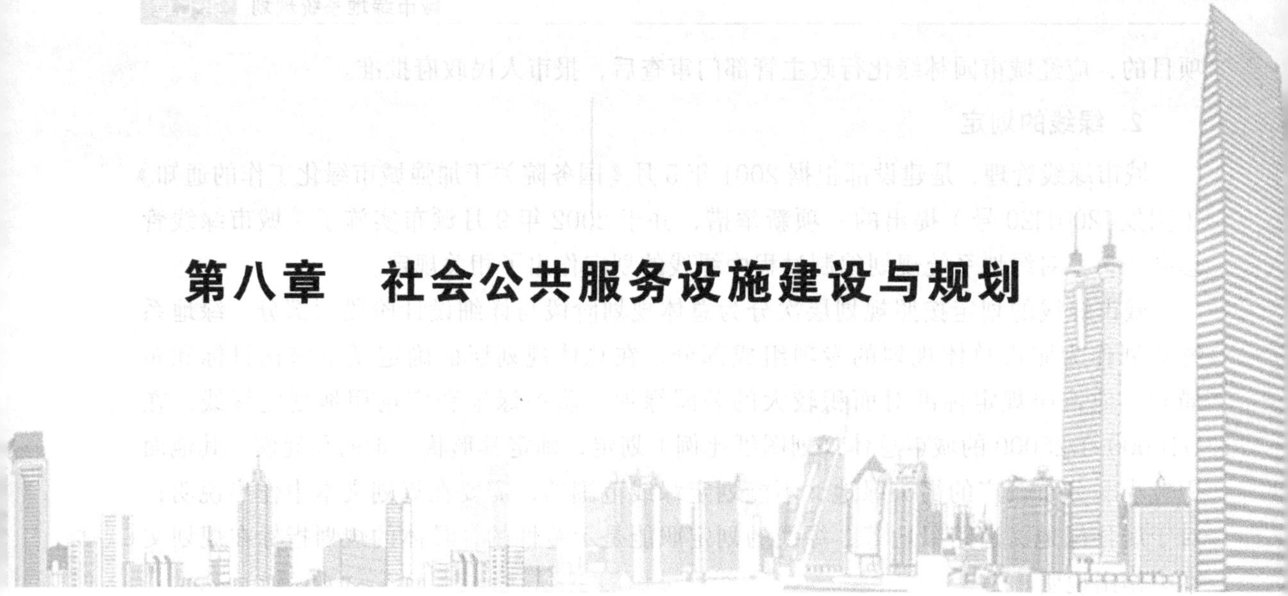

第八章　社会公共服务设施建设与规划

第一节　城市社会公共服务设施规划的基础

一、城市社会公共服务设施的定义

社会公共服务是指在社会发展领域中，以满足公众基本需求为主要目的、以公益性为主要特征、以公共资源为主要支撑、以公共管理为主要手段的公共服务。它主要包括教育、医疗卫生、文化、体育、公共安全、科技普及、就业服务、社会福利、社会救助和社会保障等内容。

城市社会公共服务设施（简称公共设施）是城市中提供社会公共服务的场所，其规划与建设是城市建设的重要组成部分。公共设施为市民提供了教育、医疗、文化、体育等活动的空间，是满足人们日益增长的物质文化生活的基本条件。近年来，公共设施的建设与社会公共事业发展之间的关系越来越密切，民众和政府对城市社区公共设施的关注度也越来越高。

二、城市社会公共服务设施的分类

城市社会公共服务设施按公益性和可经营程度的不同可以分为基本社会公共服务设施和非基本社会公共服务设施，后者又分为准基本社会公共服务和经营性社会公共服务。基本社会公共服务包括义务教育、公共卫生、公共文化体育、基本公共福利和社会救助、公共安全保障等服务。准基本社会公共服务包括高等教育、职业教育、基本医疗服务、群众文化、全民健身等服务。经营性社会公共服务包括经营性文艺演出，影视节目的制作、发行和销售，体育休闲娱乐等服务。

另外，城市社会公共服务设施按服务对象的规模不同可以分为市级公共服务设施和居住区公共服务设施；按功能的不同可以分为教育、医疗卫生、文化体育、商业服务、金融邮电、社会服务、市政公用、行政管理及其他；按投资主体不同可以分为民间性、政策性和公益性，前者属于民间投资，后两者属于政府投资。

三、城市社会公共服务设施的总体规划原则

城市社会公共服务设施的规划和建设，总体来说应该遵循以下三条原则。

第一，与经济发展水平相适应。城市社会公共服务设施的建设要与经济发展的水平相协调，各项社会事业在改革和调整中得到完善与提高，为经济发展提供精神动力和智力支持。

第二，面向基层、服务群众。社会公共服务的发展要面向广大群众，体现公平与效率原则，满足"人人享有基本公共服务"的要求。

第三，符合城市本身发展的需要。根据城市的空间格局、实际需求和分布现状，合理布局和调整各项城市社会公共服务设施，发挥政府投资导向性作用，促进城市空间结构的优化。

四、城市社会公共服务设施的建设现状与发展趋势

（一）我国社会公共服务设施建设的现状

近年来，随着社会经济的快速发展，我国在公共服务设施建设方面取得了较大的进展，行政办公、商业金融业、文化娱乐、教育科研等各项设施规模均有较大增长，服务水平有明显改善。但是公共服务资源的供给仍然小于需求，导致的社会问题较为突出。

1. 供需结构矛盾突出，公益性设施投入尤为不足

城市基础教育、医疗卫生、文化体育以及居住区配套公共服务设施的建设明显滞后，建设资金投入不足导致总体数量不足、质量和服务水平不高、居民使用不便。以武汉市为例，社区公共服务设施覆盖率占 50% 以上的只有 6 项，而低于 50% 的有 10 项，这充分显示了社区公共服务设施的短缺现状（表 6-1）。

在基础教育方面，目前许多大城市的中小学就学问题突出，现有学校基本都处于饱和状态，当地"择校风"盛行，主要原因是基础教育投入的不足导致了供需矛盾。在文化体育设施方面，其供给与居民日益增长的需求也常常不相匹配。在大量开发的

住宅区中，只有档次较高、规模较大的项目配建了会所，包含了一部分文化体育设施，并且属于商业经营场所，而相当规模的老城区和迅速扩张新建住宅区都缺少公益性的文化体育活动场所。

2. 配置结构不合理

（1）空间分布的不平衡。优质社会公共服务资源大多数位于中心城区，城市功能拓展区和城市发展新区配置相对不足，缺乏能够有效承载人口和产业转移的社会公共服务配套设施。如北京优质的教育资源就主要集中于中心城区，受客观条件限制，用地规模普遍偏小，缺乏发展空间。2003 年，北京城四区的中学平均占地面积 15 公顷，小学平均占地面积 0.6 公顷，城八区的中学平均占地面积 18 公顷，小学平均占地面积 0.8 公顷。与此相对应的是，北京中心城区的人口密度、土地开发强度远远高于周边城区，人口和产业向卫星城、周边县市转移的趋势不明显。又如昆明主城区中小学的布局也存在类似的问题，一环路以内校点疏密不均，二环路以外布点严重不足。

（2）内部结构的不合理。全国范围内的医疗卫生事业发展存在不平衡，医疗卫生服务的公平性不足，城乡、地区、不同人群之间享有的公共医疗卫生资源悬殊；公共卫生体系、基本医疗服务、基层卫生建设存在不足，健康教育、疾病防治、老年关怀等设施较少。卫生资源配置不合理，医疗服务体系结构不完善，基本医疗未实现合理分流，大型公共医院负荷过重、小型非公医院质量堪忧、社区卫生发展滞后。

3. 改造和新增公共服务设施的难度增大

随着城市内部及周边可供开发用地的减少，城市逐步进入内部提升阶段，公益性设施的供给问题的解决和调整显得更加迫切，城市未来公共设施建设和改造的任务仍然十分严峻。如北京市的高等学校多分布在城市近郊八个区，很多学校已没有发展空间，全市高等学校生均占地面积 37 平方米，和国家高等学校生均占地面积 66 平方米的标准相比，差距巨大。

停车难的问题在多数大城市中普遍存在，且越来越突出。城市中心和老城区中的企事业单位、住宅小区原先配建的停车位明显不足，在单位和小区内改建或在周边新建停车场库都困难重重；医院、新建小区虽然配建了相当数量的停车位，但常常低估了机动车的增长速度，停车场库很快即处于饱和状态。据实地调查资料显示，2009 年昆明城市中心区四所综合医院的停车均处于过饱和状态，缺口较大，但由于用地受限，改造难度高。

4. 发展模式简单粗放，管理运营效率低下

社会公共服务重供给、轻需求，重数量、轻质量，重建设投入、轻管理运营，重外延扩张、轻内涵发展，简单粗放的发展模式亟待加快扭转。

社会公共服务领域行业垄断严重，投资渠道单一，管理体制僵化，运营模式陈旧，项目建设管理粗放，政府投资效益不高。

（二）社会公共服务未来的发展趋势

1. 传统服务业向现代服务业的转变

从 1997 年的“十五大”开始，“现代服务业”越来越频繁地在中央政府的各种报告中出现，传统服务业向现代服务业的转化是服务业未来发展的必然趋势。在目前的服务行业中，处于成熟阶段的多为一般传统服务业，如餐厅、超市、理发馆等，通常为个体化经营模式；处于发展阶段的是现代化传统服务业，如航空、银行、大卖场等，正逐步形成规模化、信息化、网络化的服务组织；完全意义的现代服务业则处于起步阶段，如物流中心、大型呼叫中心、大型结算中心等。相应的社会公共服务设施是现代化传统服务业和现代服务业发展的物质基础，是近期和远期城市建设的重点，其规划应与社会经济发展水平相匹配，不断提高公共服务设施的水平和层次，加强交通、信息、研发、设计、商务等辐射集聚效应较强的服务设施的建设，依托城市群、中心城市，培育形成主体功能突出的国家和区域的现代服务业中心。

2. 老龄化社会对福利服务需求的增长

20 世纪 90 年代以来，我国的老龄化进程加快。65 岁及以上老年人口从 1990 年的 6 299 万增加到 2009 年的 15 989 万，占总人口的比例由 5.5% 上升为 12.0%，1999 年我国已经进入国际公认的老龄化社会。据初步预测，至 2050 年，中国每 4 个人里面就有 1 个老年人。同时，随着中国社会老龄化的日益发展，高龄老人比重增加，“空巢家庭”增多，老人生活自理能力欠缺，老人身体状况欠佳和老人孤独感增加，上述这些相关因素决定了中国社会对福利服务的需求必然会越来越多。社区卫生站、敬老院、托老所、老年活动中心、老年学校、老年休闲场地、心理咨询机构、社会福利院等直接为老年人服务的设施将随之增加，图书馆、纪念馆、保险机构、体育场馆等间接为老年人服务的设施也将逐渐增加。

3. 社会需求多样化，投资主体多元化

在居民的生活水平不断提高的同时，居民的需求多样化、多层次的特点也越来越突出，这预示着社会服务的供给将呈现多样化，投资主体趋于多元化。政府可以通过购买服务方式，鼓励和引导社会主体举办基本公共服务，切实提高政府投入的使用效率。在非基本公共服务方面，政府将通过财政补贴、公私合营（PPP 模式）、特许经营、贷款贴息、政策扶持等方式，引导社会主体参与公共服务设施的建设和运营。经营性社会公共服务市场将全面开放，提供专业服务的组织和机构也将得到更多的发展机会。

4. 社区服务的社会化、产业化和个性化

社区是组织居民生活的基本单位。社区服务是指在政府的指导和扶持下，为提高社区居民生活质量，增进社区公共福利，以基层社区和社会服务机构为主体，以社区成员的自助—互助为基础，利用社区内外的资源而开展的各种福利服务和便民服务。

社会经济的不断发展必然推进社区服务的社会化、产业化、专业化和个性化。社区服务的社会化是指投资主体多元化和服务方式多样化，企事业单位、民间组织和个人均可作为投资主体开办社区服务项目，兴办社区服务企业；社区服务的产业化是指经营规模化，把社区服务从单体型、零散型向群体型、集团型转变，其中，有着统一标识、统一服务、统一价格、统一质量的连锁经营方式以及飞速发展的网络服务，将在今后的社区服务业中发挥重要的作用。社区服务的个性化与城市发展中居住的分异现象密切相关，即不同社会阶层的人群分别倾向集中于不同地域，使得不同社区之间的差异越来越大，社区服务将根据居民需求的性质进行细分，在此基础上确定无偿、低偿、有偿的服务项目。

第二节　公共服务设施建设对城市的影响

一、基于北京2008年奥运会的大型公共服务设施

（一）建设概况

北京奥林匹克公园地处城市中轴线北端，面积 1 135 公顷，包括 680 公顷的森林公园、405 公顷的奥运中心区。奥林匹克公园依托亚运会场馆和各项配套设施，交通便捷，人口集中，市政基础条件较好，商业、文化等配套服务设施齐备。奥林匹克公园的规划着眼于城市的长远发展和市民物质文化生活的需要，使之成为一个集体育竞赛、会议展览、文化娱乐和休闲购物于一体，空间开敞、绿地环绕、环境优美，能够提供多功能服务的市民公共活动中心。

主体建设内容包括奥运会比赛计划使用场馆 37 个，其中，北京地区 32 个，京外地区 5 个。在北京的 32 个比赛场馆中，新建 19 个（含 6 个临时赛场），改扩建 13 个。此外，还要改造 59 个训练场馆及配套建设残奥会专用设施，京外地区的 5 个场馆项目中，青岛国际帆船中心、天津体育场、秦皇岛体育场为新建项目；沈阳五里河体育场、上海体育场为改造项目。配套的城市建设内容包括生态环境建设、城市基础设施建设、社会环境建设和多项战略保障措施。

（二）对城市的影响

北京奥运比赛场馆属于城市公共文化体育设施，其本身及相关设施建设是一个浩大的系统工程，但对北京市以及所处的周边地区的发展都有着积极的推动作用。

其一，对北京城市布局和城市格局的影响。随着奥林匹克公园以及奥运会主场馆

的建设，北京将在市区北部、城市中轴线北端形成一个全新的城市功能区，它将由原来的城市边缘区域逐步融入城市中心区，获得一个跨越式发展的机会。

其二，对城市经济和城市形象的影响。奥运比赛场馆及相关设施的建设属于全社会固定资产投资，对赛前几年北京地区 GDP 的增长起到了推动作用（图 6-1）；同时，2008 年奥运会的举办，对正处于经济结构调整关键时期的北京第三产业无疑提供了一个加快发展的契机。北京第三产业增加值占地区生产总值比重已从 2000 年的 64.8% 提升到 2008 年的 72.1%，其中，现代服务业约占地区生产总值的一半，这将有利于城市综合竞争力的提升。同时，根据《北京市 2008 年国民经济和社会发展统计公报》的数据显示，全年接待入境旅游者 379 万人次，国内旅游者 1.4 亿人次。在国内和国际的高度关注下，北京的城市地位和影响力将大幅提升，北京将进一步树立国际性大都市的良好城市形象。

其三，对城市周边地区的影响。根据《北京奥运行动规划），2002-2008 年，城市基础建设投入 1 800 亿元人民币，900 亿元用于修建地铁、轻轨、高速公路、机场等，打造四通八达的快速交通网；450 亿元用于环境治理；300 亿元用于信息化建设，奠定“数字北京”的基础；其余 150 亿元将用于水、电、气、热等生活设施的建设和改造。至 2008 年，实际用于建设场馆投资约为 130 亿元，用于城市的基础设施、能源交通、水资源和城市环境建设的投资约为 2 800 亿元。这些资金的投入对北京以及整个京津冀地区未来的发展都起到了强有力的支撑作用。

二、基于上海世界博览会的大型公共服务设施

世界博览会是由一个国家的政府主办，有多个国家或国际组织参加，以展现人类在社会、经济、文化和科技领域取得成就的国际性大型展示会。其特点是举办时间长、展出规模大、参展国家多、影响深远。

（一）建设概况

上海世博会场地位于南浦大桥和卢浦大桥之间，沿着上海城区黄浦江两岸进行布局。世博园区规划用地范围为 5.28 平方千米，其中，浦东部分为 3.93 平方千米，浦西部分为 1.35 平方千米。围栏区域（收取门票）范围约为 3.28 平方千米。上海世博会是历史上首届以“城市”为主题的综合类世博会，目标是吸引 200 个国家和国际组织以及 7 000 万人次的参观者。

世博会主要建设包括 A、B、C、D、E 五个功能区 :A、B、C 片区位于浦东，D、E 片区位于浦西。A 片区集中布置中国馆和除东南亚外的亚洲国家馆；B 片区包括主题馆、大洋洲国家馆、国际组织馆和公共活动中心以及演艺中心等建筑；C 片区规划布置欧洲、美洲、非洲国家馆和国际组织馆，并在入口处布置一处约 10 公顷的大型公共游乐场；

D片区拟保留中国现代民族工业的发源地江南造船厂大量历史建筑群的特色，改造设置为企业馆，在其东侧利用原址内保留的船坞和船台，规划室外公共展示和文化交流场所；E片区新建独立企业馆，设立最佳城市实践区，充分体现和展示本届世博会的主题。

（二）对城市的影响

上海世博会将带来的主要效应首先是对城市中心区的改造升级产生直接的推动作用。世博会址位于今后城市重点改造和发展地区的中心，原有污染严重的企业将被旅游、文化、会展等新兴产业设施所取代，原有危棚区将被配套设施完善的新型社区所取代。世博会的建设不仅将使会址的面貌大为改观，同时提升了周边地块的潜在价值，会址周边房价的一路看涨即是最好的印证。其次是促进城市功能的拓展，推动城市产业结构调整a举办世博会最直接的效应是促进国际经济贸易和旅游业的快速发展，同时，交通运输、传媒设计、通讯电信、金融咨询等相关服务型产业将会出现快速的势头，有利于实现国际经济、金融、贸易、航运中心的城市规划目标［2001年5月国务院正式批复并原则同意《上海市城市总体规划》（1999-2020年），明确提出要把上海建设成为现代化国际大都市和国际经济、金融、贸易、航运中心之一］。再次是推动城市基础设施服务水平的全面提升，强化枢纽型、功能性设施的建设。“三港两路”骨干工程相继建成，为扩大对外交往和经济的辐射奠定了基础；以“申”字形高架道路、“半环加十字”的轨道交通、“三横三纵”地面主干道路为骨架的中心城立体综合交通体系基本形成，以莘奉金、沪青平、外环线为先行的郊区高速公路网络初步构成，沪宁、沪杭、同三国道等高速公路相继建成，为上海城乡一体化的全面发展提供了有力支撑。世博会不仅将推动城市能级提升和布局调整，持续改善城市生态环境质量，还将对城市经济有较大的贡献率，增加城市就业机会，塑造新时期上海跨越式发展的新形象。

作为环渤海经济圈中心的北京和长江经济带龙头的上海，相继承办奥运会和世博会，不仅极大地提升了城市综合竞争力，扩大其作为世界城市的影响力，还将推动京津冀区域、长江三角洲一体化的进程，提高发展中国家在国际经济活动中的参与度。

第三节　市级公共服务设施规划

城市社会公共服务设施的规划分为市级公共服务设施和居住区公共服务设施两部分。前者的规划通常与城市规模、社会经济发展水平有着密切的关系，规划将以实例来做说明，后者将在下节阐述。市级公共服务设施是为城市全体市民乃至周边城镇居民提供社会服务的场所，包括了居住区及居住区以上的行政、经济、文化、教育以及科研设计等机构和设施，不包括居住区公共服务设施。

一、市级公共服务设施的分类

市级公共服务设施按服务功能的不同可以分为行政办公、商业金融业、文化娱乐、体育、医疗卫生、教育科研设计、文物古迹和其他公共设施八个大项。

二、市级公共服务设施的规划指标

市级公共服务设施的规划用地指标可以参照公共设施用地（用地类别代号C），一般来说，该项占城市建设用地的比例约为10%-20%；城市作为区域中心的地位越突出，第三产业越发达，则公共设施用地的比重也越高，门类也越齐全，公共设施的规模也越大。

第四节 居住区公共服务设施规划

居住区公共服务设施（也称配套公建）是居住区建设必不可少的部分，是保障居民日常生活的重要物质设施。居住区公共服务设施的设置水平一般与居住人口规模相对应，并应达到一定的指标和比例，各项设施的布局应能最大限度地方便居民的使用。

一、居住区的规模及分级

居住区根据居住人口规模进行分级配套是居住区规划的基本原则，即包括一定规模的人口配套建设一定层次和数量公共服务设施。居住区按户数和人口规模通常分为居住区、居住小区、居住组团三级，按照各个不同时期以及各地不同的规范和标准，居住区的分级和分级控制的规模会略有不同（表6-12）0

《城市居住区规划设计规范》（GB 50180—1993）为国家标准，1994年版和2002年版比较，户数和人口的关系有明显变化，户均人口呈下降趋势；同时居住小区人口的下限上调，从而使分级规模基本满足配套设施的建设和经营要求，如1所小学的适宜服务人口为1万以上o北京、上海的城市人口规模居国际大城市的前列，其居住小区的人口规模都明显高于国家标准。上海的居住区一般分为居住区、居住小区、街坊三级。

二、居住区公共服务设施的规划指标

公共服务设施的规划控制指标不仅是居住区规划设计所要满足的标准，也是城市规划管理部门决定项目建设和规划审批的依据。各省市可以依据需要与自身条件，按国家有关规定自行拟定地方的指标体系。

依据《城市居住区规划设计规范》(GB 50180—1993)(2002年版)，公建用地(用地代码R02)占居住区、小区、组团用地的比例分别为15%-25%，12% ~ 22%、6% ~ 12%；广东省标准《居住小区技术规范》(DBJ 15—11—94)规定公建用地(用地代码R02)占I类小区(市政公用设施齐全、布局完整、环境良好)、口类小区(市政公用设施齐全、布局完整、环境较好)、m类小区(市政公用设施比较齐全、布局不完整、环境一般，或住宅与工业或其他用地有混合交叉使用的小区)分别为20%-25%，20%-28%，18%-25%；上海市工程建设规范：《城市居住地区和居住区公共服务设施设置标准》规定居住区公共服务设施用地(不计公共绿地)占居住区总用地的百分比为15%-22%。

居住区公共服务设施应按居住区、居住小区、居住组团三级进行配建，并达到一定的配建指标。配建的类别应包括教育、医疗卫生、文化体育、商业服务、金融邮电、社区服务、市政公用和行政管理及其他八类设施，居住的人口越多、级别越高，则配建的类别越丰富、层次越高。配建指标包括各类设施对应的每千居民所需的用地面积和建筑面积(简称千人指标)，仅是为满足人们基本生活需要而必须配建的公共服务设施的最低限度的控制指标。配建指标按居住区、居住小区、居住组团分别列出各类公共服务设施的控制指标，此处为比较各城市的差异仅列出居住小区一级。

各城市通常在国家标准的基础上，依据自身的社会经济发展状况、生产生活习惯、实际需求水平等因素，制定本地居住区应配建的公共服务设施具体项目、内容和千人指标的具体规定或实施细则。

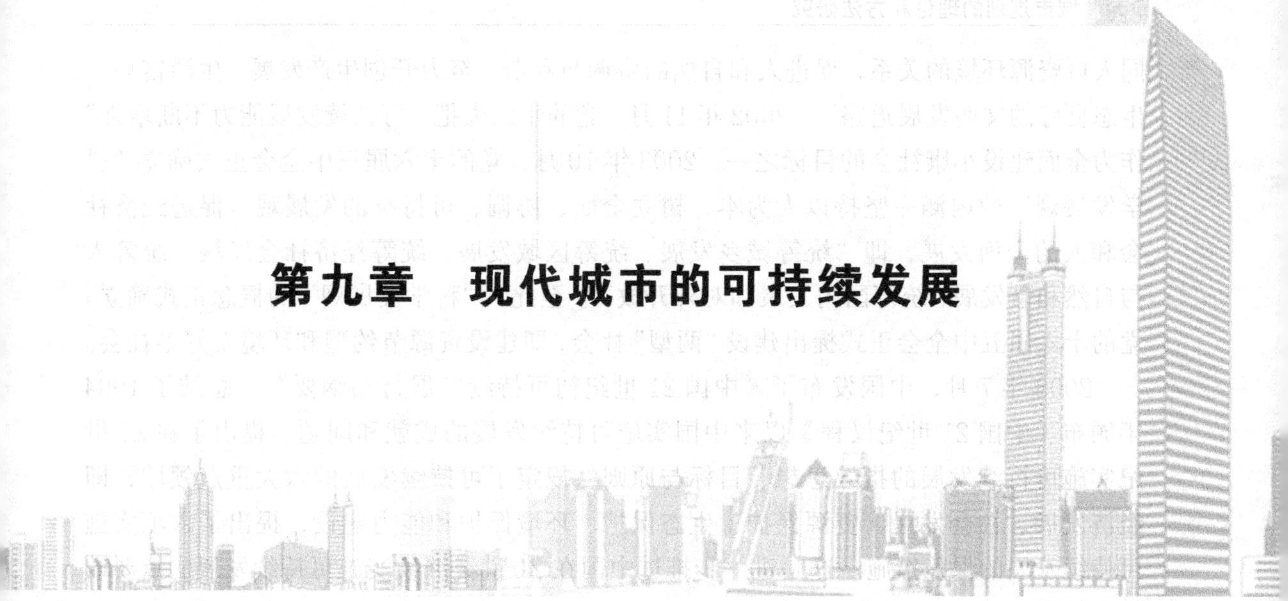

第九章　现代城市的可持续发展

第一节　可持续发展的理念

一、概述

中国政府高度意识到可持续发展的重要性和必然性，并将其提升到国家政策方略和战略规划中去。20 世纪 90 年代初，中国政府制定了快速、协调和持续发展的方针，特别是制定并开始实施可持续发展战略，注意经济发展与资源、环境和人口的协调问题，注意人与自然的和谐发展。1992 年 7 月，中国政府组织 50 多个部门和 300 多名专家，经过近 1 年半的努力，于 1994 年公布了《中国 21 世纪议程 —— 中国 21 世纪人口、环境与发展白皮书》，在全球率先推出了实施可持续发展战略的第一部国家级行动纲领，首次把可持续发展战略纳入我国经济和社会发展的长远规划。1995 年，党的十四届五中全会就指出在现代化建设中，必须把实现可持续发展作为一个重大战略；1996 年 3 月，《中华人民共和国国民经济和社会发展九五计划和 2010 年远景目标纲要》把“可持续发展”和“科教兴国”一起列为实现“九五”计划和 2010 年远景目标的两大战略之一，并详细地阐述了可持续发展战略。1997 年党的十五大把可持续发展战略确定为“现代化建设中必须实施”的战略。2002 年 3 月 10 日，江泽民出席中央人口资源环境工作座谈会，强调“为了实现我国经济和社会的持续发展，为了中华民族的子孙后代始终拥有生存和发展的良好条件，我们一定要按照可持续发展的要求，正确处理经济发展同人口资源环境的关系，促进人和自然的协调与和谐，努力开创生产发展、生活富裕、生态良好的文明发展道路”。2002 年 11 月，党的十六大把“可持续发展能力不断增强”作为全面建设小康社会的目标之一。2003 年 10 月，党的十六届三中全会正式确立“科学发展观”的内涵一坚持以人为本，树立全面、协调、可持续的发展观，促进经济社会和人的全面发展，即“统筹城乡发展、统筹区域发展、统筹经济社会发展、统筹人与自然和谐发展、统筹国内发展和对外开放”。至此，“科学发展观”的概念正式确立。党的十六届五中全会正式提出建设“两型”社会，即建设资源节约型和环境友好型社会。

2003 年 7 月，中国发布了《中国 21 世纪初可持续发展行动纲要》，总结了 1994 年颁布《中国 21 世纪议程》以来中国实施可持续发展的成就和问题，提出了在 21 世纪实施可持续发展的指导思想、目标与原则，规定了可持续发展的六大重点领域，即经济发展、社会发展、资源保护、生态保护、环境保护和能力建设，提出了六项实施可持续发展的保障措施。这是进一步推进中国在 21 世纪继续实施可持续发展的重要政策文件。

2004 年 3 月 1 日，胡锦涛在中央人口资源环境工作座谈会上的讲话阐述了科学发展观的深刻内涵：“坚持以人为本，就是要以实现人的全面发展为目标，从人民群众的根本利益出发谋发展、促发展，不断满足人民群众日益增长的物质文化需要，切实保障人民群众的经济、政治和文化权益，让发展的成果惠及全体人民。全面发展，就是要以经济建设为中心，全面推进经济、政治、文化建设，实现经济发展和社会全面进步。协调发展，就是要统筹城乡发展、统筹区域发展、统筹经济社会发展、统筹人与自然和谐发展、统筹国内发展和对外开放，推进生产力和生产关系、经济基础和上层建筑相协调，推进经济、政治、文化建设的各个环节、各个方面相协调。可持续发展，就是要促进人与自然的和谐，实现经济发展和人口、资源、环境相协调，坚持走生产发展、生活富裕、生态良好的文明发展道路，保证一代接一代地永续发展。”

而 2006 年的《中华人民共和国国民经济和社会发展第十一个五年规划纲要》则明确提出以科学发展观统筹经济社会发展的全局，要推进形成区域主体功能区，促使经济发展与人口、资源、环境相协调，把经济社会发展切实转入全面协调可持续发展的轨道。在党的十七大报告中，胡锦涛进一步提出了实现全面建设小康社会奋斗目标的新要求，并提出要“建设生态文明”，以生态文明促进我国经济社会实现可持续发展。这是中国共产党首次把“生态文明”这一理念写进党的行动纲领。

2012 年 11 月召开的党的十八大，把生态文明建设纳入中国特色社会主义事业“五位一体”总体布局，首次把“美丽中国”作为生态文明建设的宏伟目标。2015 年召开的十八大五中全会，提出“五大发展理念”，将绿色发展作为“十三五”乃至更长时期经济社会发展的一个重要理念。

二、实现路径

如何实现可持续发展是可持续发展理论研究与实践中最为关键的问题。可持续发展不仅是发展中国家的目标，也是发达的工业化国家的目标。实现可持续发展的道路困难重重，这不仅因为发达国家的工业化过程已经使地球伤痕累累，而且急于摆脱贫困的发展中国家也不由自主地步入工业化国家的发展道路。同时，还因为为了共同的未来大家都表示愿意承担责任，但是却很难说服任何人（不论是发达国家还是发展中国家）减缓这种发展。

尽管实现可持续发展面临重重困难，但是，其仍然是全球各国的一项必而为之的战略行动。对于此点，《我们共同的未来》中这样写道：委员会对未来的希望取决于现在就开始管理环境资源，以保证持续的人类进步和人类生存的决定性的政治行动。我们不是在预测未来，我们是在发布警告个立足于最新和最好科学证据的紧急警告：现在是采取保证使今世和后代得以持续生存的决策的时候了。我们没有提出一些行动的详细蓝图，而是指出一条道路，根据这条道路，世界人民可以扩大他们合作的领域。但是为了使后代有选择的余地，当代人必须从现在开始行动，而且一起开始。我们的信念是一致的：安全、福利和地球的生存决于现在就开始的这种变革。

那么，怎样才能实现可持续发展？答案是：只有当人类向自然的索取，能够同人类向自然的回馈相平衡时，只有当人类为当代的努力，能够同人类为后代的努力相平衡时，只有当人类为本地区发展的努力，能够同为其他地区共建共享的努力相平衡时，全球的可持续发展才能真正实现。具体的，世界环境和发展委员会（WECD）强调了实现可持续发展的总体途径：促进经济增长，提高经济增长的质量，满足社会对就业、食品、能源、资源、教育、卫生、住房等的基本需求，要在严格控制人口、提高人口素质和保护环境、资源永续利用的前提下进行经济和社会的发展。

在对实现可持续发展总体途径的深刻分析和对于人类发展规律的整体认识的基础上，世界上任何一个国家或地区实施可持续发展战略，无一例外地都必须有序地通过三个基本台阶，实现三大基本目标，在可持续发展理论上称之为三大非对称性“零增长”，即人口数量和规模（自然增长率）的“零增长”，同时在对应方向上实现人口质量的极大提高；资源和能量消耗速率的“零增长”，同时在对应方向上实现社会财富的极大提高；生态和环境恶化速率的“零增长”，同时在对应方向上实现生态质量和生态安全的极大提高。只有实现这三大非对称性“零增长”，才能真正地迈入可持续发展的门槛。

中国作为世界上人口最多的发展中大国，在实施可持续发展的国家战略时将面临更大、更复杂的压力，达到上述三大非对称性“零增长”的时间将会更长。按照中国科学院2010年7月28日发布的《中国科学发展报告2010》中的预计，中国将分别于2030年、2040年、2050年依次跨越三大“零增长”台阶。唯有如此，才能标志中国真正地跨入可持续发展的门槛，并将在这个规范有序的合理门槛内更加有效地增强自己的可持续发展能力。在此需要指出的是：到 2050 年，中国可持续发展战略的顺利实施与成功实现，将不仅是中国发展战略的巨大成功，而且将是全球实现可持续发展的光辉典范，毫无疑问，这也是中国对人类发展做出的巨大贡献。

第二节　城市与可持续发展管理

一、可持续发展管理的内涵与作用

（一）可持续发展管理的概念

科学管理之父泰勒认为，管理就是“确切地知道你要别人去干什么，并使他用最好的方法去干”。诺贝尔经济学奖获得者赫伯特·西蒙教授对管理概念有一句名言：“管理即制定决策。”对管理的定义有重大影响的法国人亨利·法约尔认为，管理是所有的人类组织中都有的一种活动，这种活动由五项要素组成，即计划、组织、指挥、协调和控制。也就是说，当你在从事计划、组织、指挥、协调和控制活动时，你就是在进行管理，管理等同于计划、组织、指挥、协调和控制。

一般而言，所谓管理是指一定组织中的管理者，通过有效地利用人力、物力、财力、信息的功能各种资源，并通过决策、计划、组织、领导、激励和控制等职能，来协调他人的活动，使别人与自己共同实现既定组织目标的活动过程。

可持续发展是一个动态的、发展的概念，尽管不同领域的专家、学者从自然属性、社会属性、经济属性、科技属性和空间属性等不同角度进行了解释和阐述，但是人们对于可持续发展的核心思想却是共识的，即健康的经济发展应建立在生态可持续能力、社会公正和人民积极参与自身发展决策的基础上。它所追求的目标是，既要使人类的各种需要得到满足，个人得到充分发展，又要保护资源和生态环境，不对后代人的生存和发展构成威胁。要正确处理和协调人口、资源、环境与社会经济发展的相互关系，实现可持续发展，使社会系统的运行达到良性状态，就必须把人口、资源、环境和社会、经济放在一个整体中，从总体上进行综合分析和系统管理。

可持续发展管理是以政府为核心，企业、社会和公众广泛参与，辅之以政治的、经济的、管理的、法律的、技术的方法和手段，以实现人口、资源、环境和社会经济协调、可持续发展的过程。它既包括国家、地区对可持续发展生态社会经济关系和社会经济活动的管理，又包括可持续发展系统内部的管理。因而，可持续发展管理是宏观生态、社会、经济管理的表现形式，也是社会经济管理的重大发展。

（二）可持续发展管理的实质

可持续发展管理的实质是利用一切管理手段调节可持续发展系统运行的全过程。通过各种调控手段的综合运用，调动各方面保持可持续发展系统的健康运行与人们参与可持续发展的积极性和创造性，从而使人们的经济活动对可持续发展生态环境系统的负面影响控制在最低限度内，达到社会经济发展的生态代价和社会成本的最低程度，实现可持续发展系统的有序、进化和良性循环。可持续发展管理与传统的经济发展管理不同，主要是协调以下几方面的关系。

1. 代际利益协调，实现代际公平

这就是在任何时候都不应以牺牲后代的生存和发展利益为代价，来换取目前的发展和效益。

2. 三种生产的协调

三种生产的协调就是物质生产、人的生产和环境生产的协调，做到经济效益、环境效益和社会效益的统一。

（1）经济和社会的发展不能超越资源和环境的承载能力，只有这样才能可持续。

（2）发展应当是经济、水和生态环境的全面发展。不能把发展仅理解为经济的增长或社会发展，因而在决策时不能只考虑发展速度、建设规模、产值、经济收入等目标。要明确经济和社会发展的根本目的是改善人们的生存条件，提高其生活质量，因此，任何地区和部门的发展，都不能以浪费资源和牺牲环境为代价。

（3）发展应当既满足人们目前的需求，又不削弱和损害满足后代人需要的基础和能力。应当在安排好当前发展的同时，为未来的发展创造更好的条件。

3. 空间利益协调

空间利益协调，即当代人之间的公平。在处理城乡之间、发达地区和欠发达地区之间的发展关系时，应充分尊重和考虑农村或贫困地区的权益和未来的发展，不能为治理城市污染而向农村转移污染行业，也不应将富裕地区的污染行业转移到贫困地区。在当前发展水平总体较低，各方都想迅速发展生产力的情况下，面向可持续发展的管理协调主要是克服发展中的短期行为，实现当前利益与长远利益的统一；克服部门利益至上，实现局部利益与整体利益的统一u在我国社会主义市场经济条件下，协调各个地区和部门的利益结构，一是要对资源实行资产化管理，改变“资源无价、原料低价、产品高价”的传统观念，把资源纳入成本核算体系，使资源的价值在产品中得到反映和补偿，从而提高资源的利用率；通过对资源的资产化管理，使国家对资源的所有权和企业对资源的使用权适当分离，既要保证国家对资源所有权的完整性和统一性，又要最大限度地提高单位资源的利用效益，合理协调中央和地方、不同所有制企业等利益主体之间的利益关系，把资源优势转化为经济优势。二是运用经济手段保护环境，

逐步建立和完善排污收费、征收生态环境补偿费和环境保护税制度，对环境治理、综合利用和生态保护工程，落实优惠政策，防止环境污染的扩散和转移。三是遵循优势互补、利益互惠的原则，加强各个地区和行业的横向交流与协作，提高资金、资源和劳动力的利用效益。

可持续发展管理具有二重性，它既是目标管理，又是过程管理。可持续发展管理的对象是可持续发展系统，即复杂的社会经济生态复合系统，目的是通过协调复合系统中三个亚系统的发展关系，使人们的经济活动遵从经济规律和自然生态规律，最终实现系统的协调、优化、进化的目标，因此，可持续发展管理是以实现可持续发展为目标的管理。由于可持续发展战略目标的实现是一个长期的任务，要制订阶段目标、规划阶段任务，逐步加以实施，它是一个不断努力的过程，因此，可持续发展管理必然又是过程管理。

（三）可持续发展管理的作用

1. 可持续发展管理是政府管理的重要领域

在我国社会主义市场经济体制的建立、完善和发展过程中，政府的职能也在发生着转变。从经济理论研究结果看，政府存在的必要性和作用的主要领域在于市场失灵的地方，即弥补市场的不完整，矫正市场失灵与扭曲，以“看得见的手”去协助“看不见的手”，作为游戏规则的制定者对经济的运行进行宏观调控。

在外部性存在的条件下，各经济行为主体利益最大化行为不能导致资源的有效配置，需要政府出面通过各种法律法规和政策措施，制定各种规则，设计各种机制，将外部性内部化，以影响和制约各个经济个体的经济行为。然而，政府的调节也需要成本。只有政府干预的成本小于自由市场交易的成本，并且也小于干预所带来的社会经济收益时，政府干预才是值得的，或者说是有效的专

在人口、资源、环境等可持续发展相关领域，存在广泛的外部性。虽然政府调控的成本和收益往往难以准确度量，但是，如果没有政府的有效调控，人类自身的生存与发展将面临不可持续的严峻挑战，因此，可持续发展领域需要政府的宏观调控和管理。在充分竞争的市场经济条件下，能够实现自然资源配置的帕累托最优，但这个帕累托最优是一个静态的概念。现有的市场经济体系由于后代人缺位，没有充分考虑后代人的利益，仅仅依靠政府的力量是不能保证后代人的利益的，不可能保证动态的帕累托最优的实现，所以也需要政府的干预和调控。

实施可持续发展管理，实现城市和区域的可持续发展，是政府的主要职能所在。值得注意的是，中国可持续发展战略的实施是与社会主义市场经济建设同步进行的，这一特点使得我们要调整和理顺政府的管理职责范围，确立政府在经济、社会和可持续发展方面的宏观调控职能，完善政策和法制体系，强化执法监督功能，建立和健全可持续发展的综合决策及协调管理机制，发挥其在制定和实施可持续发展战略中的主

导作用。

2. 可持续发展战略的实施需要由政府来推动

可持续发展已经被确立为我国的基本发展战略。可持续发展战略的制定和决策本身是政府主导的行为，而且在可持续发展战略的贯彻实施过程中，政府负有积极行动和推动的直接责任。我国是人口大国，人均资源较少，发展不平衡，资源环境压力很大。当前可持续发展法律法规体系还不完善，资源环境产权改革仍在探讨中，人们的可持续发展意识比较薄弱，生产力水平比较低而且不平衡，个人利益、地方利益和部门利益矛盾冲突很多；没有政府的管理、调控和正确引导，可持续发展只能是梦想。因此，实施可持续发展战略，需要以政府为主导的可持续发展管理，需要发挥政府的引导和推动作用。

3. 可持续发展管理有助于规范市场主体的行为

尽管有效的管理不能直接创造自然资源，但是，它可以有效地利用自然资源，减少污染物的排放，用较少的资源做更多的事情。

各种可持续发展管理手段的合理选择和运用，能够有效地调整市场主体的行为，对解决具体的可持续发展问题具有重要的意义。对于个人行为，可以通过管理增强其环境保护和可持续发展意识，提高参与可持续发展的自觉性。对于企业行为，要加快环境资源产权制度改革，制定并实施科学的经济政策，促进企业环境信息公开和舆论监督，引导企业降低资源与环境成本，实现企业外部行为的内部化；对于政府行为，如政策制定、新工程项目上马等能够导致环境破坏的行为，要加强政府行为的可持续发展评价和论证，建立符合可持续发展要求的综合决策机制。

二、可持续发展管理的组织体系

城市与区域可持续发展管理过程中所构建的组织是为了实现可持续发展目的而形成的群体，是为了确保人们的社会活动正常协调进行、顺利达到预期目标的体系。当我们确定了可持续发展的目标并且编制出相应的计划与战略时，就要考虑如何通过组织的实施使它们变为现实。解决这一问题的根本途径就是，管理者按照组织的预定目标、计划和战略提出的要求，设计出科学、合理、高效、可操作性强的组织结构和体系，合理配置组织的各种资源，通过科学的管理方法和管理过程，实现城市与区域的可持续发展。

（一）可持续发展管理的组织构成

1. 什么是组织

不同的人对“组织”一词的看法是不同的。对一些人来说，组织是一个有形的结构；但对另外一些人来说，组织是试图完成某件事情的一群人。在人的一生当中，会属于和经历许多组织，比如家庭、学校、公司、协会、俱乐部、工会等。不同学科的学者都定义过“组织”一词。路易斯·A. 艾伦（Louis A.Allen）将正式的组织定义为：为了使人们能够最有效地工作去实现目标而进行明确责任、授予权利和建立关系的过程。赫伯特·A. 西蒙（Herbert A.Simon）认为，组织指的是一群人彼此共同和彼此关系的模式，包括制定及实施决策的过程。这种模式向个体成员提供大量决策信息，许多决策前提、标的和态度；它还预测其他成员目前的举动以及他们对某个个体成员言行的反应，并向该成员提供一系列稳定的易于理解的预期值。切斯特·巴纳德（Chester Barnard）将一个正式的组织定义为，有意识地协调两个或多个人活动或力量的系统。根据巴纳德的定义，组织的三个要素是共同的目的、服务的意愿和服务的沟通。研究发现，多数对组织的定义似乎都强调了如下的因素：组织象征着群体的努力；群体的努力指向一个目标；群体的努力通过协调来实现；职权和责任的关系有助于实现协调。

组织既是有形的，又是无形的。一般有形的组织称为组织体系，而无形的、作为组织内的关系网络活力和力量协作系统称为组织结构。无形的组织结构和有形的组织体系之间是一种手段和目的的关系。作为协作系统存在的无形组织，本身并不具有自身的目的，它只不过是完成组织目标的手段。例如，国家发展与改革委员会、国家科学技术部、外交部、国家经贸委以及国家环保总局等都可以称为独立的组织，他们与其他相关的国家部委联合组成的为国家可持续发展服务的中国 21 世纪议程领导小组，也是一种组织。因此，组织的形式是多种多样的，其关键要素不是一个建筑、一套政策和程序，组织是由人及其相互关系组成的，是无形的。由此，我们可以把组织定义如下。

（1）组织是一个社会实体

从实体角度来讲，为了实现组织的既定目标，组织内部就要进行分工与合作，分工与合作体现了组织的有效性，而没有分工的群体不能称为组织。劳动分工可以提高劳动效率，而合作可以降低交易成本，从而实现实体交易的内部化，因此，只有分工与合作在实体内部都能实现时，才能实现“1+1>2”的综合效率。分工之后，为了使各个部门、各个工种、各人员各司其职，就要赋予其完成工作所必需的权力，同时，明确各部门及个人的责任。有权无责或有责无权都会使组织内部陷入混乱无序状态，从而偏离组织目标，因此，组织要有不同层次的权力与责任体系，这是组织目标实现的保证。对于城市与区域可持续发展管理而言，这种管理通常与诸多的职能部门有着千丝万缕的联系，而且只有各个部门、各种机构之间进行良好的合作，才能实现既定的管理目标。

（2）组织有确定的目标

任何组织都是为了实现特定的目标而存在的。组织目标是组织存在的前提和基础。

从本质上讲，组织本身就是为了实现共同目标而采用的一种手段或工具。在区域可持续发展过程中，很多省市、地区都建立了由领导负责或者一把手亲自抓的领导小组，这些就是以区域可持续发展战略为目标的一种组织。当人们为了实现共同目标而采取一致行动时，问题不在于行动的结果对个人意味着什么，而在于他们对整个组织意味着什么。严格地说，组织目标对于个人并没有直接意义，而参加组织的每个人都具备双重人格：个人人格和组织人格。从协作的观点来看组织目标时，指的是个人的组织人格，即通常所说的忠诚心、团结心、团队精神、凝聚力，只有相对于组织目标而言才是有意义的。所以管理人员应当经常向组织成员不断灌输共同目标的信念，并根据环境的变化和组织的发展不断制订新的目标。

（3）组织有精心设计的结构和协调的活动性系统

作为一个实体，组织必须有一个由许多要素、部门、成员，按照一定的联络形式排列组合而成的框架体系，即组织结构。这个框架体系一般可以用组织图来反映。任何组织都在努力解决如何进行组织这个问题。当外部环境、技术、规模或者竞争战略发生变化时，组织结构也必须做出相应的调整。管理者面临的挑战是要懂得如何通过设计组织结构来实现组织的目标。组织结构决定了正式的报告关系，包括管理层级数和管理者的管理跨度；决定了如何由个体组合成部门，再由部门组合成组织。它通过所包含的一套系统，保证跨部门的有效沟通、合作与整合。一个理想的组织结构应该鼓励其成员在必要的时候提供横向信息、进行横向协调。斯蒂芬·P- 罗宾斯（Stephen P.Robbins）认为，组织结构是指对于工作任务如何进行分工、分组和协调合作 a 管理者在进行组织结构设计时，必须考虑六个关键因素：专门化、部门化、命令链、控制跨度、集权与分权、正规化。

组织工作被定义为一个组织结构的创设过程，该过程非常重要，而且服务于多重目的。一般情况下，组织工作的主要目的在于：将任务划分为可由各个职位和部门完成的工作；将工作职责分派给各个职位；协调组织的多项任务；将若干职位组合为部门；设定个人、群体及部门之间的关系；建立起正式的职权线；分配及调度组织的资源。

（4）组织与外部环境相互联系

组织是在一个特定的环境中发挥其功能的，环境与组织之间相互影响、相互作用。劳伦斯（Lawrence）和洛斯奇（Lorch）通过对环境的性质及其对组织的影

响的研究表明，组织结构及其功能随环境的变化而变化。稳定环境中的组织一般有正规的结构，活动也比较有规律；动荡环境中的组织则比较灵活，缺少正规的结构。当组织需要对外部环境的迅速变化做出反应时，部门间的界限同组织间的界限一样变得灵活不定。

对于我国而言，未来的发展不仅是经济的发展，而且是要走一条可持续发展的道路。这是一种新的发展观，它所追求的是经济、科技、社会、人口、资源、环境的协调发展，

要在保持经济高速增长的前提下，实现资源的综合、持续利用，环境质量的不断改善，不仅使当代人能够从大自然赐予人类的宝贵财富中获得我们的所需，而且也要为子孙后代留下可持续利用的资源和生态环境。因此，在可持续发展管理中，我们所要面对的是一个不断变化的自然、社会环境，在这种动态中寻找组织的合理结构，以达到组织与外部环境的协调，在管理过程中是一个非常重要的环节。

在推进循环经济发展过程中，构建生态化企业模式是一个重要工作环节。国内有关学者提出了工业生态化企业模式的组织构架。

1）信息化、数字化

重视作为管理组织媒介的企业信息，充分利用信息资源，通过企业数值化、信息化技术，提高企业管理信息化水平，及时把握市场机遇，更好地组织企业物力、人力、资金、技术等资源。推进企业办公自动化系统、管理信息系统技术的应用；信息及运用在财务管理、企业资源计划、客户关系管理以及供应链管理等现代管理模式应用的成功经验；推动企业应用互联网，开展电子商务等业务，与国际交流并参与国际竞争；与其他企业建立网络关系，相互利用各自的废弃物、副产品和产品。

2）ISO 14000 环境管理体系

企业积极建立 ISO 14000 环境管理体系，并获得认证，按照该标准所提倡的过程化、程序化、文件化等管理思想，建立完善的管理体系，对自身的各种环境问题进行系统地识别、预防和控制，提高企业管理水平，适用国际市场竞争机制的经营和管理模式 a

3）企业环境报告制度

实施企业环境报告制度，企业在年度报告和财政核算中充实环境方面的内容，阐述企业的环境影响信息、环境行为及环境业绩、环境会计信息；明确企业运作的环境风险，建立完善的风险防范应急体系；充分做到企业环境信息公开化，满足信息使用者对企业环境信息的需求，有利于社会公众监督企业履行环境责任，有利于树立良好的绿色企业形象。

2. 组织的类型

组织根据不同的划分标准可以有多种类型，有营利性组织和非营利性组织，公共组织和私人组织，正式组织和非正式组织，生产型组织和服务型组织，大、中、小型组织等之分。这些都是由组织设立的目标及成长所处的阶段所决定的。

（1）营利组织和非营利组织

一般的企业组织都是营利性组织，它们经营运作就是为了实现营利的目标。与营利性组织相反的是非营利性组织，它们的主要宗旨是向社会提供服务，如提供教育、医疗卫生以及社会经济和资源环境的可持续发展管理等。对于这些服务可能要收取一定的费用，这些费用要用于维持组织的生存。这些组织通常不必向政府纳税，通常还会受到政府的财政补贴。有时一些非营利性组织也从事营利性活动，这些活动迫使政府加强对所有非营利性组织的控制。对非营利性组织施加控制可能会妨碍它们的运营效率，因此，组织必须遵守一定的规章制度。在城市与区域可持续发展管理中，为了充分发挥非营利组织的作用，应当对非营利组织有一个比较全面的认识。

比如，在公共服务方面，非营利组织可以发挥以下几方面的功能专

1）发展公共政策

非营利组织在直接参与社会事务的处理过程中，能够发现许多公共问题。同时，非营利组织通过广泛运用影响力（如提供信息、陈述请愿、影响大众传媒等）影响政府的决策。对于长期的政策，通过持续的分析研究为政府的政策制定和决策提供意见或建议。

2）监督市场

在政府无法充分发挥功能的领域，非营利组织可以扮演市场监督者的角色，如消费者权益保护。在许多方面，非营利组织可以直接提供选择方案，提供更高品质的产品给社会。

3）监督政府

虽然政府组织有防止弊端的机制，但仍不能完全公正无私。非营利组织可以不断地提醒政府与公民，使政府与公民认清其责任，更关心公共事务。

4）直接提供公共服务

对于政府无法履行的公共服务和社会福利的职能，非营利组织可以弥补其不足，尤其是在社会服务、文化教育、医疗卫生、社区发展、社会互动等方面发挥很大的功能。

5）维护良好的社会价值

非营利组织对公共服务的奉献精神，对人、自然、社会的关爱，对平等权利的重视，对参与的重视等，均体现了民主社会的基本价值，它们通过自己的行为，倡导和维护着社会正面的价值观。

6）倡导积极的民族精神和扩大社会参与

非营利组织所倡导的是积极的民族精神，这种精神强调公民应积极主动地介入公共事务，对社会应有仁德与爱心；对社会要承担个人的道德责任；要有利他主义的精神。这种精神是民主社会最重要的精神。更重要的是，非营利组织为公民参与公共事务提供了一条重要途径，也为培养积极的民族精神提供了场所。

（2）公共组织和私人组织

以个人投资为主体的组织为私人组织，而与之相区别的是由政府和第三部门来经营的公共组织，主要包括一些公共服务部门以及关系到国计民生的基础设施、重大科学、国家安全、生态维护等领域。

公共组织的结构具有自身的一些特点。

1）结构的复杂性

公共组织结构的复杂性是指公共组织内部横向各部门之间的沟通与协调关系及纵

向各层级之间的协调、沟通和控制。组织的规模对组织结构复杂性的影响较大，因为组织规模的增大将导致工作分工的增加，而工作分工的增加则会增大组织在水平和垂直两个方向上的复杂性，所以组织的规模越大，机构就越精细，组织的职位和部门分工就越细，组织结构也就越复杂，而公共组织的规模通常都比较大，公共组织结构的复杂性也就表现得明显。

公共组织结构横向的复杂性表现在两个方面：一是组织成员之间受教育和培训的程度，专业方向和技能、工作性质和任务等方面的差异程度，一般来说，受教育程度越高，培训的时间越长，组织的复杂程度也就越高，专业程度越高，组织的复杂程度也就越大。因为高度专业化要求对专家的行为进行协调，以保证工作不会互相重叠，保证公共组织总任务的完成。二是由此而产生的组织内部门与部门之间的差异程度。公共组织通常都是按照工作的性质设置部门，从而将繁杂的工作分别归类到各个部门，并使各部门有明确的职权。专业越细部门也就越多，因此，存在一个专业化和部门化的关系问题。劳动分工导致了专业化，而专业化又必然产生对从事某一专门或相类似工作的人的活动和行为进行协调或管理的部门化，部门化是解决相同或相类似的专业分工一种有效的方法。公共组织的专业分工越细，部门化就表现得强劲些，同时部门与部门之间进行协调的难度也就增大，由此使得公共组织结构的复杂程度增加。

公共组织结构的纵向复杂性主要表现在公共组织结构中纵向各层级之间的沟通和协调的复杂程度。在公共组织中，通常都是上级对下级下达任务或完成任务的目标，下级在执行过程中应当与上级保持目标的一致，上级的管理者也应当了解下级的工作活动及完成任务的情况，层级越少，沟通越为顺畅，层级越多，沟通就越为复杂，虽然纵向分化的复杂程度没有横向那样复杂，但纵向的层级数是对公共组织结构纵向复杂程度很好的测量。一般来说，如果一个组织中纵向管理层级数增加，其纵向组织结构的复杂程度就会提高，控制、协调和沟通也都会存在潜在的困难。

复杂性是公共组织结构方面的一个基本特征，任何公共组织都是由各种要素组成，在这些要素中，既有人的要素，也有物的要素；既有流动要素，也有固定要素，而这些要素又是安排成不同的排列组合方式，形成不同的结构模式，既有垂直的也有水平及空间上的，由此构成了一个复杂的公共组织结构体系。

2）结构的规范性

公共组织结构的规范性是指公共组织中各项工作的标准化程度，即公共组织结构不是随机形成的，它是公共管理者根据国家的法律法规及正规的办事程序，有目的、有意识的安排，而且构成公共组织结构的各要素也都是在一定程度的规范化指导下，为了实现某一目标安排的。公共组织结构中的规章、程序、惩罚办法等预先就确定了公共组织结构内部成员的行为及活动的标准，健全而严密的规章制度，清晰而详细的工作程序和工作过程的说明，将有助于提高组织的工作效率，减少不确定性的因素，提高公共组织工作的协调性。在一个高度规范化的组织中，规范化的程度主要受以下三方面因素的影响。一是技术和工作的专业化程度。一般而言，技能简单而又重复性的工作具有较高的规范程度；反之，其规范性程度就低。二是管理层级的高低。组织中高级管理人员的日常工作重复性较少，并且多需要解决的问题也较复杂，因此，其工作的规范性程度较低；相反，低级管理层人员工作的规范程度就较高。三是职能分工。一般来说，职能范围相对广泛的部门，规范性程度会低些；职能范围相对狭窄的部门，其规范性程度较高。

3）结构的开放性

公共组织结构的开放性特征是指公共组织面对的是整个社会的公共事务和全体人民，因此，它必须与外界进行信息、物质和能量等各个方面的交流，只有对外界开放，其公共组织系统才能新陈代谢，才能根据社会的需要和环境的变化调整组织结构以适应社会发展的需要，使其具有适应环境的能力和旺盛的生命力。所以公共组织结构具有最大限度的开放性特征，可以说，公共组织结构的开放性是公共组织生存和发展的前提。

4）结构的稳定性

公共组织的稳定性主要表现在公共组织结构一旦形成以后，在一定的时期内不会发生重大的根本性改变，相对来说处于均衡不变的状态。因为公共组织是代表人民和社会行使公共权力的机构，其结构的稳定性是公共权力发挥作用的基础，也是公共组织结构的核心，一般情况下，没有上级领导的同意和经过法定的程序是不会变更的。

5）集权与分权

公共组织结构内的集权与分权是指权力或决策权集中于公共组织中哪一层级上的差异。集权与分权主要看以下两个要素。一是强调权力在公共组织内部层级的配置。集权表现在公共组织的大多数决策都是由高层做出的，当然，组织的低层人员也会做出很多决策，但他们的决策要受到组织政策程序的制约。分权意味着决策权力分散在公共组织的各级管理层，乃至低层的工作人员，是决策权力的分散或是低度的集权。二是对活动的评估，评估过程包括对确定工作做得是否恰当、良好或及时的评价。如果评估是由组织的高层人员进行的就是集权；反之，就是分权。另外，作为公共组织中的管理者，无论他在组织的指挥命令链中处于何种位置，都要做出有关目标预算分配、人事工作开展的方法、如何提高其单位部门的效益等方面的选择或决策。在决策执行之间，必须要授权其下属，如果决策者控制着决策过程中的所有步骤，决策是集权的。而当其他人获得对这个过程的控制时，就意味着分权。如果决策者只控制对各种方案做出选择这一步，说明组织内的分权程度很高。

6）职权与权力

职权与权力也是公共组织的特征，公共组织结构中的职权是管理职位所赋予可以发号施令且可预期命令会被遵守的权力0它与组织中的职位有关，而与管理者的个人特质无关。当管理者被授予职权的同时，也被赋予相称的职责，职权和职责必须对等。

职权包括两种类型：一是直线职权，它存在于主管与部属之间，由组织的最高层，沿着指挥链，贯穿到最底层，在指挥链上，管理者有权指挥其部属工作，以及做出决策，而无须征询其他人的意见。二是幕僚职权，它是为了支持、协助、建议和减轻直线管理者的信息负担而设立的。而公共组织结构中的权力则是影响决策的能力，因为职位而拥有的正式权力即职权只是个人影响决策过程的方法之一。权力包括强制权力、奖赏权力、法定权力、专家权力以及参与权力。

(3) 正式组织和非正式组织

正式组织一般是指在一个正式的组织企业中有意形成的角色职务结构，把某一组织称为正式组织，绝对不是说它是固有的一成不变的或是有什么不适当的限制的意思。如果管理人员想要做好组织工作，组织的结构一定要提供这样一个环境，使个人在不论现在或将来的工作中都十分有效地为集体目标做贡献。正式的组织必须具有灵活性，在最正式的组织中，应留有酌情处理的余地，以利用有创造力的人才并承认个人的喜好和能力，但必须把集体结构下的个人努力引向集体的和组织的目标。

3. 组织的功能

组织会通过不断地变革和调整来适应外部环境的变化，同时组织也以各种方式改变着人们的生活。例如，依据循环经济理念和工业生态学原理而设计建立的新型工业组织形态——生态工业园，实现了工业产业与自然环境的协调发展，从而使得经济、环境和社会效益的实现成为可能，因此，组织对现代经济和社会的影响是非常大的。那么，组织的存在究竟有什么作用呢?

首先，组织汇聚了人、财、物资源，通过生产、加工、协作系统完成特定的目标。它是社会资源的配置载体，是优化资源配置的一种方式，也是改善资源配置效率的场所。组织的投入产出系统能够使组织制造出比个别资源效益更大的整合效益。

其次，组织提供了社会成员需要的产品和服务。随着市场经济的发展，社会成员的需求日益丰富多彩，出现了高选择性。高选择性就是指在买方市场中，社会成员有权选择符合使自身价值最大化的产品和服务。组织通过创新努力寻求满足成员需求的新途径，也就是说，组织不仅仅是产品和服务的供给者，更是创新主体。通过运用现代制造技术和管理的重组，组织不断适应变化着的环境，为社会成员价值的提升做出前瞻性的选择和努力。

同时，组织必须适应劳动力多样化和社会转型的挑战，更加注重伦理、环境和社会责任，建立学习型组织，努力为员工创造全面发展的环境。

概括地说，组织是资源体、服务体、创新体和社会体的总和。

（二）可持续发展管理的组织目标

1. 组织目标的含义

组织目标是与组织宗旨相联系的一个概念。组织宗旨表明了一个组织的存在对于社会的意义，是一个组织最基本的目的，它需要通过目标的具体化才能成为行动的指南。组织目标就是指一个组织在未来一段时间内要实现的目的，弗鲁姆（Vroom）将它定义为对事物寄予期望的未来状况。

2. 组织目标的类型

一个组织有多种类型的目标，其作用各不相同。组织目标有不同的类型，包括正式目标、经营目标和作业目标。组织通过连续地更新宗旨或目标来保持其延续性，目标和宗旨完成后组织不会消亡，它会设置新的目标和宗旨，组织为实现这些新目标和宗旨而继续存在。

2004 年 5 月北京市发展与改革委员会提出了“3+2”首都经济圈以及“一轴、两核、三区”为框架的京津冀都市圈发展战略构想。“一轴”即以京津塘高速公路为轴心形成高新技术产业带，在此建成将各市利益凝聚在一起的产业链和产业集群。“两核”即以京津两市作为首都经济圈的双核心，将北京的首都优势与天津的港口优势、北京的知识经济优势与天津的外向型经济优势结合起来，促进京津冀都市圈合理地域分工体系的形成。“三区”即京津塘产业区、京津保产业区、京张承生态涵养区。“3+2”是在现有京津冀合作的基础上，加入内蒙古和山东的部分地区，发挥内蒙古、山东肉菜蛋奶、劳动力供应方面的优势，实现技术、信息、人才、资源和市场在更大空间范围内的流动与配置。为此，七个省市区的领导一致同意在河北廊坊设立一个负责日常工作的合作委员会，以推动四省一区两市的定期会晤和磋商。这预示着环渤海经济圈的建设进入实际操作阶段。

合作委员会这一组织的目标就是要为“3+2”首都经济圈的建设服务的。

（三）组织设计

1. 组织设计的步骤

在设计组织时，应该重点解决四个问题：结构是否应该是紧密的，或者是松散的；单位是什么；哪些单位应该联合，哪些单位应该分离；决定出自何方。

（1）结构应该紧密还是松散

设计组织结构的目的是组织资源完成组织的目标。结构的元素，诸如指挥链，集权或分权、正式权力、团队及协调设置，组合在一起构成一个全面的结构形式。在一些组织中，正式的、垂直的等级制度被作为完成控制和协调的方式予以强调。在另一些组织中决定的产生是分权式的，所使用的是职能团队，员工享有进行自己认为合适的工作的自由。在许多组织中权衡产生了，因为强调垂直结构意味着减少横向协调，反之亦然。当垂直的结构非常紧密时，组织是机械性的，组织强调垂直控制，任务被分解成常规性的工作并被严格定义。存在大量规则时，等级制的权力是控制的主要形式。决定的产生是中央集权的，沟通是垂直的。当横向的结构占主导地位时，组织是有机的，呈现出松散结构。为了适应雇员及环境的需要，任务经常被重新确定，规则较少，权力基于专业技术而不是等级制度，决定的产生就是分权式的。沟通是横向的，通过工作小组、团队和整合者来促进沟通。一个有机组织可能没有职位描述甚至组织图表。

在 20 世纪末，在美国著名的国家绩效回顾报告（NPR）中，就建议公共组织用松散一紧密型特征取代曾经困扰联邦政府机构的紧密一松散型特征，他们认为松散一紧密型结构是取得出色绩效的前提。国家绩效回顾将使公共管理者最受约束的三个经常开支费用的系统一人事、采购和预算一更加灵活。其目标是使政府在机构如何完成目标方面放松，但政府对其目标也需要抓紧，因此，国家绩效回顾建议公共行政长官应被授予更多权力来组织他们的部门和形成政策，而作为回报，国家绩效回顾要求这些行政长官对未来有一个清晰的远景目标。这对于探讨我国的可持续发展管理组织的组织构建和结构设计都是非常有启示性的。

（2）单位应该是什么

组织设计需要对组织的目标进行回顾，这是因为组织实际上可以被定义为“一个机构的目标的理想的具体反映”。对目标的回顾可以使管理者开始决定什么是关键活动，哪些方面对于完成目标是至关重要的，哪些方面缺少绩效将危及组织的结果甚至生存，最后，对于组织而言真正的价值又是什么。这一系列的询问会使管理者能够更好地回答这个关键性的问题——单位应该是什么。

（3）单位之间应该保持什么关系

为什么在单位运作时，要将他们划分类别呢？有不同的贡献作用的活动应该被区别对待，贡献决定等级与职位。那么，什么单位应该相互联合呢？产生结果的活动绝不应从属于不产生结果的活动；支持性活动不应当与产生结果的活动相混合；高层管理活动与其他活动是不同的；咨询型的职员应少而精干，不从事操作性的事务。

（4）决定由谁做出

这个问题的关键是授权，也就是确定决策权应该放在哪一个层面上。从经验上来说，决定应在尽可能低的层级中产生。如果决策权不授予他人，那就是集权制的。绝对的集权制，只在前面谈到过的领导者一跟随者模式中出现。因此，对于大多数的政府组织而言，存在某些分权是不可避免的；另外，如果所有权力都被分配，管理者的职位就会消亡。如何实现集权与分权的权衡是一个难以明确回答的问题。

2. 组织设计的标准

在进行组织设计的过程中，应当把握好以下四个原则。

（1）明晰

含糊的关系可能会导致摩擦、冲突和低效，因此，组织成员必须对责任与权力有一个清晰的理解，必须明确自己及同事的任务。如组织图表、职务分类法等工具可以帮助管理者实现这个明晰的原则。

（2）简单

许多组织过于庞大的原因是没有认识到组织仅仅是为人们有效工作提供了一个架构。较窄的控制跨度和烦冗的监管层都可能导致组织过于繁杂，而违背了简单的标准。

（3）适应性

组织有一种内在的能力，能及时做出改变以适应环境的变化，这种能力就是一种灵活性。与明晰、简单一样，适应性是一种管理者必须最优化，而不是最大化的标准。也就是说，将任何一项标准推至极致，组织都将变形。只有适应性有助于完成组织目标和解决组织的应急事件时，它才是一项有力的管理工具。

（4）连贯性

各部分相互的逻辑联系在组织设计中是极为重要的因素。在组织设计过程中应当始终贯彻连贯性。

第三节　现代城市的可持续发展策略

现代文明给人类带来进步，人类成了自然的主人，但享福过了头，自然又反过来惩罚人类，人类遇到了以资源环境危机为核心的前所未有的麻烦和困境。在此背景下，可持续发展观首次成为全球共识，并被提升到事关人类生存发展高度。

一、根本出路

（一）概述

对于一个国家、一个城市来说，在选择具体的可持续发展路线时，难免受到两种可持续发展范式的困扰。虽然从人类发展的历史和未来远景看，强可持续发展范式具有必然性，但并不排斥一定时期内的弱可持续发展。也就是说，由于两种发展范式都有合理性的一面，所以，因地制宜地选择可持续发展之路就成为一个明智之举。若本身的自然资本较为丰富，则一定时期内采取弱可持续发展范式未必不可取，但要注意的是自然资本的大规模开发利用不要超越生态极限。若本身的自然资本（特别是关键自然资本）较为贫乏，那么，强可持续发展就是必然的，或者是不得已而为之的选择。

因为在这个仍充满矛盾、冲突，甚至是战争威胁的世界里，严格地保护好自身生存发展所必须依赖的自然资本就是在为自己赢得现在、胜在未来。，

中国城市的经济发展取得了巨大的成功，但这些基本上都是因循西方发达国家的老路而“发家致富”的，中国许多城市如今的高增长、高产出可以说是以高污染、高耗能为代价换取来的。但是，由于过去长时间的、大规模的资源开发与工业发展已经导致严重的资源环境危机，自然资本、特别是关键自然资本，如土地资源、水资源、环境等都面临着棘手的问题。因此，中国城市必须从现在开始就转变发展思路，走强可持续发展的道路。而做到这一点的根本出路就在于：以生态优先，保护关键自然资本。

（二）生态优先

何为“生态优先”？生态体现的是一种人与自然环境的关系，生态学也就是研究人与自然关系的科学，更广义的生态学是研究生物与其环境之间的相互关系的科学。生态优先可以用《我们共同的未来》中的话来理解：“当我们乐观地宣布经济发展和环境保护可以同时并举时，我们必须加上这样一个条件，即必须将生态圈的保护放在首位，经济发展必须放在第二位，必须有严格的生态经济作指导。”这样，生态优先也就是把生态环境建设放在经济社会发展的首位，从而建立起以生态建设为基础的经济发展模式。生态优先所强调的正是生态环境建设的基础性和先决性，在经济发展实践上必须坚持生态建设优先的时序原则

中国城市多年来的发展之路是建立在最大的自然资源消耗和生态环境破坏的基础上的，因此，从现在起坚持生态优先的经济发展之路具有特别重要的意义。具体来说，中国城市走生态优先的道路就要求经济活动的生态合理性要优先于经济与技术的合理性，它包括了生态规律优先、自然资本优先和生态效益优先3个基本原则。

生态规律具有优先于经济社会规律的基础性前提性地位，人类的发展必须遵循生态系统的规律，否则必然遭受自然的报复。自然资本优先即自然资本同样具有基础性、前提性地位，它的保值增值从根本上决定着其他资本如人造资本的保值增值° 生态效益优先是指当经济效益与生态效益发生无法调节的根本性矛盾冲突时，必须保护更为根本和长远的生态效益。

生态优先要求打造生态经济。生态经济有别于传统的经济学和生态学，也不是二者的简单相加，其是研究生态、经济和社会复合系统运动规律的科学。生态经济学理论是探讨经济系统和生态系统协调发展、共生演进的理论，包括生态经济系统、生态经济平衡、生态经济效益三个基本的研究范畴。其中，生态经济系统是载体，生态经济平衡是动力，生态经济效益是目的，共同推动着整个区域生态经济系统的可持续发展。生态经济就是要遵循生态规律和经济规律，依据生态经济系统的结构和功能，在生态技术的支持下，合理开发和持续、高效、循环利用各种资源和能量，使经济发展与生态环境保护相互促进，形成互动双赢的局面，从而建立可持续的经济发展模式。简言之，

生态经济的最终目的是实现人类经济系统和整个地球生态系统的可持续发展。

生态优先与经济发展并不矛盾，生态优先就是反对以 GDP 为标杆的传统发展模式，破除 GDP 崇拜，坚决把“唯 GDP”的“唯”字去掉。同时，生态优先并不是要把自然资源环境原封不动地保护起来，不是不要发展了，而是要彻底改变“高投入、高消耗、高污染、低效益”的传统发展模式。辩证地看，生态优先就是要尽可能地保护自然环境，发展是为了更好地保护，保护是为了持续地发展，这跟“强大方可扬眉，落后就要挨打”的道理是相通的。

例如，一些地区自然资源丰富，山清水秀，可是工业基础相对薄弱，交通设施滞后，发展后劲不足。对此，就需要统筹兼顾，应充分利用当地自然资源丰富的优势，高起点谋划和引进一批无污染、生态环保的产业，大力建设生态经济区，切实转变发展方式。这也是环境代价最小、生态效益最好、最符合绿色崛起要求的有效途径。如果继续在 GDP 的驱动下，不分青红皂白地引进工业项目，其结果必然是该地区快速地失去山清水秀的自然风貌。虽然 GDP 上去了，但该地区独有的自然资本也永远丧失了，这显然不符合生态优先的原则，更不可能实现强可持续发展。

（三）保护关键自然资本

在生态优先的 3 个基本原则中，自然资本优先具有中心地位。没有了自然资本，生态规律优先和生态效益优先也就无从谈起。同时，自然资本优先也是弱可持续发展与强可持续发展的根本区别所在。这就是说，保护关键自然资本不减少不仅是实现强可持续发展最基本、最本质的要求，也是生态优先原则的具体落实。

如果保护一切自然资本，那么经济发展将不复存在。由于中国的特殊性，发展仍是第一要务，“发展就是硬道理，不发展就是没道理”对于欠发达地区仍然是与时俱进的金科玉律。而且，落后地区有权利发展经济，倘若一味保护自然资本，那么，落后地区只能永远处于落后状态，这显然是一种不公平，也违反了可持续发展的公平原则。

因此，从中国以及中国城市发展的现实看，保护关键自然资本就成为历史的选择。关键自然资本包括土地资源（特别是耕地）、水资源等不可通过贸易活动得到的资源。同时要坚决治理各种环境问题，加大环境立法和执法力度，创造一个“天蓝蓝、水清清”的清新世界，这同样是在保护中国和中国城市的关键自然资本。

在保护关键自然资本上，日本做得非常好。日本是一个自然资源极其匮乏的国家，其石油、天然气、铁矿石等都需要进口，然而日本以高度发达的科学技术创造了规模巨大的经济总量。日本的森林资源非常丰富，但是却不轻易去开采，而是通过进口相关木材来满足国内需求。对于稀土等日本匮乏的资源，其在进口的同时建立储备制度来保证未来发展的需要。日本的做法非常值得中国和中国城市学习，对于丰富的自然资源日本都加以严格保护，这对于拥有世界最多人口、人地矛盾突出的中国来说，不能不引起深刻的反思和觉醒。

在保护中国城市关键自然资本的具体措施上，提出以下4点。

1. 坚决遏制住城市土地资源、水资源的过快消耗

对于耕地中的基本农田要画定不可逾越的红线，对政府的土地管理实行“一票制”，建立并实行最严格的土地资源和水资源管理制度。同时，坚决处理违法违规用地的各种行为。2007年开展的中国土地执法“百日行动”清查结果显示，中国“以租代征”涉及用地2.2万公顷（33万亩），违规新设和扩大各类开发区涉及用地6.07万公顷（91万亩），未批先用涉及土地面积15万公顷（225万亩）。总体上，违规违法用地的形势依然严峻。还要坚决制止那些变相申报土地指标进行建设的行为，典型例子如中国高尔夫球场泛滥的问题。从2004年开始，中国政府陆续下达了近10个针对高尔夫球场建设的禁令。然而几年过去，中国各地仍建设了400多家高尔夫球场。这些高尔夫球场如何在禁令下得以顺利审批并建成的？其中的奥秘就在于变相报批土地指标，冠以乡村俱乐部、城市公园、生态公园或休闲公园的名义建设高尔夫球场。这种过多、过滥的建设行为导致的资源消耗是惊人的。首先，高尔夫球场占用了大量的优质良田。其次是消耗了大量的宝贵水资源。北京，作为一个极度缺水的城市，却有60～70家高尔夫球场，一年耗水4 000万吨，相当于100万人一年的用水量。高尔夫球场不仅是巨大的耗水黑洞，而且还给环境造成巨大的破坏，因为其要大量使用农药、杀虫剂和化肥，这些都对环境带来了惊人的破坏。例如，河北的百家高尔夫球场偷采地下水导致环境严重污染。高尔夫球场固然能提升城市的品质和形象，丰富人们的业余生活，但在巨大的资源消耗面前，在城市为土地、为水源短缺而头疼时，这些好处还能说是好处吗？

2. 坚决遏制城市规模的无序扩张和蔓延，停止城市空间的“摊大饼”式发展

在“建设现代化大城市”热潮的驱动下，城市空间的快速扩张已经成为中国所有城市的共同特点。但是扩张的背后同样是土地资源的过度消耗，同时还引发了诸如粮价、菜价等关乎民生和社会稳定的重大问题。假如城市把土地都使用完了，那么，子孙后代还拿什么去建设！中国城镇居民人均用地已达到133平方米，而发达国家人均城市用地是82.4平方米，大大低于中国的平均水平。例如，浙江素有“七山二水一分田”之称，土地资源非常宝贵。但浙江部分城市以城市扩区为机大肆卖地生财，很快，土地稀缺对城市发展的瓶颈制约就凸显出来。有关部门预计，5–10年后，浙江的一些城市将面临无地可用的窘况。而作为中国改革开放前沿城市的广州市，虽然总面积超过7 400平方公里，但可建设使用的平地只有600平方公里，按目前广州的建设开发速度，大概14年后土地资源就告罄＆城市空间的“摊大饼”式发展还使得中国耕地保有量的底线（18亿亩）面临失守威胁。据调查显示，中国现有耕地面积为18.26亿亩，而随着中国人口高峰、城市化高峰和工业化高峰的相继到来，对土地的需求将是刚性的，由此可见，严防死守中国耕地底线的任务之艰巨。因此，依照中国人多地少的国情，

中国城市不能走城市蔓延的路子，而是要采取更加紧凑的模式，大力推行节约集约用地，力争以最小的代价获取最大的成功。

3. 坚决进行工业企业的升级改造，坚决实行节能减排政策，加强环境污染治理的力度，特别是源头治理的力度

工业“三废”污染是中国城市污染的主要来源，尽管经过不懈的努力，中国城市在治理工业污染上取得了较大的进展，但应看到城市污染防治的任务仍很艰巨。根据联合国 2006 年的调查，全世界 10 个污染最严重的城市中有 6 个在中国。世界卫生组织 2005 年发布的一份报告说，有大约 74% 的中国人居住在空气质量不良的地区。因过于依赖煤炭导致二氧化硫排放量增加，而由此造成的酸雨影响到中国 30% 的地区。世界银行估计，对自然资源的破坏以及清理污染所耗费的资金相当于中国每年国内生产总值的 8%。

4. 对于不可再生但能通过贸易活动取得的自然资源要建立完善的战略储备制度

这种资源的典型例子是石油。作为现代经济的命脉，石油对国家、城市的重要性是不言而喻的。中国 1993 年首次成为石油净进口国，1996 年成为原油净进口国，2004 年的原油进口更突破亿吨大关。据《世界能源统计回顾 2011》报告统计，2010 年，美国是世界上最大的原油进口国，进口了 4.56 亿吨原油；中国是世界第二大原油进口国，进口了 2.35 亿吨原油，中国石油的对外依存度超过了 50%。在当今世界利益冲突日斷加剧的情况下，中国石油的这种依赖进口的局面具有极大的风险，容易受到政治、经济、军事格局变化的影响，从而对中国经济社会的发展产生制约。所以，对于如石油这样的资源，中国应尽快建立战略储备制度，从而能够在非常时期保证这些自然资本的一时之需。中国应向日本和美国学习，例如要学习借鉴日本的稀土战略储备措施。日本没有稀土资源，却是世界储备稀土资源最多的国家。《日本时报》网站 2010 年 10 月援引日本经济产业省的数据显示，日本 90% 的稀土供应依赖中国，但是日本早在 1993 年起就开始建立稀有金属储备制度和基地。2010 年 10 月 10 日，香港《明报》社评指出，科技大国日本早在 20 年前就开始落实稀土储备，日本的策略具有深厚的战略意图，日本的稀土储量可以用 50 年。又如美国，其在 1975 年 12 月即首次提出了建设战略石油储备体系，截至 2009 年年底，美国总石油储备为 17.75 亿桶，可供满足需求 97 天。

而中国在建立石油储备制度上起步较晚。2003 年，中国开始在镇海、舟山、黄岛、大连 4 个沿海地区建设战略储备基地。到 2014 年，已有 9 000 万桶的石油储备量。石油储备基地也增加到 8 个。

在中国和中国城市实现强可持续发展的根本出路中，生态优先是一种理念，是一个总体指导原则，而保护关键自然资本则是一个具体的、必须采取的实际行动，是生态优先理念、原则在经济社会发展中的体现和落实。如果不从现在开始就切实、严格地保护中国和中国城市的关键自然资本，那么未来中国将必然面临更严重的土地危机、水危机、石油危机、环境危机等，这将对中华民族的伟大历史复兴产生严重的制约。因此，保护关键自然资本是中国和中国城市实现强可持续发展的重中之重、根本中的根本。

可持续发展的难点在于在保护关键自然资本的同时还要实现经济发展，即资本总量不减少，简言之，就是要做到发展和保护的内在统一。这表明，发展始终是个硬道理，没有经济发展即使保护了关键自然资本也谈不上可持续发展；而只发展不保护，那么赖以生存的资源环境基础必然是走向崩溃。这对于人地关系日益紧张、资源环境问题日益突出的中国来说，既要使中华民族繁衍生息的自然资本能得到永续利用，又要使13.39亿中国人（未来将会更多）生活得更好，中国所要面临的发展和保护的任务将更加艰巨。如何协调发展和保护的矛盾将成为中国在21世纪一件棘手但又必须解决的重大战略问题。

二、建设生态城市

主体功能区是从城市群的角度出发得到的实现强可持续发展的宏观层面的战略举措。在主体功能区的架构下，每个城市可以不再以GDP论成败，而代之以从自身的条件出发进行发展定位，能开发的就开发，不能开发的就保护，让城市化、工业化在中国的每个城市都能得到因地制宜的发展，由此为中国城市实现强可持续发展奠定一个宏观的、整体的基础和框架。.

但是，在具体到某一个城市即中观层面时，如何实现强可持续发展？对于主体功能区架构中的能够大规模实现城市化、工业化的城市，难道就可以不管资源环境而进行发展吗？在现代城市之间的经济、社会、产业等县有高度整合和密切联系的大背景下，如果这些城市及其资源环境出了问题，那么其他城市也将难以独善其身。因此，为了实现城市的强可持续发展，在中观的城市层面上仍需要提出一个对策。这个对策就是发展建设生态城市。

（一）概述

从农业时代到工业时代，再到后工业时代，城市在人类社会中所占的地位日益重要，城市聚集了人类最主要的物质和精神财富。同时，随着城市规模和人口的迅速膨胀，城市发展又带来一系列的问题，人们为了解决这些问题而提出了许多理想化的城市发展模式，如花园城市、森林城市、仿生城市等。而当前国际上研究和实践的热点则是生态城市。

城市已经成为人类所创造的最重要的人工自然和最主要的聚居地，是人类物质财富和精神文化最主要的载体。但是，伴随着高速城市化的是日益严峻的“城市病”现象，城市是经济发展和资源环境保护冲突最激烈的地方，城市资源环境问题已经成为城市健康发展的最大障碍和挑战。比较突出的问题有交通拥挤、城市环境污染、自然资源耗竭以及生态破坏。这些问题会导致城市经济社会功能的衰退和城市环境的恶化，降低了城市生态系统的服务功能，严重威胁着城市的进一步发展。.这表明传统的以经济发展为主导的弱可持续发展模式已经不能适应现代城市的新形势，人类迫切需要新的城市发展模式。

同时，进入20世纪70年代以来，生态学原理与方法在城市规划建设中得以广泛推广与应用，并由此产生了城市生态学。城市生态学以城市生态关系为研究核心，通过对城市生态系统中各子系统的综合布局与安排，调整城市中人类与环境的关系，维护城市生态系统的平衡，实现城市的和谐、高效、持续发展。可以说生态学以及城市生态学研究的兴起为生态城市的诞生奠定了坚实的理论基础。

20世纪70年代，联合国教科文组织发起的“人与生物圈”（MAB）计划提出了生态城市的概念，立刻受到全球的广泛关注° 从广义上看，生态城市是建立在人类对人与自然关系更深刻认识基础上的新的城市文化观，是按照生态学原则建立起来的社会、经济、自然协调发展的新型城市社会关系，是有效地利用资源环境实现可持续发展的新的生产和生活方式。狭义地讲，就是按照生态学原理进行城市规划建设，建立高效、和谐、健康、可持续发展的人类聚居环境。

“生态城市”作为对传统的以工业文明为核心的城市化、工业化的反思与扬弃，是生态文明时代的产物，是在对工业文明时代城市畸形发展的否定基础上发展起来的人类城市的高级阶段和高级形式，充分体现了工业化、城市化与自然环境的融合与协调，是人类自觉治疗“城市病”、从工业文明走向生态文明的一次革命。在现代生态自然观的大环境下，生态城市追求城市生态系统协调、和谐发展，人类局部利益不能超越人、自然统一体的整体价值。生态城市标志着城市由传统的唯经济增长模式向经济、社会、生态有机融合的复合发展模式的转变，反映出城市发展在认识与处理人与自然、人与人关系上取得新的突破，即更加注重人与人、人与社会、人与自然之间的紧密联系。

建设生态城市的最终目的是依据生态学原理优化城市内部各系统之间以及城市与周边环境之间的生态依存关系，提高城市系统的自我调节能力，在低投入、低能耗的前提下依靠科学规划实现因地制宜的可持续发展，从而最终实现人、自然系统的整体和谐。

总之，生态城市是一项复杂而巨大的系统工程，是一次史无前例的现代城市重构和城市更新运动。它要对城市的物质空间环境进行重构，对城市社会价值观、环境理论观、经济发展模式、生活模式等社会文明进行更新和扬弃，它涉及城市的物质和精神、外观和内涵、纵向和横向等各个层面和各个系统。从其本质上看，生态城市是人类在后工业文明时代、在新的生态自然观指导下对自身行为的一次纠偏和调整，它集中体现了人和自然和谐相处的意愿。因此，生态城市在本质上适应了城市强可持续发展的保护自然资本的内在要求，在中观的城市层面上为实施强可持续发展战略提供了一个平台和切入点。

（二）生态城市研究和建设进展

1. 国内外生态城市研究进展

（1）国外的生态城市研究

生态城市的概念是在工业文明高度发达而造成人和自然高度对立的时代背景下产生的。对于其的研究最早可追溯到1925年美国芝加哥学派创始人帕克的《城市生态学》。而现代的生态城市概念则是在20世纪70年代联合国教科文组织“人和生物圈”（MAB）研究中提出来的。在1984年的MAB报告中，提出了生态城市的5项原则：生态保护战略；生态基础设施；居民的生活标准；文化历史的保护；将自然融入城市。这5项原则成为后来生态城市理论发展的基础。1981年，苏联城市生态学家亚尼茨基首次全面阐述生态城市的概念，并提出“生态城市理想说”。他认为生态城市是一种理想城市模式，其中技术与自然充分融合。人的创造力和生产力得到最大限度的发挥，而居民的身心健康和环境质量得到最大限度的保护6 1987年，美国生态学家雷吉斯特在《生态城市伯克利》中定义生态城市为生态健康的城市，是紧凑、节能并和自然和谐共存的聚集地，由其领导的“国际城市生态组织”提出了建立生态城市的10项原则，该定义比生态城市理想说进了一步，增加了生态城市的可操作性。澳大利亚城市生态协会于1997年提出了生态城市发展的11项原则，欧盟也提出了可持续发展人类住区10项关键原则，联合国环境保护署等有关组织与机构对生态城市提出了6条标准。1992年，日本建设省的学者认为生态城市至少包括3个方面的内容：建立节能、循环型城市系统；有优良的水环境与水循环；城市绿化。从1990到2002年连续召开的5次世界生态城市会议则对以前的研究进行了系统总结，极大地推动了生态城市的理论研究和建设步伐。1990年在美国伯克利城举行的第一届世界生态城市会议提出了基于生态原则重构现代城市的目标，1992年在澳大利亚生态城市阿德雷德召开的第二届世界生态城市大会就生态城市的设计原理、方法和技术进行了深入探讨，1996年在西非塞内加尔举行的第三次世界生态城市大会通过了《国际生态城市重建计划》，而2000年在巴西库里蒂巴的第四次世界生态城市会议各国交流了生态城市建设的实例。2002年，在中国深圳举行的第五届国际生态城市大会是规模最大的一次，大会通过了《关于生态城市建设的深圳宣言》，提出了生态城市建设应从生态安全、生态卫生、生态产业代谢、生态景观整治和生态文化意识培养五个层面展开。

（2）国内的生态城市研究

我国的生态城市研究起步较晚，但进展迅速并取得了丰硕的成果。1984年，中国生态学会在上海举行了首届全国城市生态科学研讨会，成立我国第一个研究城市生态问题的学术组织——中国生态学会城市生态学专业委员会。1988年该学会和天津市环保局联合主办了《城市环境与城市生态》杂志，这为中国生态城市的研究提供了学术领导机构和专业交流的阵地° 在理论研究成果上，我国学者马世骏和王如松提出了“社会一经济一自然复合生态系统”的理论，明确指出城市是典型的由社会、经济、自然构成的复合生态系统。这被国际生态学界广泛接受，开启了生态城市研究的新领域。

1990年著名科学家钱学森提出“山水城市”理论，“山水城市”是将中国山水诗词、古典园林建筑和中国山水画融合在一起应用到城市建设，运用现代科学技术把现代城市建成一座超大型园林。“山水城市”是保护自然环境的一项重要措施，也是我国城市建设的一项重要指导思想，“天人合一”是“山水城市”的重要特征，利用高科技“再造山水”是“山水城市”的文化内涵。

黄光宇在1997年提出生态城市是根据生态学原理，综合应用生态工程、环境工程、系统工程等现代科学技术来协调城市经济发展和自然环境保护的关系，提高城市生态系统的自我调节、修复和发展的能力，从而使人和自然环境融为一体。同时黄光宇、陈勇所著的《生态城市理论与规划设计方法》是我国第一部全面阐述有关生态城市理论和规划设计方法的专著。

王如松等提出建设“天城合一”的中国生态城市思想和城市生态控制论原理，认为生态城市要满足高效、和谐原则以及胜汰原理、生克原理、反馈原理、循环原理等生态学原理。黄肇义、杨东援提出生态城市是基于生态学原理建立的自然和谐、社会公平和经济高效的复合系统，是具有自身人文特色的自然和人工协调、人与人之间和谐的理想人居环境。该定义更加完善了生态城市的内涵，强调了生态城市是一种全新的人类居所，突出了“以人为本”的研究理念。

2. 国内外生态城市建设实践

仅有理论还远远不够，没有实践支撑的理论只能是纸上谈兵。生态城市现在成为全球性的一次城市运动，其原因在于它不仅有着丰富的理论成果，而且有着不同国家广泛的建设实践活动的支撑。正是这些生态城市建设实践及时推动了生态城市理论研究朝着符合时代要求的方向发展。

（1）国外的生态城市建设

自联合国教科文组织提出生态城市的定义和5个原则后，全球范围内出现了生态城市建设的热潮。这当中著名的有美国的波特兰和伯克利，巴西的库里蒂巴，丹麦的哥本哈根，澳大利亚的阿德雷德，日本的九州市等。1975年美国生态学家雷吉斯特成立了以“重建城市与自然平衡”为宗旨的“城市生态”组织，开展了一系列的生态城市建设活动，取得了一定的国际性影响，推动了生态城市的实践进展。1996年，雷吉斯特提出了更加完善的生态城市建设原则，在其指导下，美国西海岸的波特兰都市区和伯克利市的生态城市建设实践活动取得了很好的效果。库里蒂巴是首批被联合国命名的“最适宜人居的城市”，被誉为“世界生态之都”。其生态城市建设通过良好的城市规划、整合优化的公共交通网络和垃圾回收利用系统三大方法得以实现。库里蒂巴是世界上最接近生态城市的城市，是人和自然和谐相处的生态城市的样本。丹麦的哥本哈根因其手指形态规划而名扬全球，通过很好地执行该规划，哥本哈根在数十年的发展中很好地保护了自然环境，实现了城市发展和自然环境的协调。1994年澳大利亚生态城市学者保罗在阿德雷德进行生态城市建设并取得了很大的成功，其方法是制定完善周密的生态规划方案和一流的建设实施方案。日本地少人多，资源匮乏，因此日本特别重视以高效利用资源为目标的生态城市建设。九州市从20世纪60年代开始为治理城市严重的环境污染问题制定了健全的法规体系，开始了以减少垃圾、实现循环型社会为主旨的生态城市建设。到20世纪80年代中期九州市基本克服了环境污染问题，被联合国授予“全球500佳城市”的称号。

（2）国内的生态城市建设

生态城市在我国作为城市建设的目标而被提出只有20余年。1986年江西宜春市首先提出建设生态城市的目标，1988年正式开始生态城市建设试点工作。这是我国生态城市建设实践的开始。我国的生态城市建设主要是由环保总局推动的。1997年，在意识到经济发展和环境之间日益尖锐的矛盾后国家环保总局决定创建国家环境保护模范城市，生态城市的理念在国家层面上得到了加强。2003年，国家环保总局发布了《生态县、市、省建设指标》，第一次明确定义生态城市是社会经济和生态环境协调发展，各个领域基本符合可持续发展要求的地市级行政区域。这份文件是我国生态城市建设的大纲，它使得生态城市建设有章可循、有法可依，必将极大地推动我国的生态城市建设。上海、北京、广州、天津、深圳、厦门、威海等城市都把生态城市作为城市发展的目标，都深入开展了生态城市规划。其中上海提出到2020年基本建设成生态型城市，建成“天更蓝、气更净、水更清、地更绿、居更佳”的国际性生态城市；北京结合奥运会大力进行生态城市建设；深圳要建成人和自然和谐相处、具有浓郁生态文化内涵的文明城市；青岛的目标是建成生态文明繁荣、经济发达高效、生态良性循环、人和自然和谐的现代化、国际化的生态市；而厦门则力图打造成海洋生态城。可以说，我国的生态城市建设高潮正在全国范围内形成。

综观国内外生态城市的发展，可以看到中国生态城市建设的不足。国外生态城市的理论研究和建设实践基本同步进行，二者关系整合得较好，所以西方发达国家在生态城市规划、建设实施以及生态技术领域再次走在世界的前列。而中国则更注重理论的完善和系统，研究主要集中于宏观层面，缺乏具体的可操作性，当前中国生态城市建设大都局限在目标和理念的确定上。因此，和国外相比，中国的生态城市建设尚处于初级阶段，生态城市建设必将是一个漫长的过程，任重而道远。

生态城市的核心理念在于“和谐”，其要缓解乃至消除人和自然高度紧张对立的关系，实现人和自然的和谐，实现经济发展和自然生态环境的协调统一。生态城市的构建强调城市系统内部各要素之间、系统内部与外界之间达到平衡发展，经济发展要与生态环境和谐。由此可以说生态城市与强可持续发展具有内在的统一性。因此，城市管理者、研究者、规划建设者应抓住机遇，不仅要树立可持续发展理念，更要确立强可持续发展的思想意识，在生态自然观的指导下，积极探索生态城市的理论和规划建设实践，为中国城市实现强可持续发展做出应有的贡献。

（三）生态城市建设对策

国内外的生态城市建设已经取得了巨大的成就，其中的经验措施可以为中国城市所参考、借鉴。本节根据中国城市的特点和存在的问题。提出建设中国生态城市的措施，从而为实现城市强可持续发展奠定中观层面的基础。

1. 加强和完善城市生态规划

“先规划、后建设”已经成为中国城市发展建设的基本模式。规划是城市发展建设的龙头和总体指导方针，建设生态城市必须有一个科学可行的规划，城市生态规划是城市实现强可持续发展的基本保证。在编制城市生态规划时要以城市生态学原理为指导建立起一种理想城市的发展模式，通过综合协调人类社会活动与资源环境间的相互关系，实现城市经济可持续稳定发展、资源能源高效利用、生态环境良性循环和社会文明高度发达。城市生态规划的关键是构建一个空间结构合理、城市功能高效、人与自然关系协调的人工复合生态系统。在进行生态规划时，要努力构建生态城市建设的五大体系：自然宜居的生态安全体系、循环高效的经济增长体系、集约利用的资源保障体系、持续承载的环境支撑体系和环境友好的社会发展体系，从而为生态城市建设建立一个科学的规划基础。.

2. 建设一个完善而高效的城市环境保护系统

针对目前中国城市的各种环境污染问题，包括大气污染、水污染、土壤污染等，尽快建立一个更加完善、高效的环境保护系统。这个系统要由环境监测、环境污染处理、环境管理执法组成，要能够快速发现、处理各种环境污染问题。2010—2011 年，在中国排查的 4.46 万家化学品企业中，72% 的企业分布在长江、黄河、珠江、太湖等重点流域沿岸，距离饮用水水源保护区、重要生态功能区等环境敏感区不足 1 km 的占 12.2%。这些都是威胁城市、区域环境安全的“定时炸弹”，一旦出了问题都将引起大范围的环境污染并必使社会经济发展受阻。

各种环境违法事件对中国的环境保护系统提出了严峻挑战，虽然政府可以责令污染企业停业整顿，但是经济利益所消耗的环境利益却是短时间内无法预测与修复的。亡羊补牢，为时未晚，必须加强环境管理部门的执法权力，要落实环境监管责任，建立化学品和危险废物环境污染责任终身追究制和全过程行政问责制。对极其恶劣的、危害子孙后代的环境犯罪必须进行严厉打击，否则，保护环境只能成为一句口号而已。

3. 保护并高效利用一切自然资源，实现清洁生产

在一个对未来充满未知风险的世界里，尽管科学技术的进步为人类的生存发展提供了光明的前景，但是人类经济社会是建立在自然资源消耗的基础上的这一事实将长

期存在。同时，自然资源的有限性也获得了世界的共识。试想，如果地球的自然资源是无限的，那么也就很可能不存在可持续发展的问题了。为了实现资源的永续利用，防止资源枯竭给人类带来的灾难性后果的发生，在目前的情况下，保护、高效而又不过度地利用一切自然资源（再生和不可再生的）就成为人类唯一、必然的选择，这样做的目的就是使自然资源的开发利用尽可能地向后代延续。

可持续发展要求保护自然资本，要求关键自然资本不减少。建设生态城市就是为了实现城市的强可持续发展，因此，如何保护自然资本特别是关键自然资本处于生态城市建设的核心位置。这就要求生态城市必然要以实现自然资源的永续利用为目的，而实现这一目的的关键就在于实现经济发展的清洁生产。

清洁生产是可持续发展领域的最新理论研究和实践成果之一。清洁生产的概念由联合国于 1989 年 5 月首次提出，但其基本思想最早出现于 1974 年美国 3M 公司推行的实行污染预防有回报的“3P”（Pollution Prevention Pays）计划中。联合国于 1990 年 10 月正式提出清洁生产计划，希望摆脱传统的末端治理控制技术，超越废物最小化，使整个工业界走向清洁生产。1992 年的联合国环境发展大会上，正式将清洁生产定位为实现可持续发展的先决条件，同时也是工业界达到改善和保持竞争力及可盈利性的核心手段之一，并将其纳入《21 世纪议程》。联合国环境规划署 1996 年重新对清洁生产进行了定义，即清洁生产是一种新的创造性的思想，该思想是将整体预防的环境战略持续运用于生产过程、产品和服务中，以提高生态效率，并减少对人类及环境的风险。清洁生产包括 3 个基本部分：

（1）对生产过程而言，要求节约原材料和能源，淘汰有毒原材料，减少降低所有废弃物的数量和毒性，此即清洁的生产过程；

（2）对产品而言，要求减少从原材料获取到产品最终处置的全生命周期的不利影响，此即清洁的产品；

（3）对服务而言，要求将环境因素纳入设计和所提供的服务之中，此即清洁的服务。

清洁生产是清洁的生产过程、清洁的产品和清洁的服务 3 个方面的有机统一，从本质上看，清洁生产就是对生产过程与产品采取整体预防的环境策略，减少或者消除它们对人类及环境的可能危害，同时充分满足人类需要，使社会经济效益最大化的一种全新的生产模式。清洁生产包含了两个全过程控制：生产的全过程和产品整个生命周期的全过程。对生产过程而言，清洁生产包括节约原材料与能源，尽可能不用有毒原材料并在生产过程中尽可能减少它们的数量和毒性；对产品而言，则是在从原材料获取到产品的最终处置过程中，尽可能将对环境的影响减少到最低。

清洁生产是生产者、消费者、社会三方面谋求利益最大化的集中体现。它从资源节约和环境保护两个方面对工业产品的全过程给予全面考虑和要求。清洁生产以彻底保护全球环境为最终目标，为人类社会保留一个清洁的地球带来了希望。为了实现这一最终目标，清洁生产首先通过资源的综合利用，短缺资源的代用，二次能源的利用，以及节能、降耗、节水，合理利用自然资源，减缓资源的耗竭，达到自然资源和能源利用的最合理化。其次，清洁生产通过减少废物和污染物的排放，促进工业产品的生产过程、消耗过程与环境相融，降低工业活动对人类和环境的风险，达到对人类和环境的危害最小化以及经济效益的最大化。

和传统的污染处理模式相比，清洁生产的创新之处在于：传统的环境治理是把注意力集中在污染物产生之后如何处理，以减小对环境的危害，而清洁生产则是要求把污染物消除在它产生之前。传统的环境治理模式在时间上是“先污染，再治理”，在空间上是一种“末端治理”。表现在实践中就是对工业污染物产生后集中在尾部实施的物理、化学、生物方法的治理，在任务上就是去除废弃物的毒性和废弃物处理，如城市污水处理等（如图 6-1 所示）。

传统的“末端治理”模式在环境保护上发挥了重要的作用，如果没有它，地球可能早已经“面目全非”了。但是，经过多年的运行，这种末端治理模式的弊端也愈发凸显。首先，为了治理污染不得不付出巨大的经济代价。例如，美国杜邦公司每磅废物的处理费用以每年 20% ~ 30% 的速率增加，焚烧一桶危险废物可能要花费 300-1 500 美元，此外，还有各种末端处理设施每年耗费庞大的运行费用，这也成为让国家、城市、企业难以承受的重负 & 但遗憾的是，如此之高的经济代价仍未能达到预期的污染控制目标，地球生态环境的持续恶化就是最明显的证明。

其次，末端治理的弊端是产生了二次污染和污染转移。如传统的垃圾处理方式是一种典型的“污染转移”方式，大部分垃圾都是露天集中堆放，这造成了空气污染、水体污染等“二次污染”。第三个弊端就是资源的流失和浪费。传统的环境治理使一些可以回收的资源（包含未反应的原料）得不到有效的回收利用而流失，造成资源浪费，使本来可再生的资源不能再生，这就等于白白扔掉了一些财富。可以想象，在资源如此稀缺的情况下，白白扔掉一些资源是多么不应该。

实践已经证明传统的基于“先污染，后治理”“末端治理”的环境保护模式是不可持续的，亟须对其理论和方法进行创新和突破。清洁生产理论的提出和实践也就成为人类社会经济发展与资源环境保护的正确的战略选择。清洁生产和传统的末端治理模式的主要区别见表 6-1。

20 世纪 90 年代以来，中国政府把清洁生产列为实现中国可持续发展的重大战略举措，《中国 21 世纪议程》提出：清洁生产是指既可满足人们的需要又可合理使用自然资源和能源并保护环境的实用生产方法和措施，其实质是一种物料和能耗最少的人类生产活动的规划和管理，目的是将废物减量化、资源化和无害化，或消灭于生产过程之中。同时对人体和环境无害的绿色产品的生产亦将随着可持续发展进程的深入而日益成为今后产品生产的主导方向。

为了进一步确定清洁生产在中国的地位，2002 年 6 月 29 日，第九届中国人大常委会第 28 次会议通过了《中华人民共和国清洁生产促进法》，该法对清洁生产的定义是：

不断采取改进设计、使用清洁的能源和原料、采用先进的工艺技术与设备、改善管理、综合利用等措施，从源头削减污染，提高资源利用效率，减少或者避免生产、服务和产品使用过程中污染物的产生和排放，从而减轻或者消除对人类健康和环境的危害。《中华人民共和国清洁生产促进法》为清洁生产在中国的大规模产业化提供了法律上的保障，相信随着该法的贯彻实施，清洁生产必将在中国的可持续发展中发挥更为重要的作用。

当然，建设生态城市的措施还包括很多方面，如社会方面、基础设施方面、政府管理方面等，在此不再一一列举。但是，上述三大措施却是建设生态城市最为关键的，其确定了生态规划的龙头地位、清洁生产的中心地位、环境保护系统的支撑地位。特别是清洁生产，生态城市从本质上就是要进行清洁生产，由此奠定建设生态城市的基础，而这就是中国城市实现强可持续发展的必由之路。

参考文献

[1] 蔡中为 . 东北城市群协调发展理论分析与对策研究 [M]. 长春：吉林人民出版社，2017.

[2] 武勇 . 城市人居环境可持续发展策略研究 [M]. 北京：中国纺织出版社，2017.

[3] 王佃利，万筠 . 走向均衡可持续的发展之路：中国城市公共服务变革 40 年 [M]. 上海：上海交通大学出版社，2019.

[4] 郑长德，王英 . 要素集聚、产业结构与民族地区城市经济发展研究基于专业化、多样化视角 [M]. 北京：中国经济出版社，2018.

[5] 周莉清 . 城市发展与智慧城市 [M]. 延边大学出版社，2018.

[6] 屠启宇 . 国际城市发展报告 [M]. 北京：社会科学文献出版社，2019.

[7] 梁增贤 . 主题公园与城市发展 [M]. 北京：科学出版社，2019.

[8] 王贵华 . 城乡建设规划先行 [M]. 昆明：云南美术出版社，2019.

[9] 乌兰察夫 . 绿色低碳城市发展研究 [M]. 海天出版社，2017.

[10] 刘遥，蒋永穆 . 智慧城市发展研究 [M]. 成都：四川大学出版社，2019.

[11] 周振华 . 全球城市发展指数 [M]. 上海：格致出版社，2019.

[12] 陈圣来 . 文化与城市发展 [M]. 上海：上海社会科学院出版社，2019.

[13] 梁育民 . 粤港澳大湾区城市发展研究 [M]. 北京：经济科学出版社，2018.

[14] 葛晶 .（中国）鑫创科技 .IOD · 创新引领科技城市发展模式研究 [M]. 北京：中国经济出版社，2018.

[15] 吴军 . 文化舒适物地方质量如何影响城市发展 [M]. 北京：人民出版社，2019.

[16] 曾浩 . 城市群内城际关系及其对城市发展影响研究 [M]. 北京：经济科学出版社，2018.

[17] 朱深海 . 城乡规划原理 [M]. 北京：中国建材工业出版社，2018.

[18] 舒诗湖，赵欣，杨坤 . 城乡一体化供水技术与管理 [M]. 北京：冶金工业出版社，2019.

[19] 金兆森，陆伟刚，李晓琴 . 村镇规划 [M]. 南京：东南大学出版社，2019.

[20] 高伟，公寒 . 城乡规划 [M]. 东北师范大学出版社，2017.

[21] 高虹 . 经济集聚与中国城市发展 [M]. 上海：复旦大学出版社，2019.

[22] 周振华 . 全球城市发展报告 2019[M]. 格致出版社；上海人民出版社，2019.

[23] 周振华，张广生 . 全球城市发展报告 2019 增强全球资源配置功能 [M]. 格致出版社，上海人民出版社，2019.

[24] 裴新生，钱慧，王颖 . 转型期城市发展战略规划研究与实践 [M]. 上海：同济大学出版社，2018.

[25] 王建，（中国）倪晓宁 . 国际贸易与城市竞争发展 [M]. 北京：中国经济出版社，2018.

[26] 肖良武 . 大数据与城市经济发展研究 [M]. 北京：北京邮电大学出版社，2017.

[27] 刘波 ."一带一路"倡议与城市跨越发展 [M]. 北京：知识产权出版社，2019.

[28] 卢为民 . 土地利用与城市高质量发展 [M]. 北京：知识产权出版社，2017.